软件开发系列教程

深入浅出 C++

（上册）

马晓锐　编著

中国水利水电出版社
www.waterpub.com.cn
·北京·

内容提要

C++是目前流行且应用广泛的程序设计语言之一，它的高效率和面向对象技术备受推崇。本书由浅入深、循序渐进地讲解了 C++的各个知识点，结合一些实用的知识讲解了 C++ 的主要用法。全书分为 4 篇，共 25 章，内容包括基于 C++ 98 版本的知识点：C++ 的历史和特点、C++ 编译工具的安装和配置、C++ 程序的元素、C++ 基本数据类型、C++ 语句与控制结构、数组、函数、指针与引用、自定义数据类型与字符串、面向对象程序设计思想和类、重载技术、继承与派生技术、虚函数与多态性、模板与命名空间、标准模板库、C++输入/输出、C++ 异常处理、API 编程和 MFC 框架简介、多线程处理与链接库、基本算法与数据结构、数据库编程和网络编程等，同时还对 C++ 11～C++ 20 版本的新特性进行了讲解。为了使读者能真正掌握 C++ 的用法，书中最后两章通过建立两个实用的程序向读者介绍 C++ 的具体应用。

本书适合初学 C++ 人员、具有一定 C 语言或者 C++ 语言基础的中级学习者、学习 C++ 的大/中专院校的学生阅读，也可以作为高等院校 C++ 的教材或教学参考书。

图书在版编目（CIP）数据

深入浅出C++：全两册 / 马晓锐编著. -- 北京 : 中国水利水电出版社, 2023.5

软件开发系列教程

ISBN 978-7-5226-1463-2

Ⅰ. ①深… Ⅱ. ①马… Ⅲ. ①C++语言－程序设计－教材 Ⅳ. ①TP312.8

中国国家版本馆CIP数据核字（2023）第052762号

丛书名	软件开发系列教程
书名	深入浅出 C++（上册） SHENRU-QIANCHU C++ (SHANGCE)
作者	马晓锐　编著
出版发行	中国水利水电出版社 （北京市海淀区玉渊潭南路 1 号 D 座　100038） 网址：www.waterpub.com.cn E-mail：zhiboshangshu@163.com 电话：（010）62572966-2205/2266/2201（营销中心）
经售	北京科水图书销售有限公司 电话：（010）68545874、63202643 全国各地新华书店和相关出版物销售网点
排版	北京智博尚书文化传媒有限公司
印刷	三河市龙大印装有限公司
规格	190mm×235mm　16 开本　33.5 印张（总）　817 千字（总）
版次	2023 年 5 月第 1 版　2023 年 5 月第 1 次印刷
印数	0001—3000 册
定价	108.00 元（全两册）

前　言

21世纪是科学技术迅速发展的时代，信息技术的飞速发展带来了巨大的社会进步。计算机技术在信息技术的发展中起到了关键作用，各种先进的软件系统层出不穷，带来了巨大的社会价值。软件开发的不断发展也使编程语言的种类越来越丰富。一直以来，作为流行且应用广泛的语言之一，C++语言被应用到各行业的软件开发中，特别是一些对应用程序的效率要求比较高的行业，如通信、控制、嵌入式设计、图形软件设计等。

C++语言的前身是C语言。C语言诞生至今已经有40多年，C++语言的诞生（1983年C++第一次投入使用）也将近40年。这说明C/C++语言是经得起时间考验的语言，越来越多的人在学习和研究C++语言。笔者从实际的教学和项目开发过程中发现，很多学习者普遍反映C++是一门难以掌握的语言。笔者经过调查，发现C++语言之所以“难学”，具体表现在以下几点。

（1）C++本身确实是比较难以理解的语言，特别是面向对象程序设计思想，并不是每个人都能快速理解的。要做到深入地理解，必须坚持学习和运用C++技术一段时间，这是大部分人做不到的。

（2）目前与C++技术相关的技术和工具过多，而每个工具又有自己的特点，导致学习者无法分清哪些技术是C++语言本身的，哪些是与编译器相关的。这样只会使学习者越来越糊涂，分不清方向。

（3）目前市场上C++相关书籍大部分所涉及的内容过于复杂，没有一个是较为通俗易懂的教程。笔者阅读过不少C++相关书籍，这些书籍中大部分的实例过于复杂，不适合初学者。

基于以上几点，笔者认为，只要克服这些弊端，就完全可以学好C++。针对第一点，只要能做到坚持不懈，就可以克服；针对第二点，只要先选择一个固定的C++编译系统去学习，当熟悉了这个编译系统的应用后，即可触类旁通；针对第三点，有一本适合初学者和中等水平者阅读和参考的书籍即可。

本书编写的目的就是为C++初学者和中等水平者提供良好的学习和参考工具。本书选定经典而完善的开发工具Visual Studio 2022为编译器，结合C++基础语言和重要应用逐一讲解C++的知识点。相信读者在阅读完本书后，即可独立进行常规的应用开发，为深入学习更高级的C++技术做好准备。

本书的特点

1. 体系完善，涵盖全面

为了使读者在学习完本书后便能进行常规的软件开发，书中不仅讲解了C++的基础知识，还讲解了算法和数据结构、网络、数据库等方面的知识，最后将这些知识和 C++技术结合，为读者深入分析了 C++在这些方面的实践应用方法。可以说，本书为读者进行实际开发提供了良好的知识体系。

2. 循序渐进，由浅入深

为了使读者能够完全理解本书所讲解的知识点，本书不使用晦涩难懂的语言描述、不设置难以理解的实例。所有的知识点都是先采用通俗的理论进行讲解，再用实例进行演示，让读者在彻底理解知识点的基础上还能产生更多的想法。

3. 案例精讲，深入剖析

为了使读者对每个知识点都有较深的理解并熟练地掌握这些知识点，本书大部分章节后面都有典型的实例分析。这些例子一方面需要读者亲自动手操作，另一方面本书也会对解决步骤和相关代码进行讲解。通过这两方面的措施，读者可以对实例中包含的知识点有非常直观的认识，能实际动手，从而真正掌握书中的知识。

本书内容

第 1 章主要讲述了 C++的历史及其特点，分析了 C++程序的构成和典型开发环境，最后介绍如何安装和配置 Visual Studio 2022。

第 2 章对 C++程序的元素和结构进行了讲解，从本章开始读者将真正学习 C++语言的语法。通过对本章的学习，读者会了解 C++语言的基本元素，以及 C++程序的基本结构。

第 3 章介绍 C++基本数据类型及相互转换。C++的数据类型比较丰富，特别是自定义数据类型。通过对本章的学习，读者可以掌握 C++语言基本数据类型的应用方法。

第 4 章详细介绍了 C++语句与控制结构。C++语句是程序的基本单位，控制结构则是实现逻辑的一种重要手段。通过对本章的学习，读者会对控制结构及其语句结构有深入的了解。

第 5 章详细讲解了 C++中的一维数组、二维数组、多维数组和字符数组的概念与应用方法。特别是字符数组在以后的工作中应用更广泛，因而本章更详细地介绍了字符数组的相关知识。通过对本章的学习，读者可以掌握数组的应用方法。

第 6 章介绍了函数的概念及其相关知识。函数在各种语言中都非常重要，对于 C++语言来说更是如此。通过对本章的学习，读者可以深入理解函数的概念、掌握函数的应用方法。

第 7 章的指针与引用是 C++中比较难以理解和掌握的技术。本章通过大量的篇幅对它们进行了讲解，将其知识点细分并给出许多示例，帮助读者快速、准确地掌握其应用方法。通过对本章的学习，读者能够掌握指针和引用的实际应用方法。

第 8 章是在第 3 章的基础上，对自定义类型进行讲解；针对字符串的讲解是本章的核心。字符串在以后的运用是最广泛的，读者需要熟练掌握其相关操作步骤。

第 9 章的面向对象程序设计思想是 C++语言的思想核心。本章详细介绍了其思想方法，紧跟其后讲解了类。类是面向对象程序设计思想最直观的体现，读者需要深入理解其含义和用法。

第 10 章讲述了 C++重载技术的概念和具体实现方法，特别介绍了运算符重载技术。通过对本章的学习，读者可以掌握函数重载的运用及重载运算符的方法。

第 11 章的继承和派生技术是面向对象的基本特征，其对代码的复用具有重要意义。本章详细地讲解了继承和派生技术的概念、运用机制和相关操作等。通过对本章的学习，读者可以理解继承的机制和用法，掌握建立派生类的方法，以及复杂继承的相关技术。

第 12 章介绍了类的虚函数与多态性的原理及它们的应用方法，特别对于纯虚函数与抽象类进行了讲解。通过对本章的学习，读者可以理解类的虚函数和多态性的特性、掌握类的多态性应用方法。

第 13 章介绍了模板和命名空间的概念及其应用方法。模板是 C++中实现泛型编程的重要技术，命名空间解决了多模块间命名冲突的问题。通过对本章的学习，读者可以有效地把握模板及命名空间的使用方法。

第 14 章的标准模板库（STL）是 C++技术的一个重要内容，是一组通用的数据结构和算法的集合。本章主要介绍了 STL 的概念、常见容器的用法及泛型编程的相关概念。

第 15 章的输入/输出系统（I/O）是 C++与外界进行数据交互的手段。本章介绍了流的概念、输入/输出流、流运算符的重载及文件操作的实现方法。

第 16 章的 C++异常处理给处理程序的潜在错误提供了巨大的便利。本章详细介绍了异常的概念、分类和异常处理机制的实现。

第 17 章主要介绍了利用 API 和 MFC 进行编程的基础知识，为后面的学习打下基础。通过对本章的学习，读者可以理解 API 编程原理、MFC 基本框架，并掌握 API 编程基本方法、MFC 基本开发流程。

第 18 章的多线程处理是程序设计中重要的一环。本章从线程的概念开始讲起，介绍了与线程相关的一系列操作。通过对本章的学习，读者可以理解线程、进程、多线程的概念，并掌握线程操作的基本方法。

第 19 章介绍了 C++静态链接库、动态链接库的知识及其调用方法。通过对本章的学习，读者可以了解链接库的基础知识，并能编写简单的静态、动态链接库。

第 20 章和第 21 章介绍了数据结构方面的知识，包括基本算法和典型的数据结构。这两章的内容有助于读者对后面的程序进行深入地理解，并能扩展读者的知识面，为熟练应用 C++技术打下良好的基础。

第 22 章详细介绍了 C++数据库编程方面的知识。同时对通用数据库接口 ODBC 进行了讲解、举例，介绍了其在 MFC 中实现的方法。

第 23 章的网络编程是目前项目开发中经常用到的技术。本章从网络的基础知识讲起，如网络通信的基本概念、常见的网络协议 TCP/UDP，并介绍了利用 C++实现 Socket 编程。通过对本章的学习，读者可以了解网络的基础知识及 Socket 编程的基本方法。

第 24 章首先介绍了 ADO 数据库的相关技术，然后利用学生信息管理系统的实现向读者演示 ADO 技术的应用方法。

第 25 章通过开发一个火车信息查询系统来演示在 C++下利用 Socket 进行编程的应用方法。通过对本章的学习，读者可以掌握网络编程的基本步骤和方法。

本书资源下载

本书提供教学视频、教学 PPT 课件、实例的源码文件和课后习题的答案，读者请使用手机微信“扫一扫”功能扫描下面的二维码，或者在微信公众号中搜索“人人都是程序猿”，关注后输入 C++2302 至公众号后台，获取本书的资源下载链接。将该链接复制到计算机浏览器的地址栏中，根据提示进行下载。

读者可加入本书的 QQ 读者交流群 798922674，与更多同路人学习与交流。

适合的读者

- 初学 C++人员
- 具有一定 C 语言或者 C++语言基础的中级学习者
- 学习 C++的大、中专院校的学生
- C++教学工作者
- 参与社会培训的学生

致谢

本书所有实例均由作者在计算机上验证通过。由于作者水平有限，书中疏漏或不足之处在所难免，恳请广大读者不吝赐教。

本书能够顺利出版，是作者、编辑和所有审校人员共同努力的结果，在此表示深深的感谢！同时，祝福所有读者在学习过程中一帆风顺！

编　者

目　录

第1篇　C++基础

第 2 篇 面向对象编程

第 10 章 重载技术 ……………………230

视频讲解：15 分钟

第 11 章 继承与派生技术 …………248

视频讲解：28 分钟

第 12 章 虚函数与多态性…………281

视频讲解：10 分钟

第 3 篇 高级应用

第4篇　编程开发

第 1 篇

C++基础

第 1 章

C++概述

C++语言是一门优秀的面向对象程序设计语言。它是在 C 语言的基础上发展而来的，但它比 C 语言更容易学习和掌握。C++语言以其独特的语言机制在计算机科学的各个领域中得到了广泛应用，它完美地体现了面向对象的各种特性。本章的内容包括：

- 计算机与程序设计语言的概念和发展。
- C++语言的发展历史和特点。
- C++常用开发环境的介绍。
- Visual Studio 2022 的安装。

通过对本章的学习，读者能够了解 C++语言的发展历史、特点，能够基本掌握安装和配置 Visual Studio 2022 开发环境的方法，并理解 C++程序的开发过程。

1.1 计算机与程序设计概述

计算机诞生于20世纪40年代，发展迅猛，目前已经深入社会各个行业中。伴随着计算机的诞生和发展，程序设计也诞生并发展起来。

1.1.1 计算机的组成

扫一扫，看视频

计算机的设计目的是处理信息。总体来说，计算机系统可分为硬件系统和软件系统。硬件系统是指组成计算机的电子元件和相关设备，如中央处理器（Central Processing Unit，CPU）、内存储器、输入/输出设备、外存储器等。软件系统则是指使计算机硬件系统能够处理信息所需要的程序和相关文档。计算机的工作是靠软件来控制的。如果没有软件系统，计算机系统就无法运行。软件系统又可分为系统软件和应用软件。计算机中最大的软件系统是操作系统，它是管理一切硬件和应用软件的控制系统。

硬件和软件结合在一起才能形成完整的计算机系统。硬件提供了计算机系统处理信息的基础，而软件则控制如何利用硬件来处理信息。

1.1.2 计算机程序设计语言的发展

扫一扫，看视频

软件的作用是控制和指导计算机如何利用硬件系统来处理信息，而程序设计的目的就是开发出这些软件。计算机程序设计语言是一套具有特定的语法、词法等规则的系统。人们通过计算机程序设计语言可以用特定的方法来描述世界，再将这些描述传递给计算机，以达到计算机识别世界的目的。

在计算机硬件中，能唯一被识别的是二进制数字（0和1）。计算机的指令都是一串二进制代码，所以在计算机诞生初期，人们都是通过直接设计二进制代码来设计程序的。这样的设计方法是最原始的，设计出的由二进制代码组成的语言称为机器语言。

机器语言是极其难设计、难阅读和难理解的，学习和记忆起来更困难。不久，研究人员设计出了汇编语言，他们把机器指令翻译成一些容易被人们阅读和记忆的助记符，如ADD表示相加、MOV表示传送数据等，这使得程序设计比使用机器语言简单、易懂一些。

机器语言和汇编语言在设计时都需要考虑计算机底层的问题。在实现上更接近于计算机底层实现，所以它们属于低级语言。

汇编语言把程序设计变得容易了一些，但是它与自然语言（人们日常表达思维的语言）还是有很大差距。人们在研究了人类的思维、表达方式后，通过不断发展和创新，发明了高级语言。高级语言的出现是程序设计语言发展中的一个巨大进步。它采用了具有一定含义的数据命名方法和容易理解的执行语句，提高了语言的抽象层次，从而使程序设计语言更接近人们的自然语言，可以让开发者在设计程序时更多地联系到所描述的事物。

目前，高级语言的种类有很多，比较流行的有Python、Java、PHP、C等。C++也属于高级语言，但是它相对于前几种语言有着更高级的特性。

1.2 了解 C++语言

C++经常被人们称为“带类的 C”。它是在 C 的基础上引入面向对象的机制而形成的一门程序设计语言，而 C 是面向过程的程序设计语言。C++几乎继承了 C 的所有特点，同时添加了面向对象的特征。C++既支持面向过程的程序设计，又支持面向对象的程序设计。

扫一扫，看视频

1.2.1 C++的发展历史和特点

编程语言的发展是一个渐进的过程，例如 C++是从 C 语言发展而来的。C 语言是 1972 年由美国贝尔实验室的丹尼斯·里奇（Dennis Ritchie）通过改造 B 语言而发明的。C 语言是一门优秀的编程语言，然而它也存在一些缺陷。例如，类型检查机制相对较弱、缺少支持代码重用的语言结构等，导致用 C 语言开发大型程序比较困难，从而限制了 C 语言的发展。

针对 C 语言的缺点，贝尔实验室的本贾尼·斯特劳斯特鲁普（Bjarne Stroustrup）博士及其同事开始对 C 语言进行改进和扩充。为 C 语言引入了“类”的概念，并在 1983 年将其命名为 C++，这就是最早的 C++语言。后来，C++又被引入了运算符重载、引用、虚函数等许多特性。1998 年，美国国家标准化协会（American National Standards Institute，ANSI）和国际标准化组织（International Organization for Standardization，ISO）完成了对 C++的标准化工作，并正式发布了 C++语言的国际标准 ISO/IEC 14882:1998。

C++语言是一种规范，它规定了 C++语言所要遵循的规则和需要实现的基本功能，但它没有实现这些功能，具体的功能由软件开发商去实现。所以各软件开发商推出的 C++编译器都要支持该标准。当然，不同的编译器对其都有不同程序的拓展。

在 C++发展的后期，对泛型程序设计的支持又被作为一个目标来实现，很快得到了实现和发展，这使得 C++在代码重用性方面又获得了质的进步。

C++支持面向对象的程序设计方法，所以它特别适合于中、大型软件开发项目。不管是从开发时间、费用还是从软件的重用性、可扩充性、可维护性和可靠性等方面，C++相对于其他语言均具有很大的优越性。同时，C++又保留了对 C 的支持，这使得许多 C 代码不用修改或者稍加修改就可以在 C++环境下编译执行。

扫一扫，看视频

1.2.2 C++程序的构成

C++程序由类（class）和函数（function）组成。开发人员可以用多个小的软件模块构成 C++程序。C++编译系统除了支持语言本身外，还提供了对 C++标准中规定的标准库函数的实现，所以程序员可以利用 C++标准库中已有的类和函数来编程。

标准 C++库中主要有标准 C 库、I/O 流技术、String、容器、算法，提供对国际化的支持、对数字处理的支持和诊断支持。另外，C++ 11 对部分标准库又增加了新的特性。

在学习 C++的过程中要学习两个方面的知识：一是学习 C++语言本身的语法和规则；二是学习如何利用 C++标准库中现有的类和函数。学习标准类和函数的使用可以帮助程序员深入了解 ANSI C++语言库函数的使用和实现方法，还可以了解如何用库函数编写可移植代码。标准库函数通常由编译器厂家提供，许多独立软件供应商（independent software vendor）也提供各种专用类库。

1.3　C++开发环境

进行软件的开发，需要一些特定的开发环境。一般 C++开发系统由程序开发环境、语言和 C++标准库几个部分组成。本书将使用 Visual Studio 2022 作为开发环境来讲解 C++语言。

1.3.1　C++开发系统的组成和开发流程

扫一扫，看视频

C++程序的开发通常可以分为 4 个阶段：编辑（edit）、预处理（preprocess）和编译（compile）、链接（link）、加载（load）和执行（excute）。图 1.1 所示是一个开发 C++程序的基本流程。

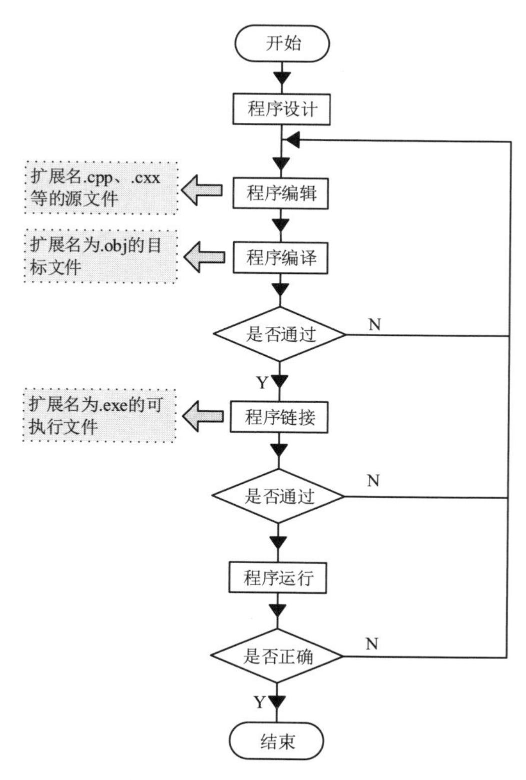

图 1.1　C++程序开发流程

1．第一阶段——编辑文件

第一个阶段是编辑文件，这是用编辑器程序（editor program）完成的。开发者用编辑器输入 C++程序，进行必要的修改，然后将程序存放在磁盘等的辅助存储设备中。C++程序文件名通常以.cpp、.cxx 或.C（注意 C 为大写，参照表 1.1）扩展名结尾。在 UNIX 操作系统中两个被广泛使用的编辑器是 Vi 和 Emacs；在 Windows 操作系统中的编辑器有 Borland C++、Microsoft Visual C++等。C++软件包都有自己的编辑器，它们与编程环境紧密集成。

表 1.1　C++常见文件扩展名及其说明

文件扩展名	说　明
.h	C 语言和 C++语言程序的头文件
.hpp	C++语言程序的头文件
.hxx	C++语言程序的头文件
.c	C 语言程序的实现文件（源文件）
.C	C++语言程序的实现文件（源文件）。当在 C++环境下想按照 C 方式来编译时，存储成此类型文件，但是其中不能包含 C++风格代码
.cpp	C++语言程序的实现文件（源文件）
.cxx	C++语言程序的实现文件（源文件）

2．第二阶段——预处理和编译

第二个阶段是预处理和编译（compile）程序。这个过程是编译器将 C++程序翻译成机器语言代码（也称为目标码）的过程，这个过程可以分为预处理阶段和编译阶段。在 C++中，预处理是在编译器开始编译代码之前自动执行的。预处理由 C++预处理器来执行，它根据开发者所采用的预处理指令（preprocess directive）来对程序在编译之前进行某些操作，如头文件内容的包含、文本的替换等。

3．第三阶段——链接

第三阶段是链接。C++程序常常引用其他地方定义的函数，如标准库中或特定项目中程序员使用的专用库。C++编译器产生的目标码通常包含由于缺少一些内容而造成的“空穴”。链接阶段将目标码与这些默认功能的代码链接起来，建立执行程序映像（不再缺少任何代码）。

在 Windows 操作系统下，我们可以使用集成开发环境（integrated development environment，IDE）中的相关菜单命令来完成链接工作。在完成链接后会生成一个.exe 文件，这个文件可以在 Windows 操作系统下运行。在典型的 UNIX 操作系统下，编译和链接 C++程序的命令是 CC。在 Linux 操作系统下可使用 GCC 命令来编译和链接程序 HelloWorld.cpp，在 UNIX 提示符下执行如下命令：

```
CC  HelloWorld.cpp
```

如果程序编译和链接正确，则默认产生文件 a.out。这是 HelloWorld.cpp 的执行程序映像。

说明：

在 UNIX 和 Linux 操作系统下，编译和链接时可以指定生成可执行文件的文件名。在不指定的情况下，默认产生 a.out 文件。

4．第四阶段——加载和执行

第四阶段是加载和执行程序。编译后的文件经过链接，就生成了可执行的文件。载入（load）和执行（execute）的过程是由操作系统来完成的。在 Windows 操作系统下，只要双击.exe 文件，操作系统就会载入这个程序并运行。在 UNIX 或 Linux 操作系统下，在提示符下直接输入生成的文件名并按 Enter 键即可运行程序，如以上面生成的 a.out 为例，输入：

```
a
```

就可以将 a.out 载入并执行。

图 1.2 所示的是在 Windows 操作系统下 C++程序编译和链接的过程。这个过程可以在 Windows 操作系统下的 IDE 下完成。源代码是开发者利用 C++语言语法书写的代码，在编译和链接时，结合各种类库最后生成最终的可执行文件。

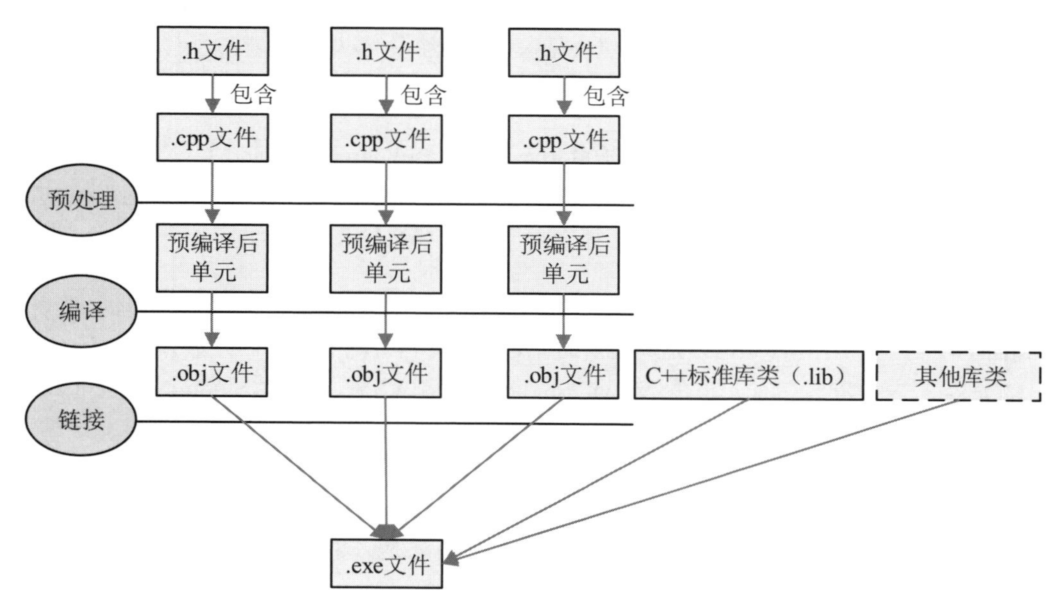

图 1.2　C++程序编译和链接过程

注意：

C++语言编译的整个过程是非常复杂的，里面涉及的编译器知识、硬件知识、工具链知识都是非常多的。深入了解整个编译过程对深入理解应用程序的编写有很大帮助，希望读者可以多了解一些，在遇到问题时多思考、多实践。

扫一扫，看视频

1.3.2 典型的 C++开发环境

随着 C++语言的发展，其编译系统得到了长足的发展。目前市面上已经产生了众多的编译系统，这些系统可以在各种平台上运行。C++编译器必须是一个与标准化 C++高度兼容的编译环境，这点对于编译可移植的代码十分重要。编译器对不同的 CPU 会进行不同的优化。

如今，开发者在开发程序时有众多的编译器可以选择，而且一些厂商给开发者提供了集成开发环境（IDE）。集成开发环境软件是用于程序开发环境的应用程序，它一般包括代码编辑器、编译器、调试器和图形用户界面工具。它是集成了代码编写功能、分析功能、编译功能、debug 功能等于一体的开发软件套。所有具备这一特性的软件或者软件套（组）都可以称为 IDE。常见的 C++编译器有如下几种。

1．GNU CC

GNU CC（GNU compiler collection）是一款开源的 C/C++编译器，缩写为 GCC。它分为 GCC 和 G++，GCC 是 GNU C 的编译器，G++是 GNU C++的编译器。后来又有 EGCS（enhanced GNU compiler suite）出现，它是 GCC 的改进版。GNU CC 主要应用在 UNIX、Linux 等操作系统下，而 MinGW 或 Cgywin 是在 Windows 平台上的 GNU C/C++编译器，以及库文件、运行环境的集合。

2．Borland C++

Borland C++由 Borland 公司开发，它是 Borland C++ Builder 和 Borland C++ Builder X 这两种 IDE 的后台编译器。该编译器以速度快、空间效率高而著称，它的 5.5 版本对标准化 C++的支持率高达 92%以上。

3．Visual C++

Visual C++是微软（Microsoft）公司推出的 C/C++编译器。随着其不断发展，VC++ 6.0 对标准化 C++的兼容率达到 83%左右。它是 Visual Studio（简称 VS）、Visual Studio.NET 2002、Visual Studio.NET 2003、Visual Studio.NET 2005 的后台 C++编译器。Visual C++ 7.1 对标准 C++的兼容率达到 98%以上。

除了以上编译器和 IDE 外，还有很多其他 C++的 IDE。图 1.3 所示是不同 C++的 IDE 使用比例示意图。可以看出，在进行 C++程序开发中，微软的 IDE 还是占主导地位的。特别是 VC++ 6.0 更是经典的 C++开发 IDE。

4．Visual Studio 2022（简称 VS 2022）

Visual Studio 也是微软公司开发的，它是一个比较完整的开发工具，包括 UML、代码管控、集成开发环境（IDE）等。它和 VC++ 6.0 的区别是，VC++ 6.0 是 VS 的一个子集。VS 中包含了很多种编程语言，如 C#、C++、F#、VB.NET、TypeScript、JavaScript 和 Python 等，还有大量支持 Java 开发的第三方插件，可以编写 Windows、Linux、Android 和 iOS 等平台的程序。

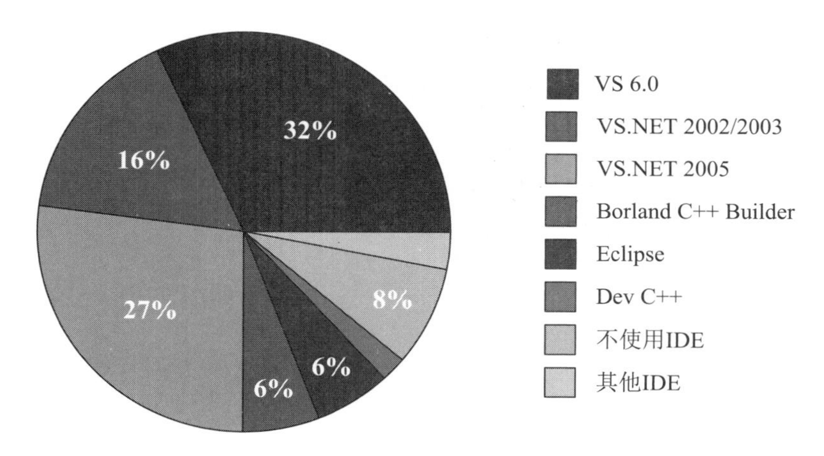

图 1.3　不同 C++的 IDE 使用比例示意图

Visual Studio 是目前 Windows 平台中流行的应用程序集成开发环境。当前新版本为 Visual Studio 2022 版本，其基于.NET Framework 4.7。

1.3.3　安装 Visual Studio 2022

要使用 Visual Studio 2022 进行开发，首先要将其安装到计算机上。下面就介绍其安装过程。

1. 准备工作

Visual Studio 2022 包括社区版（Visual Studio Community）、专业版（Visual Studio Professional）、企业版（Visual Studio Enterprise）。

- 社区版：Visual Studio Community。

该版本是面向个人（如程序员）使用的免费版，它具有功能完备的可扩展工具，软件大小为 4.89 GB，语言为简体中文。Visual Studio 2022 社区版可以实现 Windows、iOS 和 Android 程序的开发，内置安卓模拟器，可以实现跨平台的程序运行。

- 专业版：Visual Studio Professional。

该版本是面向专业的开发人员或小团队的收费软件，它具有功能更强大的可扩展工具，软件大小为 7.79GB，语言为简体中文。Visual Studio 2022 专业版不仅可直接编辑 Windows、Android、iOS 应用程序，还有集成的设计器、编辑器、调试器和探查器，允许采用 C、C++、JavaScript、Python、TypeScript、Visual Basic 等进行编码。

- 企业版：Visual Studio Enterprise。

该版本是面向应对各种规模或复杂程度项目的团队或企业使用的收费软件，它是具备高级功能的企业级解决方案，软件大小为 18GB，语言为简体中文。Visual Studio 2022 企业版不仅具有社区版、专业版的全部功能，还具有不丢失当前文件上下文、轻松查找函数和数据的引用关系的功能，同时具备在任意提供商（包括 GitHub）托管的 Git 存储库中管理源代码的功能。

本书将以 Visual Studio 2022 社区版为例进行安装以及示例的演示说明。Visual Studio 2022 可以安装到所有运行 Windows 7、Windows 8、Windows 10 的计算机上，甚至在 mac OS X 的设备上也可安装。为了得到良好的运行效率，建议计算机的最低配置（主要参数）如下。

- CPU 主频：至少 2.4GHz。
- 内存：4GB 以上。
- 硬盘：100GB 以上的剩余空间。

2．开始安装

在 Visual Studio 官网下载 Visual Studio 2022 社区版，如图 1.4 所示。

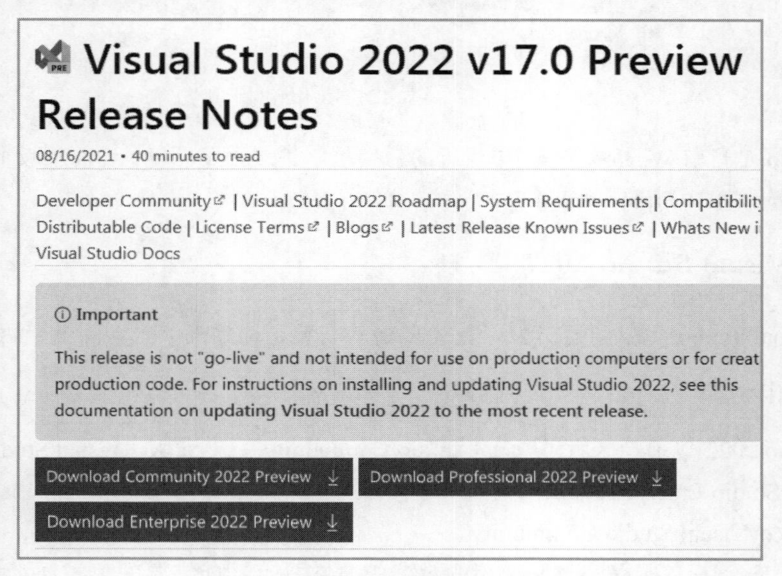

图 1.4　Visual Studio 2022 下载页面

选择社区版，单击“免费下载”按钮，完成 Visual Studio 2022 启动程序的下载，如图 1.5 所示。

图 1.5　Visual Studio 2022 启动程序下载页面

双击下载的启动程序，打开 Visual Studio 2022 安装向导界面，如图 1.6 所示。

3．下载安装必要部件

单击“继续”按钮，等待安装程序对系统进行检查和下载必要组件，此过程系统可能自动重启来完成必要的更新过程，如图 1.7 所示。

图 1.6　Visual Studio 2022 安装向导界面

图 1.7　Visual Studio 2022 下载安装组件界面

4．安装组件选择

系统完成检查和下载后，会显示图 1.8 所示的组件选择界面。这是提示需要安装组件，读者可以根据需求来进行选择安装。一般情况下，“通用 Windows 平台开发”“ASP.NET 和 Web 开发”“使用 C++的桌面开发”这些工具需要被选中，其他组件则可以不安装，如图 1.9 所示。

图 1.8　Visual Studio 2022 组件选择界面

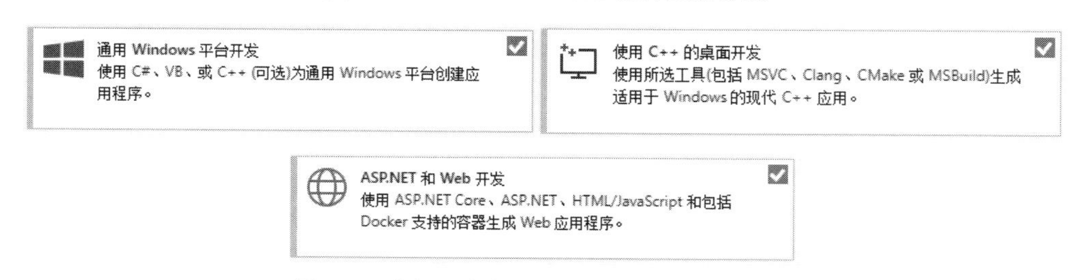

图 1.9　选择要安装的 Visual Studio 2022 组件

5．安装路径选择

选定要安装的组件后，可以选择 Visual Studio 2022 的安装路径，如图 1.10 所示。注意，Visual Studio 2022 最好不要安装在 C 盘（系统盘）上，否则会使计算机运行越来越慢。单击“更改”按钮，修改安装路径，同时选择“下载时安装”选项，单击“安装”按钮进行安装，如图 1.11 所示。

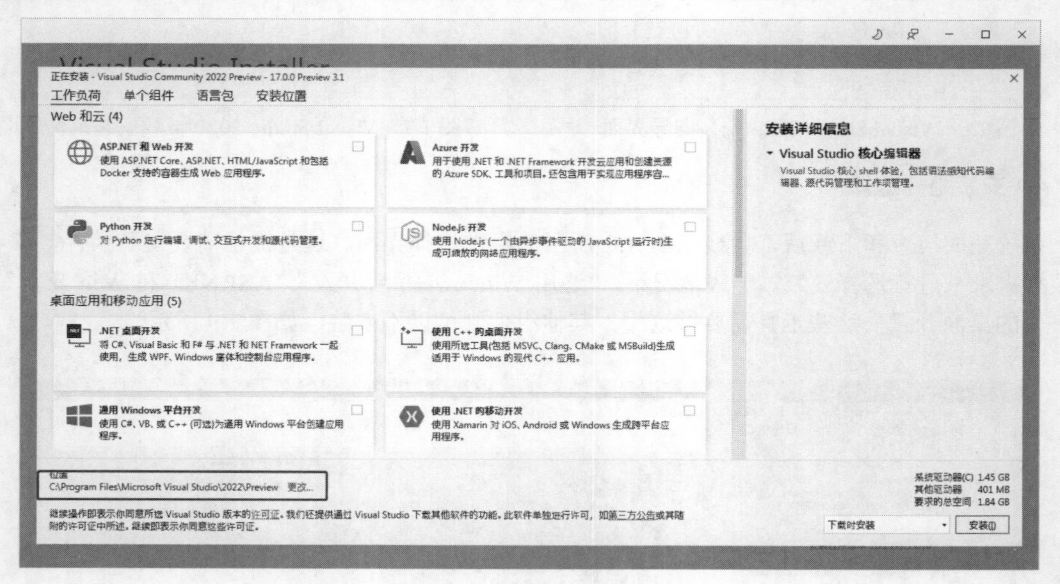

图 1.10　Visual Studio 2022 安装路径选择界面

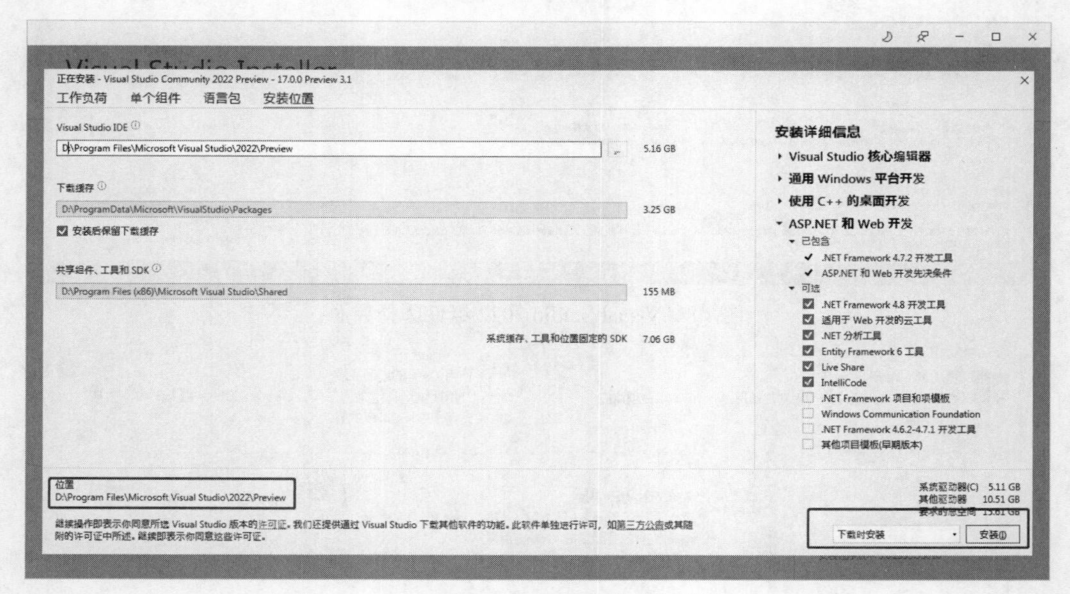

图 1.11　Visual Studio 2022 安装路径修改界面

6. 主程序安装

安装程序开始主程序的安装，如图 1.12 所示。在等待一段时间后，即可完成安装。

Visual Studio Community 2022 Preview
暂停(P)
正在下载并验证: 156 MB/3.25 GB (3 MB/秒)
4%
正在安装包: 29/639
3%
Microsoft.VisualStudio.VC.Ide.ProjectSystem
安装后启动
发行说明

图 1.12 Visual Studio 2022 主程序安装界面

7. 个性化设置

程序安装完成之后，第一次打开 Visual Studio 2022 需要进行开发前的基本设置，如开发设置、颜色主题设置等，如图 1.13 所示（当然这些设置也可以在开发环境中进行更改），设置完成后，单击“启动 Visual Studio”按钮。Visual Studio 2022 为第一次使用的开发环境进行配置，如图 1.14 所示。配置完成后进入初始界面，也就是以后每次打开 Visual Studio 2022 都要进入的界面，如图 1.15 所示。

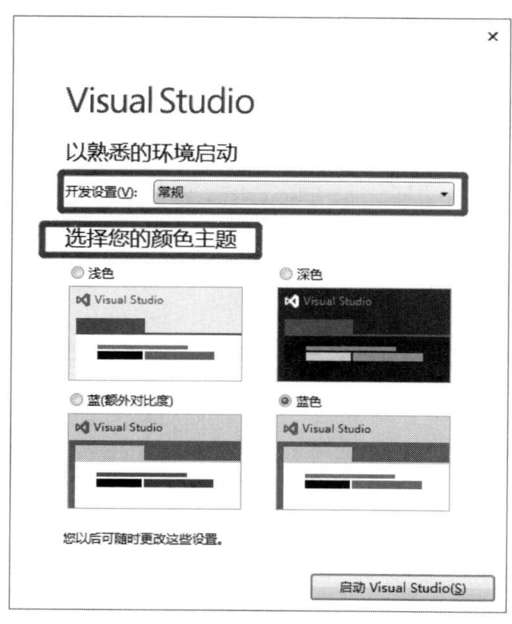

图 1.13 个性化设置界面

图 1.14 Visual Studio 2022 配置界面

图 1.15　Visual Studio 2022 初始界面

1.3.4　第一个 C++程序：Hello World

在安装完 C++开发环境后，下面来开发一个简单的 C++程序，以帮助读者来认识 C++程序。

【示例 1-1】用 C++编写一个“Win32 Console Application”程序，向 DOS 窗口输出一个字符串：Hello World!。

说明：

“Win32 Console Application”是 Windows 系统下的控制台程序。程序运行时，会显示一个类似 DOS 界面的控制台窗口。通过标准输出的信息都会显示在这个控制台窗口上。

操作步骤和代码如下：

（1）环境启动。执行“开始”→所有程序”→“Visual Studio 2022”命令，启动 Visual Studio 2022 开发环境。

说明：

Visual Studio 2022 也可以通过桌面快捷图标启动，生成桌面快捷图标的方法：选择“开始”→“所有程序”，在“Visual Studio 2022”上右击，在弹出的快捷菜单中选择“发送到”→“桌面快捷方式”选项，生成的桌面快捷图标如图 1.16 所示。

图 1.16　Visual Studio 2022 桌面快捷图标

（2）建立新项目。在初始界面中单击“创建新项目”按钮，如图 1.17 所示，此时出现“创建新项目”界面，如图 1.18 所示。

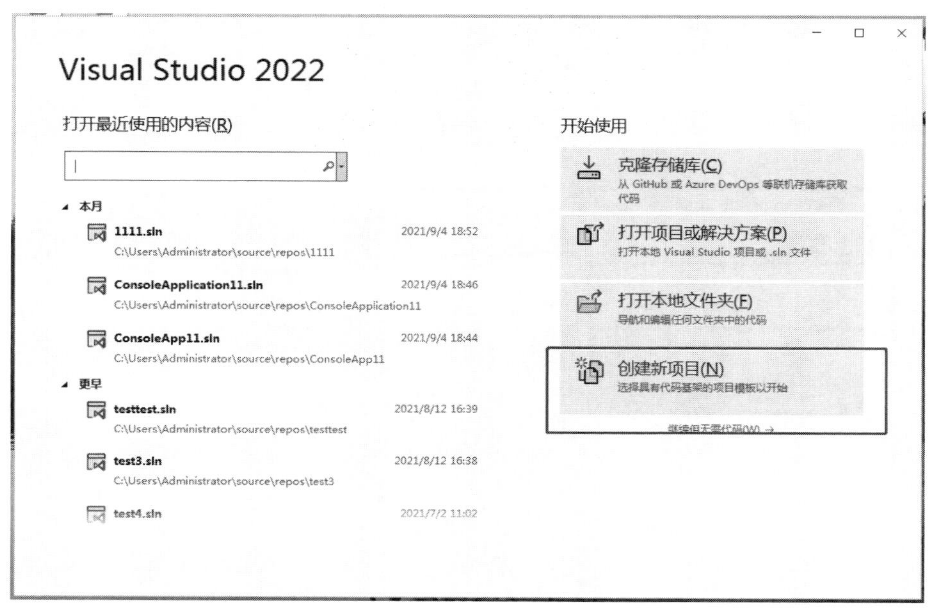

图 1.17　初始界面

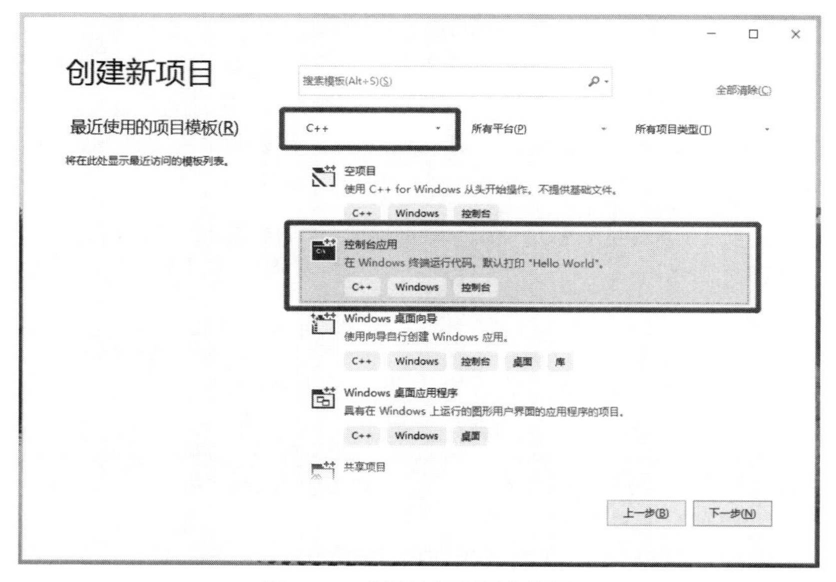

图 1.18　“创建新项目”界面

（3）选择项目模板。在“创建新项目”界面中选择“C++”选项，在平台、项目类型下拉列表中选择默认选项，在项目模板中选择“控制台应用”程序，如图 1.18 所示，单击“下一步”按钮。

（4）设定项目名称和存储路径。打开“配置新项目”界面，在“项目名称”文本框中输入项目名称“HelloWorld”，在“位置”文本框中指定项目存储路径（这里选择默认路径），可以通过单击按钮更改存储路径，如图 1.19 所示。

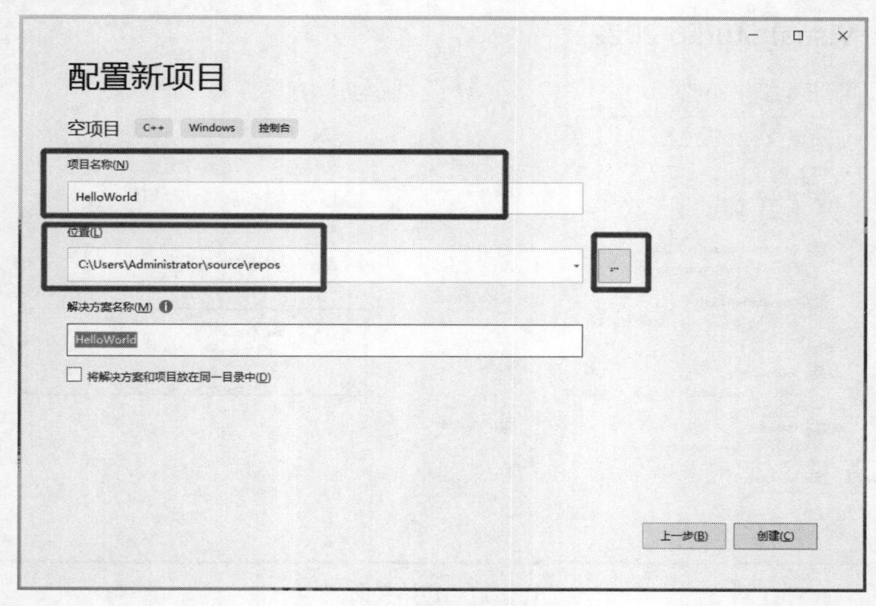

图 1.19 “配置新项目”界面

（5）项目生成。单击“创建”按钮，Visual Studio 2022 会自动生产一个完整的“Win32 Console Application”程序框架。

（6）项目目录中包含以下目录：引用、外部依赖项、头文件、源文件和资源文件。其中，源文件中包含 HelloWorld.cpp，它为工程的核心文件。其代码如下：

```
//HelloWorld.cpp : 此文件包含 main 函数。程序将在此处开始运行。
#include <iostream>                              //预处理命令，包含头文件 iostream

int main()                                       //程序主函数。程序开始时，首先执行此函数
{
    std::cout << "Hello World!\n";               //利用 C++对象 cout 来向标准输出设备输出字符串
}

//运行程序：按 Ctrl + F5 快捷键或执行“调试”→“开始执行（不调试）”命令
//调试程序：按 F5 键或执行“调试”→“开始调试”命令

//入门使用技巧：
// 1. 使用解决方案资源管理器窗口添加/管理文件
// 2. 使用团队资源管理器窗口连接到源代码管理
// 3. 使用输出窗口查看输出和其他消息
// 4. 使用错误列表窗口查看错误
```

```
// 5. 执行“项目”→“添加新项”命令，以创建新的代码文件，或执行“项目”→“添加现有项”命令，以将现
    有代码文件添加到项目
// 6. 将来，若要再次打开此项目，请执行“文件”→“打开”→“项目”命令，并选择.sln 文件
```

代码说明：

- “main()”为程序的主函数。每一个完整的程序都必须包含一个 main()函数。它是程序的入口，程序一开始就会先执行此函数。
- “std::cout << "Hello World!\n";”的作用是向显示器输出一行字符，内容为“Hello World!”；“\n”表示在输入完后换行；“std”表示 cout 来自该命名空间。
- 程序后面加了注释的文字是面向初学者的关于 Visual Studio 2022 的一些使用技巧。

（7）编译和链接程序。执行“生成”→“生成解决方案”命令，编译器会完成对程序的预处理、编译和链接，最后生成可执行文件。编译和链接正常结束后，读者可以在项目目录下的 Debug 文件夹下发现 HelloWorld.ilk 文件和 HelloWorld.exe 文件。

（8）执行程序。执行“调试”→“开始执行（不调试）”命令，编译后的程序会被执行，结果如图 1.20 所示。

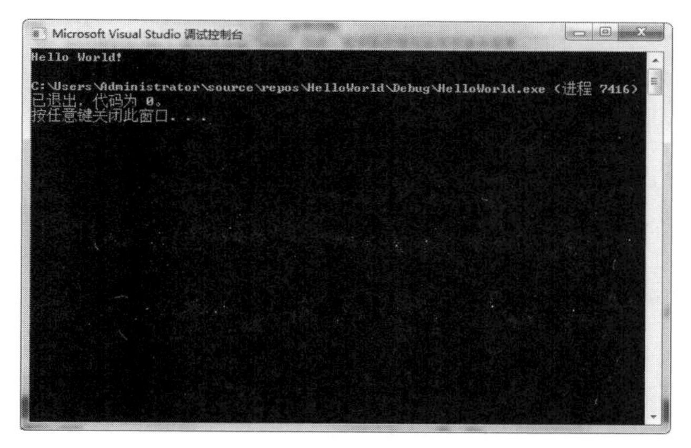

图 1.20　程序执行结果

注意：

入门使用技巧是帮助初次使用编译器的读者的。如果读者对编辑器的操作已经很熟悉，同时也为了程序代码的美观性，可以将入门使用技巧删掉。

1.4　小结

本章介绍了 C++的发展及特点，并讲述了常用编译器和开发环境的特色，最后讲解了 Visual Studio 2022 的安装。C++语言是一门极其灵活且功能强大的语言，有着悠久的发展历史。它几乎继承了 C 语言的所有特点，同时添加了面向对象的特征。C++编译器的发展日新月异，对标准 C++的

实现度也越来越高。目前使用广泛的是 Visual Studio 2022，因此，本书的例子将以 Visual Studio 2022 作为开发环境来实现。当然这些例子加以改动后也可以被其他编译器编译并运行于不同平台。

1.5 习题

单项选择题

1．C++源程序文件的默认扩展名为（　　）。

A．.cpp　　B．.exe　　C．.obj　　D．.lik

2．由 C++源程序文件编译而成的目标文件，其默认扩展名为（　　）。

A．.cpp　　B．.exe　　C．.obj　　D．.lik

3．由 C++目标文件链接而成的可执行文件，其默认扩展名为（　　）。

A．.cpp　　B．.exe　　C．.obj　　D．.lik

4．编写 C++程序一般需要的几个步骤依次是（　　）。

A．编译、编辑、链接、调试　　B．编辑、编译、链接、调试

C．编译、调试、编辑、链接　　D．编辑、调试、编辑、链接

5．能作为 C++程序基本单位的是（　　）。

A．字符　　B．语句　　C．函数　　D．源程序文件

6．程序中主函数的名称为（　　）。

A．main　　B．MAIN　　C．Main　　D．任意标识符

7．C++程序的基本模块为（　　）。

A．表达式　　B．标识符　　C．语句　　D．函数

第 2 章

C++程序的元素和结构

任何语言都是由一些基本的元素按照一定的结构组成的，掌握这些基本元素和程序的结构是学习一门语言的基本前提。本章将介绍构成 C++程序的基本元素和一些常用的程序结构。本章的内容包括：

- 常量和变量。
- C++程序的基本元素。
- C++程序的基本结构。

通过对本章的学习，读者能够了解构成 C++程序的基本元素、理解 C++程序的基本结构，并能够掌握编写简单 C++程序的基本方法。

2.1 常量和变量

常量和变量是程序中使用最频繁的两个元素。常量是在定义后值不能被改变的量，而变量在定义后还可以再赋值，即值可以被改变。理解常量和变量是学习编程的前提。

扫一扫，看视频

2.1.1 常量

常量又称为常数，它是在程序运行过程中一直保持不变的量。例如，12、-1 这些数字可以作为程序的常量；'a' 'b' 这些字符也可以作为常量。常量一般在程序中是可以从字面形式上判断出来的，这样的常量称为字符常量或者直接常量；此外，也可以利用标识符号代表常量。

1. 定义常量的方式

在 C++中定义常量有多种方式：一种是利用预处理命令（也称为宏）#define 来定义；另一种使用 C++关键字 const 来定义；还有一种是 C++ 11 中新增的，即用 constexpr 来定义。

（1）使用#define 定义。用#define 定义常量的语法为：

```
#define 常量名 值
```

参数说明：

- #define 为预处理命令，是定义常量的关键字。用#define 定义的常量也称宏常量或符号常量。
- 常量名表示常量的名称，在程序中可以用这个名称代替所引用的常量值。
- 值可以是字符、字符串、数字等。

【示例 2-1】利用#define 定义一个代表数值 30 的常量，并通过引用它进行计算。代码如下：

```
#define MAX_LEN 30                      //定义符号常量
int n=MAX_LEN*30;                       //引用符号常量进行计算
```

符号常量的值在程序中是不能被改变的，即不能被赋值。定义了符号常量，则在程序中就可用常量的标识符来代表此常量。

（2）使用 const 定义。用 const 定义常量的语法为：

```
const 数据类型 常量名 = 值;
```

参数说明：

- const 是定义常量的关键字，利用 const 来定义的常量通常被称为 const 常量。
- 数据类型表明定义常量的类型。关于数据，后面将会学习。

【示例 2-2】利用 const 定义一个值为 30 的常量，并通过引用它进行计算。代码如下：

```
const int nMaxLen = 30                  //定义 const 常量，其类型为 int 型（整数类型）
int n= nMaxLen *30;                     //引用 const 常量进行计算
```

（3）使用 constexpr 定义。用 constexpr 定义常量的语法为：

```
constexpr 数据类型 常量名 = 值;
```

参数说明：

- constexpr 是定义常量的关键字。从功能上来说，其与 const 差不多。
- constexpr 只能修饰字面值类型，常见的字面值类型包括算术类型、引用和指针等。
- constexpr 可以用于函数定义修饰返回值的类型，返回值类型、形参类型必须是字面值类型，函数体只有一个 return 语句。

【示例 2-3】利用 constexpr 定义一个值为 30 的常量，并通过引用它进行计算。代码如下：

```
constexpr int MaxLen = 30           //定义 constexpr 常量，其类型为 int 型（整数类型）
int n= MaxLen *30;                  //引用 constexpr 常量进行计算
```

2. 几种方式的区别

这几种定义常量的方式在编译和使用上是有区别的。

- 利用#define 定义的符号常量，在程序编译时是由预处理器进行值替换的，即将程序中出现的符号常量由真实值来替换。也就是说在预处理时，预处理器会将示例 2-1 中“int n=MAX_LEN*30;”替换为语句“int n = 30*30;”。而用 const、constexpr 定义的常量则是在编译和运行阶段进行处理的。
- 在使用上需要注意的是，利用#define 定义的符号常量没有类型，而 const、constexpr 定义的常量是有具体类型的。这样编译器的类型检查对#define 定义的符号常量就不起作用了，而对 const、constexpr 常量在使用过程中可以进行类型检查。

注意：

在定义符号常量时用到的标识符一般全采用大写形式，以与变量标识符相区别。

【示例 2-4】演示符号常量的使用：已知圆的半径，计算圆的面积。代码如下：

```
#include <iostream>                       //包含 C++标准输入/输出头文件
using namespace std;                      //使用标准命名空间
#define PI 3.1415926                      //定义圆周率的值，采用符号常量形式
int main(int argc, char* argv[ ])
{
    int nRadius =3;                       //定义和设定圆半径
    double fAcreage;                      //定义存储圆面积值的变量
    fAcreage = PI*nRadius*nRadius;        //计算圆的面积
    cout<<fAcreage<<endl;                 //输出圆面积到标准输出设备（DOS 屏幕）
    return 0;
}2
```

程序运行结果如下：

```
28.2743
```

分析：在上面的例子中，PI 代表了常量 3.1415926。当参与运算时，编译器就会将 PI 替换为 3.1415926。在预处理阶段，代码“fAcreage = PI*nRadius*nRadius;”会变成“fAcreage = 3.1415926*nRadius*nRadius;”。

3．定义常量的好处

定义常量的好处有如下几种。

（1）含义清楚、容易理解。在程序中，会出现大量的常量。如果直接把这些常量放在程序中，会让阅读者搞不清到底这些常量代表什么意义。在定义符号常量时一般都会采用与常量代表的意义相符的名称。例如，上例中的 PI 就代表圆周率，让程序阅读者一看就知道这个符号代表什么含义。所以使用规范化的命名方式来定义符号常量可以“见名知意”。

（2）修改常量方便。程序中可能含有很多常量，如果把常量直接书写在程序中，一旦需要改动常量，则可能要修改很多地方，修改量大且极其容易出错。使用了符号常量之后，只需要修改符号常量的定义处即可，即只需要修改一处，就能做到“一改全改”。例如，在示例 2-4 的程序中，假如 PI 的精度只需要精确到小数点后两位，则只需要将以下代码：

```
#define PI 3.1415926
```

修改为：

```
#define PI 3.14
```

而不需要在程序中到处搜索并修改。

扫一扫，看视频

2.1.2 变量

值可以改变的量称为变量。变量和常量的性质是相反的。变量一般用一个标识符来表示，这个标识符称为变量名。变量实际的值存储在内存的存储单元中，这个值称为变量值。定义变量的形式为：

```
数据类型 变量标识符;
```

参数说明：

- 数据类型是定义变量必需的，我们在后面将会讲述数据类型的知识。
- 变量的使用需要遵循“先定义，后使用”的规则。例如，示例 2-4 中的 fAcreage 就是一个变量，必须先定义它，然后才能参与下面的运算。

图 2.1 所示是变量名与变量值的示意图。

变量名其实代表一个地址，这个地址就是存储变量值的内存地址。在定义一个变量时，编译系统会给这个变量分配一个对应的存储单元，变量值就存储在这个存储单元中。这个存储单元有一个地址，而变量名就代表这个地址。当程序需要从变量中取值时，就会通过变量名找到相应的内存地址，然后从这个地址上的存储单元中读取数据。变量的种类很多，后面将讲到结构、类等，它们都有相应的变量。

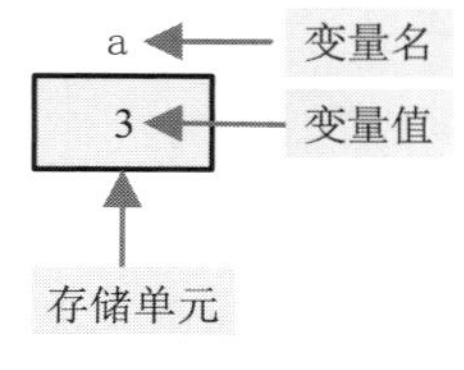

图 2.1　变量的存储形式

2.2　C++程序的基本元素

C++程序的基本元素主要包括：关键字、标识符、运算符、标点符号等。下面就讲解它们的概念和使用规则。

2.2.1　关键字

扫一扫，看视频

关键字是 C++保留的预定义标识符，也称为保留字。每一个关键字都代表特殊的意义，它不允许开发者利用这些字符进行其他操作。ANSI C 规定的关键字有 32 个；ANSI C++中补充了 29 个，达到 61 个。表 2.1 列举了常用的关键字。

表 2.1　常用的关键字

break	case	char	const
continue	default	do	double
else	enum	extern	float
for	goto	if	int
long	retrun	short	singed
sizeof	static	struct	switch
typedef	union	unsigned	void
while	bool	catch	class
delete	false	friend	inline
namespace	new	operator	private
protected	public	template	this
throw	true	try	typename
using	virtual		

注意：

一些开发工具，如 VC、VS 等，它们会对关键字进行扩充，扩充的关键字因开发工具不同而不同。在使用这些工具时，最好去阅读相应的帮助文档，以了解哪些标识符是保留关键字。

扫一扫，看视频

2.2.2 标识符

标识符是开发者定义的用来表示程序中实体名称的有效字符序列。例如，定义符号常量名、变量名、函数名、数组名、类型名、类名、实例名等时，都会用到标识符。

【示例 2-5】定义一个表示大小的常量，代码如下：

```
#define SIZE 100
```

分析：SIZE 就是表示常量的一个标识符，也就是常量名。

【示例 2-6】定义一个表示数字的变量，代码如下：

```
int nCnt;
```

分析：nCnt 是变量的标识符，也就是变量名。

标识符由字符、数字、下划线等组成，它可以是一个单词，也可以是一组开发者自定义的字符、数字、下划线的组合。例如，counter、Num1、MSC_VER 等都是合法的标识符。标识符的构成规则有以下几个。

- 以大写字母、小写字母或者下划线（_）开始，不能以数字和数字之外的标点符号开始。
- 可以由大写字母、小写字母、下划线（_）或者数字（0～9）组成。
- C++对标识符的大小写是敏感的。大写字母和小写字母代表不同的标识符。
- 不能使用 C++关键字命名标识符。

定义标识符必须按照这些规则进行。例如，Buffer、_line、int2str 都是合法的标识符。而以下标识符都是不合法的：

```
^parameter                                    //不能以下划线以外的标点符号开始
new                                           //不能以 C++关键字为标识符
```

扫一扫，看视频

2.2.3 运算符

运算符是在程序中用于实现各种运算的符号，也称为操作符。运算符可以分为算术运算符、关系运算符、逻辑运算符、位运算符等，本小节主要介绍前三种。

1. 算术运算符

C++中的算术运算符包括：+（加法运算符）、-（减法运算符）、*（乘法运算符）、/（除法取整运算符）、%（取余运算符）、++（增量运算符）、--（减量运算符）。这些运算符中除了增量运算符和减量运算符之外，都需要两个元素才能完成运算，这样的运算符称为二元运算符。而增量运算符和减量运算符只需要一个元素参与即可完成运算，这样的运算符称为一元运算符。

加法运算符、减法运算符和乘法运算符与数学中相应运算符的用法是一样的。以下重点介绍除它们之外的运算符。

（1）“/”在整数除法中是取整的操作。例如，7/2 得到的结果是 3，−1/2 得到的结果是 0。“/”在浮点型（含有小数的数字）除法运算中是通常意义的除法（数学上的除法）。例如，7.0/2.0 得到的结果为 3.5，−1/2 得到的结果是−0.5。

（2）“%”是面向整型运算的，不能用于浮点型运算，实现的功能是取余运算。例如，7%2=1，−3%2=−1。算术运算符对不同数据类型的运算有着不同的操作。例如，对整型的计算和对浮点型的计算在具体的操作（CPU 指令级）以及结果上是不同的。关于不同数据类型的计算形式，后面的章节将会逐步讲到。

（3）“++”和“--”操作符分别是增量运算符、减量运算符，它们也属于算术运算符范围。写法上，必须将它们各自的两个符号写在一起，中间不能有空格。增量运算符表示加 1 操作，减量运算符表示减 1 操作。

【示例 2-7】演示“++”和“--”运算符的使用。代码和解释如下：

```
i++;                                        //表示 i=i+1
i--;                                        //表示 i=i-1
```

分析：它们可以放在操作数的左边，也可以放在右边。放在左边时称为前增量，放在右边时称为后增量。它们的意义是不同的。

- 前增量：操作数先加 1，然后将加 1 后的变量值作为表达式的值。例如，*b*=++*a*，相当于“*a*=*a*+1;*b*=*a*;”。
- 后增量：先将变量值作为表达式的值参与运算，变量再加 1。例如，*b*=*a*++，相当于“*b*=*a*;*a*=*a*+1;”。

【示例 2-8】运用++和--运算符进行运算：定义一个整数，分别对其进行++和--的运算。代码如下：

```
#include <iostream>
using namespace std;
int main(int argc, char* argv[ ])
{
    int a(3), b;
    b=a++;
    cout<<"a:"<<a<<"  "<<"b:"<<b<<endl;
    b=++a;
    cout<<"a:"<<a<<"  "<<"b:"<<b<<endl;
    b=a--;
    cout<<"a:"<<a<<"  "<<"b:"<<b<<endl;
    b=--a;
    cout<<"a:"<<a<<"  "<<"b:"<<b<<endl;
    return 0;
}
```

程序运行结果如下：

```
a:4  b:3
a:5  b:5
a:4  b:5
a:3  b:3
```

分析：在示例 2-8 中，*b=a*++可以分解为“*b=a*; *a*++”，所以 *b* 输出 *a* 的初值 3，然后 *a* 增 1 变为 4。*b*=++*a* 可以分解为“*a*++; *b=a*”，*a* 先加 1 变为 5，然后将 *a* 的值赋予 *b*，故 *a* 输出为 5，*b* 输出为 5。同理，对于--的操作，读者可以自行分析一下结果。

前增/减量的返回的是修改变量值后的变量，仍然是一个左值。所以左增量的结果仍然可以参与左值和右值运算。

【示例 2-9】演示“++”和“--”运算符的正确使用。代码如下：

```
b=++a;
++(++a);
b=--a;
--(--a);
```

这些表达式都是正确的。

后增/减量的操作返回的是一个原先变量的值，所以不能参加左值运算，而只能参加右值计算。

【示例 2-10】演示“++”和“--”运算符的错误使用。代码如下：

```
++(a++);                                                    //错误
--(a--);                                                    //错误
```

增量和减量操作都包含赋值运算，所以操作数必须是变量，不能为常量；并且必须是一个左值表达式。

2. 关系运算符

关系运算符有以下几种。

- 等于：==（两个等号写在一起）。
- 大于：>。
- 小于：<。
- 大于或等于：>=。
- 小于或等于：<=。
- 不等于：!=。

（1）等于运算符是比较两个操作数是否相等的运算符。

【示例 2-11】演示“==”操作符的使用。代码如下：

```
int nCnt = 100;
cout<<(nCnt == 100);                          //输出 nCnt 与 100 相等的判断结果
```

分析：关系运算符产生的值为 0 或 1，即假或真。在 C++中，0 代表假，1 代表真（非 0 整数的结果都代表真）。在这个例子中，nCnt==100 返回真，所以输出结果为 1。

注意：

==和=是两个不同的运算符，后者是赋值运算符。一些初学者经常会在编写程序时将前者写成后者，但是程序并不报错，导致程序不能按照预定的设计思路正确执行。

>、<、>=、<=几个运算符的用法与==类似，它们主要是判断两个操作数的关系，返回的结果为真和假。

（2）不等于运算符是判断两个操作数是否不相等的运算符。当所操作的两个操作数相等时，返回假；不等时，返回真。

【示例 2-12】演示“!=”运算符的使用。代码如下：

```
int nCnt = 100;
cout<<(nCnt != 100);                          //输出 nCnt 与 100 不相等的判断结果
```

分析：因为 nCnt 等于 100，所以 nCnt != 100 返回假，程序输出结果为 0。

3. 逻辑运算符号

逻辑运算符有以下三种：逻辑非（!）、逻辑与（&&）和逻辑或（||）。逻辑非（!）用于改变条件表达式的真假值，即将 1 变成 0（非 0 整数都变成 0），将 0 变成 1。

【示例 2-13】演示“!”运算符的使用。操作和结果如下：

- !1 的结果为 0。
- !9 的结果为 0。
- !-1 的结果为 0。
- !0 的结果为 1。
- !-0 的结果为 1。

逻辑与（&&）和逻辑或（||）的作用是求两个条件表达式的逻辑与和逻辑或。

【示例 2-14】利用关系运算符和逻辑运算符来判断学生成绩是否及格。代码如下：

```
#include <iostream>
using namespace std;
int main()
{
    int nScore1 = 75, nScore2 = 80;           //成绩
    if(nScore1 >= 60 && nScore2 >= 60)        //if 判断语句，当括号里结果为真时，执行语句 1，
                                                否则执行语句 2
        cout<<"通过"<<endl;                   //语句 1
    else                                      //else 与 if 语句相对应
        cout<<"未通过"<<endl;                 //语句 2
    return 0;
}
```

程序运行结果如下：

```
通过
```

分析：&&的运算优先级比>=低，程序首先判断 nScore1 >= 60 为真，然后判断 nScore2 >= 60 也为真，再进行逻辑与运算。真与真相与之后为真，所以程序执行了语句 1。

4．运算符优先级和结合律

如果一个表达式包含两个或两个以上的运算符，那么操作数的结合方式将决定这个表达式的结果。例如，3+2*5 这个运算式，如果 3 和 2 结合在一起，那么这个表达式的结果是 5×5 等于 25。但是根据运算符的优先级规则，本例的 3 不会和 2 结合，而是 2 和 5 结合，得到 3+10 等于 13。

运算符的优先级（precedence）和结合律（associativity）决定操作数的结合方式。当运算式中的运算符的优先级不同时，操作数的结合方式由优先级决定。当运算式中的运算符的优先级相同时，操作数的结合方式由结合律决定。当然，也可以使用括号把操作数强制结合在一起。例如，(10−3) * 4 强制性把 10 和 3 结合在一起进行减法运算，然后将运算结果乘以 4。

大多数运算符的结合律都是从左到右的，不过也有从右到左的（如赋值运算符）。使用括号可以把操作数强制结合在一起。被括号括住的子运算式会被当作一个独立的个体进行处理，这个子运算式同样要受到优先级和结合律的约束。

【示例 2-15】对运算式的优先级和结合律的括号使用举例。运算式如下：

```
int i;
i=5*(5 + 30*5)-20;
```

分析：在示例 2-15 的运算式中，5 + 30*5 被括号括起来，从而使其成为一个单独的个体被处理。计算机先计算（5 + 30*5）的值得到 155，然后运算式简化为 5*155−20。乘法运算符比减法运算符优先级高，所以先运算 5*155 得到 775，然后减去 20，得到 755。

对于赋值运算符，其结合律是从右到左的。

【示例 2-16】赋值运算符的结合律应用举例。代码如下：

```
int I,j;
i = j = 10;
```

分析：根据赋值运算符的结合律，这段代码可以分解为以下形式：

```
j=10;
i=j;
```

优先级和结合律可以决定操作数的结合顺序，但是不能决定操作数的运算顺序。

【示例 2-17】优先级和结合律对运算顺序的影响举例。代码如下：

```
3 * 4 + 8 * 3
```

分析：根据运算符的优先级和结合律，这个运算式的结合顺序如下：

```
(3 * 4) + (8 * 3)
```

但是无法确定是先计算 3*4 还是先计算 8*3，这是由编译器决定的。

2.2.4 标点符号

标点符号是在程序中起分隔内容和界定范围作用的一类符号。C++主要标点符号见表 2.2。

扫一扫，看视频

表 2.2 C++主要标点符号

标 点 符 号	名 称	描 述
	空格	语句中各成分之间的分隔符
;	分号	语句的结束符
'	单引号	字符常量的起止标记符
"	双引号	字符串量的起止标记符
#	井字号	预处理命令的开始标记符
{	左大括号	复合语句的开始标记符
}	右大括号	复合语句的结束标记符
//	双斜杠	行注释的标记符
/*	斜杠和星号	块注释的开始标记符
*/	星号和斜杠	块注释的结束标记符

2.3 C++程序的基本结构

一个 C++程序一般由如下几个部分组成：预处理命令、输入/输出、函数、语句和变量。除此之外，还有一些诸如常量和注释等也是程序的一部分。

2.3.1 main 函数

扫一扫，看视频

main 函数也称为主函数，它是 C++程序中最重要的函数。所有的 C++程序必须有且只有一个 main 函数。它是程序中唯一可以直接被编译器自动识别和运行的函数。程序在运行时，系统会自动地首先调用 main 函数，它是程序的入口函数。而其他函数都是直接或者间接地由 main 函数来调用的。main 函数的原型如下：

```
int main(int argc, char *argv[ ])
```

第一个参数 argc 指明有多少个参数将被传递给 main()，真正的参数以字符串数组（第 2 个参数 argv[]）的形式来传递。每一个字符串均有特定的含义。

注意：

在 C++中是不存在 void main(int argc, char *argv[])这样的 main()函数原型的。main 函数必须有返回值，而且是 int 类型。

扫一扫，看视频

2.3.2　预处理命令

预处理命令是对程序代码在正式编译以前的一些预先处理。例如，对头文件的引用、对一些文字资源的等价替换等都属于预处理范畴。在第 1 章中所开发的 HelloWorld 程序中的“#include <iostream>”就是一个预处理命令。最常见的预处理有文件包含、条件编译、布局控制和宏替换 4 种。

- 文件包含：#include 是一种最为常见的预处理，其主要作用是引用其他文件的内容到本文件中。
- 条件编译：#if、#ifndef、#ifdef、#endif、#undef 等也是比较常见的预处理，其主要作用是进行编译时有选择性地处理。
- 布局控制：#progma，其主要作用是为编译程序提供非常规的控制流信息。
- 宏替换：#define，它可以定义符号常量、函数功能、重新命名、字符串的拼接等各种功能。

预处理指令的格式如下：

```
# directive tokens
```

符号“#”必须是该行第一个非空白字符，但前面有空白符或退格符都可以，#与 directive 之间也可以有多个空白符。在 C++中常见的预处理命令及其含义见表 2.3。

表 2.3　常见的预处理命令及其含义

指　　令	含　　义
#define	定义宏
#undef	取消定义宏
#include	包含文件
#ifdef	其后的宏已定义时激活条件编译块
#ifndef	其后的宏未定义时激活条件编译块
#endif	终止条件编译块
#if	其后表达式非零时激活条件编译块
#else	对应#ifdef、#ifndef 或#if 指令
#elif	#else 和#if 的结合
#line	改变当前行号或者文件名
#error	输出一条错误信息
#pragma	为编译程序提供非常规的控制流信息

下面主要介绍#define 的用法。#define 指令定义宏，宏定义可分为两类：简单宏定义和带参数宏定义。简单宏定 w 义形式如下：

```
#define 名称 替换文本
```

它指示预处理器将源文件中所有出现定义名称的地方都替换为替换文本，替换文本可以是任何字符序列，甚至可以为空（此时相当于删除文件中所有对应的名称）。

简单宏定义常用于定义常量符号。

【示例 2-18】利用#define 宏定义常量。代码如下：

```
#define size 512
#define word long
#define bytes sizeof(word)
```

分析：因为宏定义对预编译指令行也有效，所以一个前面已经被定义的宏能被后来的宏嵌套定义（如上面的 bytes 定义用到了 word）。对于下面这句代码：

```
word n = size * bytes;
```

它的宏扩展就是：

```
long n = 512 * sizeof(long);
```

带参数宏定义将在后面介绍。

2.3.3　C++基本输入/输出

扫一扫，看视频

输入（input）和输出（output）是程序中必需的功能，因为程序需要接收和输出数据。C++语言中没有专门的输入/输出语句，输入/输出操作是由一组标准 I/O 流类的类库提供的。数据可以从键盘流入，也可以向屏幕流出。

1．流的概念

输入/输出是一种数据传送操作，其可以看作字符序列在主机和外设之间的流动。C++中将数据从一个对象到另一个对象的流动抽象为“流”。流具有方向性：流既可以表示数据从内存中传送到某个设备，此时与输出设备相联系的流称为输出流；也可以表示数据从某个设备传送给内存中的变量，此时与输入设备相联系的流称为输入流。

这些流的定义在头文件 iostream.h 中。流通过重载运算符“>>”和“<<”执行输入/输出操作。输入操作是从流中获取数据，因此“>>”称为提取运算符。输出操作是向流中插入数据，因此“<<”称为插入运算符。

2．标准输出

在默认情况下，程序的标准输出设备是屏幕。C++定义流对象 cout 来使用它。cout 与“插入操作符”一起使用，“插入操作符”写作“<<”（两个小于号）。

【示例 2-19】演示“插入操作符”的使用。代码如下：

```
cout << "C++ Program Language";                    //输出字符到屏幕上
cout << 100;                                       //输出数字到屏幕上
cout << x;                                         //输出变量的值到屏幕上
```

分析：<<操作符用于把其后面的数据插入媒介它前面的流中。在示例 2-19 中，它把字符串常量“C++ Program Language”、数字常量 100 和变量 x 插入标准输出流 cout 中。

（1）插入操作符“<<”可以在一条语句中多次使用。

【示例 2-20】演示插入操作符“<<”在一条语句中多次使用。代码如下：

```
cout << "This " << " is " << " a C++ Program Language ";
```

分析：这条语句将会在屏幕上输出信息“This is a C++ Program Language”。

（2）当需要输出一组变量和常量或多于一个变量时，可以重复使用插入操作符“<<”。

【示例 2-21】插入操作符“<<”输出一组变量和常量的使用演示。代码如下：

```
int age = 25;
cout << "I am" <<age<< "years old.";
```

分析：上述语句的输出结果将为“I am 25 years old.”。

（3）cout 不会在输出后自动换行。如果需要换行，必须在后面加换行符。为了在输出后加入换行，必须向 cout 中插入换行字符。在 C++中一个换行字符通过“\n”（反斜杠加字符“n”）来指定。

【示例 2-22】利用换行字符在插入操作符“<<”输出换行的演示。代码如下：

```
cout << " C++ Program Language.\n ";
cout << " C++ Program.\n. Language ";
```

程序的输出结果如下：

```
C++ Program Language.
C++ Program.
Language
```

（4）在输出字符后加入换行，也可以使用 endl 操作符。

【示例 2-23】利用 endl 操作符在插入操作符“<<”输出换行的演示。代码如下：

```
cout << " C++ Program Language." <<endl;
cout << " I love C++." << endl;
```

程序的输出结果如下：

```
C++ Program Language.
I love C++.
```

分析：在利用 cout 和插入操作符“<<”进行输出时，endl 操作符与“\n”一样产生一个换行符。但当被用于有缓冲区的流时，它还有一个附加的行为：清空缓冲区。总之，在大多数情况下，cout 是无缓冲区的流，因此，可使用转义符“\n”和操作符 endl 来显式地指明一个换行而不用管它们在其他行为上的差别（读者在这里只要知道它们之间在功能上有差别即可，在后面的学习中会理解这种差别）。

技巧：

endl 等于“\n”。

3．标准输入

在默认情况下，程序的标准输入设备是键盘，被定义的C++流对象是cin。cin与提取操作符一起使用，提取操作符写作“>>”（两个大于号）。

（1）当程序需要执行键盘输入时，可以使用提取操作符“>>”从cin输入流中提取不同数据类型的数据。提取操作符可以从同一个输入流中提取多个数据项给其后的多个变量赋值，要求输入流的数据项用空格进行分隔。

【示例2-24】利用提取操作符“>>”获得标准输入设备输入的值。代码如下：

```
int age;
cin >>age;
```

分析：第一条语句定义了一个称为age的int类型变量，第二条等待从cin（键盘）来的输入并把它存储到这个整型变量中。

注意：

cin只能在按下Enter键后才会处理来自键盘的输入。因此，如果用户输入了一个字符，Enter键没有按下之前，cin是不会处理这个输入的。

（2）cin能够正确识别用户输入的数据。如果输入一个整数，就得到一个整数；如果输入一个字符，就得到一个字符；如果输入一个字符串，就得到一个字符串。

【示例2-25】利用cin接收键盘的输入。代码如下：

```
#include <iostream>
using namespace std;
int main(int argc, char* argv[ ])
{
    int i;                      //定义一个整型变量
    char c;                     //定义一个字符变量，它可以存储一个字符。例如，'A' 就是一个字符
    cin>>i;                     //接收用户通过键盘输入的整数值，并将其存储到变量 i 中
    cout<<i<<endl;              //输出 i 的值，即从键盘输入的那个数值
    cin>>c;                     //接收用户通过键盘输入的字符，并存储到变量 c 中
    cout<<c<<endl;              //输出 c 的值，即从键盘输入的那个字符

    return 0;
}
```

程序运行结果如下：

```
4 （输入并回车）
4
f （输入并回车）
f
```

（3）cin支持一次性读入多个数据。其形式与cout类似。

【示例 2-26】利用 cin 来一次性读入多个数据。代码如下：

```
cin >> a >> b;
```

分析：这条语句等价于以下形式：

```
cin >> a;
cin >> b;
```

在上述读入形式下，用户都必须给出两个数据：一个给变量 a；另一个给变量 b。它们可以由任何有效的空白分隔符分开：一个空格、一个制表符或一个新行。

扫一扫，看视频

2.3.4　注释

注释是程序中的说明性语句，程序的注释一般分为序言性注释和功能性注释。序言性注释出现在程序的首部，用于说明程序名称、开发日期等；功能性注释出现在每一个具有独立功能的模块之前，用于说明模块的功能及调用格式等。

C++提供了两种形式的注释：多行注释和单行注释。多行注释采用“/*”和“*/”表示；单行注释采用“//”表示。Visual Studio 2022 的代码编译器中将注释显示为浅绿色，编译器把所有的注释当作空格处理。

注释语句对程序代码起到了说明和解释的作用，可以提高程序的可读性，可以帮助其他人阅读和理解程序。在运行程序时，注释语句并不使计算机执行任何操作。C++编译器忽略注释语句，不产生任何机器目标码。

【示例 2-27】演示注释的作用。代码如下：

```
int IsPrime(long i,long j)
{
    return i<j*j?1:i%j?IsPrime(i,j+2):0;                    //判断 i 和 j 是否同时为素数
}
```

分析：示例 2-27 的代码非常复杂。阅读者在没有注释的情况下，对程序的理解会非常困难，甚至可能产生歧义。但当阅读了注释之后，阅读者即可理解程序，同时避免产生歧义和浪费时间。

2.4　本章实例

编写程序实现如下功能：提示学生用户输入学号和三门课程，然后计算其平均分数并输出。

分析：本程序的要求可分为三个部分，即输入信息、处理信息和输出信息。根据本章所学习的基本输入/输出知识点，可以用 cin 和 cout 对象来完成输入/输出任务。处理信息时只需要对三门课程的成绩继续累加后除以 3 即可。程序的处理步骤如图 2.2 所示。

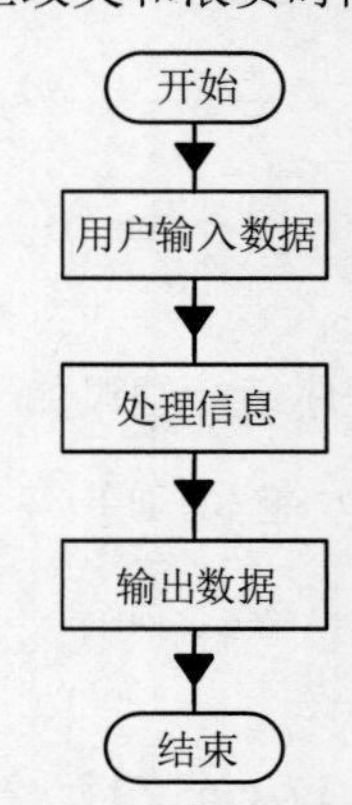

图 2.2　程序的处理步骤

操作步骤如下：

（1）参照示例 1-1 建立一个“Win32 Console Application”程序，工程名为“Test”。程序主文件为 Test.cpp，iostream 为预编译头文件。

（2）修改代码，建立标准 C++程序，增加以下代码：

```
using namespace std;
```

（3）删除 Test.cpp 文件中的代码“std::cout << "Hello World!\n";”，在 Test.cpp 中输入下面的核心代码：

```
int main()
{
    int nStuNo;                          //学生的学号
    double dScore1;                      //存储成绩 1，double 类型变量可以存储带有效小数的数值
    double dScore2;                      //存储成绩 2
    double dScore3;                      //存储成绩 3
    double dAvgScore;                    //存储平均成绩

    cout<<"输入学生学号：";               //提示用户输入学生学号
    cin>>nStuNo;                         //接收用户输入
    cout<<"输入学生成绩 1：";             //提示用户输入学生成绩 1
    cin>>dScore1;                        //接收用户输入
    cout<<"输入学生成绩 2：";             //提示用户输入学生成绩 2
    cin>>dScore2;                        //接收用户输入
    cout<<"输入学生成绩 3：";             //提示用户输入学生成绩 3
    cin>>dScore3;

    dAvgScore = (dScore1+dScore2+dScore3)/3;                         //计算平均分数

    cout<<"学号为"<<nStuNo<<"的学生的平均成绩为："<<dAvgScore<<endl;    //输出学生的平均分数
}
```

（4）运行程序，程序的运行结果（根据输入不同，计算的平均分数不同）如下：

```
输入学生学号：9901
输入学生成绩 1：87.5
输入学生成绩 2：96.5
输入学生成绩 3：84
学号为 9901 的学生的平均成绩为：89.3333
```

2.5 小结

本章主要介绍了组成 C++程序的基本元素和程序的基本结构。这些知识是学习 C++的前提，所

以读者需要正确认识和理解这些内容。其中的重点是 C++程序的结构。在了解了程序的基本结构后，才能按照正确的顺序去开发 C++程序。下一章将学习 C++基本数据类型。

2.6 习题

一、单项选择题

1. C++的合法注释是（　　）。

   A．/*This is a C program/*　　B．// This is a C program

   C．“This is a C program”　　D．//This is a C program//

2. 下面标识符中正确的是（　　）。

   A．_abc　　B．3ab　　C．int　　D．+ab

3. 下列标识符中，（　　）是合法的。

   A．goto　　B．Student　　C．123　　D．kld

4. C++语言中语句的结束符是（　　）。

   A．,　　B．;　　C．。　　D．、

二、程序阅读题

阅读程序，写出下列程序的输出结果。

1.

```
#include <iostream>
using namespace std;
int main()
{
    int a(2),b(3),c(4);
    cout<<"c1="<<c<<endl;
    c=a+b;
    cout<<"c2="<<c<<endl;
}
```

2.

```
#include <iostream>
using namespace std;
int main()
{
int a=6,b=6;
    if(a>5)
        a-=1;
        b+=1;
```

```
    else
        a+=1;
        b-=1;
        cout<<"a="<<a<<endl;
        cout<<"b="<<b;
}
```

第 3 章

C++基本数据类型

在程序中，数据可以被分为不同的类型。不同数据类型在使用和操作上是不同的。每种语言都有内置的数据类型，这些内置的数据类型通常被称为基本数据类型。本章将介绍构成C++程序的基本数据类型。本章的内容包括：

- 整型数据类型。
- 实型数据类型。
- 字符型数据类型。
- 变量存储的类型。
- 数据类型之间的转换。

通过对本章的学习，读者可以理解 C++数据类型的分类，初步掌握 C++基本类型数据使用和数据类型之间转换的方法。

3.1 C++数据类型分类

扫一扫，看视频

程序是由算法和数据组成的。数据是算法的前提，数据以常量和变量的形式出现。每个常量和变量都有数据类型。C++的数据类型主要分为基本数据类型和自定义类型。其中，基本数据类型是C++编译系统内置的，自定义类型是用户以基本类型为基础定义的符合自己要求的类型。C++数据类型的构成结构如图 3.1 所示。

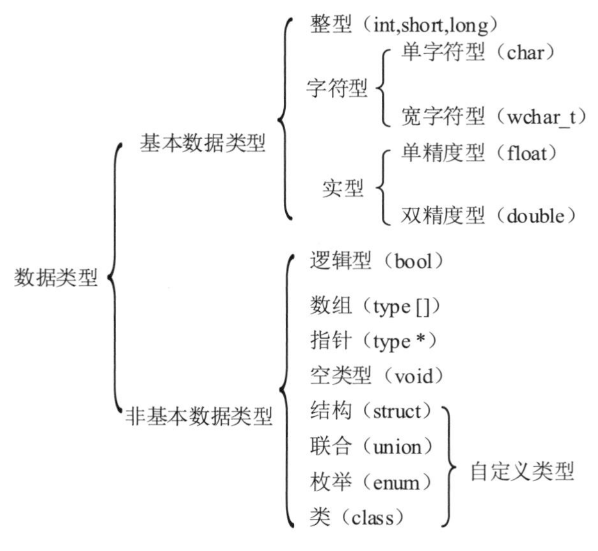

图 3.1　C++数据类型构成

本章主要讲解基本数据类型的知识。关于非基本数据类型，后面章节将陆续讲述。

3.2 整型类型

扫一扫，看视频

整型数据即数学上所说的整数，是不含有小数点的数据，如 0、1、-1 等都是整型数据。数学上所说的整数和计算机中的整型数据有所区别。数学上的整数是无限的，而在计算机中某一个类型的数据是有一定范围的，这是由计算机在存储数据时有长度限制所导致的。

1. 整型基本类型

整型基本类型用符号 int 表示。整型根据表示的范围可分为基本整型、短整型、长整型和超长整型。这几类整型的定义形式如下。

- 基本整型：以 int 关键字来定义。

【示例 3-1】定义一个基本整型变量。代码如下：

```
int n;
```

分析：本例代码中定义了一个基本整型变量 n。

- 短整型：在 int 前加关键字 short 来定义，或者直接用 short 来定义。

【示例 3-2】定义一个短整型变量。代码如下：

```
short int sn;
short s;
```

分析：本例代码中定义了两个短整型变量 sn 和 n。

- 长整型：在 int 前加关键字 long 来定义，或者直接用 long 来定义。

【示例 3-3】定义一个长整型变量。代码如下：

```
long int ln;
long lg;
```

分析：本例代码中定义了两个长整型变量 ln 和 lg。

- 超长整型：在 int 前加 long long，或者直接用 long long 来定义。

【示例 3-4】定义一个超长整型变量。代码如下：

```
long long int lln;
long long llg;
```

分析：本例代码中定义了两个超长整型变量 lln 和 llg。

2. 整型表示范围

对于不同的编译系统以及平台，数据类型的表示范围一般是不同的。例如，在一些 C 编译系统中，int 占两字节，而在有的 C++编译系统中，int 占 4 字节。对于这些不确定因素，最好在使用这些编译器之前，准确了解数据类型所占用的字节数。

【示例 3-5】确定 Visual Studio 2022 编译系统中整型类型在内存中所占用的字节数。

```
#include <iostream>
using namespace std;
int main()
{
    //sizeof 是取类型占用内存字节数的操作符，其使用可参照下面的 sizeof()用法说明
    cout<<"sizeof(short int)= "<<sizeof(short int)<<endl;  //输出 short int 类型所占用的
                                                             字节数
    cout<<"sizeof(int)= "<<sizeof(int)<<endl;              //输出 int 类型所占用的字节数
    cout<<"sizeof(long)= "<<sizeof(long)<<endl;            //输出 long 类型所占用的字节数
    cout<<"sizeof(long long)= "<<sizeof(long long)<<endl;  //输出 long long 类型所占用的
                                                             字节数
}
```

程序运行结果如下：

```
sizeof(short int)= 2
sizeof(int)= 4
sizeof(long)= 4
sizeof(long long)= 8
```

分析：以上结果说明在 Visual Studio 2022 中，短整型、基本整型、长整型、超长整型分别占用 2、4、4、8 字节，所以它们的表示范围分别如下。

- 短整型：-2^{15}～$2^{15}-1$，即-32 768～32 767。
- 基本整型：-2^{31}～$2^{31}-1$，即-2 147 483 648～2 147 483 647。
- 长整型：-2^{31}～$2^{31}-1$，即-2 147 483 648～2 147 483 647。
- 超长整型：-2^{63}～$2^{63}-1$，即-9 223 372 036 854 775 808～9 223 372 036 854 775 807。

通过以上分析可以看出，在 Visual Studio 2022 编译系统中，int 和 long 表示的范围是相同的。

3. 无符号类型数

上面的整型类型都是含有负数的，有时程序的变量可能永远为正数，如公司员工数、年龄、工资等。为了充分利用变量的表示范围，我们可以用修饰符 unsigned 来修饰。用这个关键字修饰的类型称为无符号类型数，即永远为正数。有符号类型数用修饰符 signed 来修饰。实际上，上面在定义这几类整型时都省略了 signed，即默认定义的整型都是有符号数。只有定义无符号数时，才不能省略修饰符。

signed 类型的变量所表示的数字有正负之分，而 unsigned 类型的变量所表示的数字只有正数。所以 unsigned 类型的变量所表示的整数范围是 signed 的整数范围的 2 倍。例如，signed int 的表示范围是-2^{31}～$2^{31}-1$，unsigned int 的表示范围是 0～$2^{32}-1$。下面归纳整型类型数的表示。

- 有符号基本整型：[signed] int。
- 无符号基本整型：unsigned int。
- 有符号短整型：[signed] short [int]。
- 无符号短整型：unsigned short [int]。
- 有符号长整型：[signed] long [int]。
- 无符号长整型：unsigned long [int]。
- 有符号超长整型：[signed] long long [int]。
- 无符号超长整型：unsigned long long [int]。

说明：

ANSI C 和 ANSI C++都没有规定数值类型的具体长度，而只是规定了 long 类型数据长度不短于 int 类型，short 类型长度不长于 int 类型。对于下面要讲的实型数据也是如此。具体的实现由各系统自己完成，所以在学习一种编译环境时，一定要弄清各种类型的数据在计算机中所占用的字节数。

sizeof 操作符用于计算某种类型的对象在内存中所占的字节数。语法形式为：

```
sizeof(类型名)
```

或者

```
sizeof(表达式)
```

sizeof 将计算出表达式结果类型所占用的字节数，而不是计算表达式本身的值。

扫一扫，看视频

3.3 实型类型

实数（real number）又称浮点数（floating-point number）。它的表示形式有以下两种。

- 十进制小数形式：由数字和小数点组成，且必须含有小数点。例如，123.45、.12、12.0、0.0 都是十进制小数形式。
- 指数形式：利用数学上的指数形式表示。其形式为数字+E 指数，其中 E 也可以用小写（e）。例如，123.456 可以表示为 123.456E0、12.3456E1、1.23456E2。其中，1.23456E2 是规范化的指数形式（符合数学上的标准表示形式）。在程序中，指数形式的输出是按照规范化的指数形式进行的。

实型数据类型变量分为以下三种。

- 单精度：利用 float 关键字来定义。

【示例 3-6】定义一个单精度类型变量。代码如下：

```
float fNum;
```

分析：本例代码中定义了一个单精度的实型变量 fNum。

- 双精度：利用 double 关键字来定义。

【示例 3-7】定义一个双精度类型变量。代码如下：

```
double dNum;
```

分析：本例代码中定义了一个双精度的实型变量 dNum。

- 长双精度：在 double 前加 long 来进行定义。

【示例 3-8】定义一个长双精度类型变量。代码如下：

```
long double ldNum;
```

分析：本例代码中定义了一个长双精度的实型变量 ldNum。

这三类实型数据在内存中所占用的字节数，可以利用下面的程序进行检测。

【示例 3-9】确定 Visual Studio 2022 编译系统中三类实型类型在内存中所占用的字节数。

```
#include <iostream>
using namespace std;
```

```
int main()
{
    cout<<"sizeof(float)= "<<sizeof(float)<<endl;          //输出 float 类型所占用的字节数
    cout<<"sizeof(double)= "<<sizeof(double)<<endl;        //输出 double 类型所占用的字节数
    cout<<"sizeof(long double)= "<<sizeof(long double)<<endl;    //输出 long double 类型
                                                                  所占用的字节数
}
```

程序运行结果如下：

```
sizeof(float)= 4
sizeof(double)= 8
sizeof(long double)= 8
```

- float 类型在内存中占用 4 字节，有效位数为 6～7 位，表示的数值范围为-3.40E+38～3.40E+38。
- double 类型在内存中占用 8 字节，有效位数为 15～16 位，表示的数值范围为-1.79E+308～1.79E+308。
- long double 类型在内存中占用 8 字节，有效位数为 18～19 位，表示的数值范围为-1.2E+4932～1.2E+4932。

实型变量的存储单元是有限的，因此提供的有效数字也是有限的，有效位以外的数字则被舍去。所以实型数据的运算存在一定的误差。

【示例 3-10】实型数据的表示和运算误差的演示。代码如下：

```
#include <iostream>
using namespace std;
int main()
{
    float fN1, fN2;                          //定义两个实型类型变量
    fN1 = 123456789.0;                       //给 fN1 变量赋值
    fN2 = fN1+10;                            //给 fN1 变量的值加 10
    cout<<fN1<<endl;                         //输出 fN1 的值
    cout<<fN2<<endl;                         //输出 fN2 的值
}
```

程序运行结果如下：

```
1.23457e+008
1.23457e+008
```

分析：在示例 3-10 中，实型数据 123456789.0 在输出时变成了 1.23457e+008。其加上 10，理论值为 123456799.0，程序的输出结果却为 1.23457e+008，这说明实型数据在表示和运算时存在误差。其有效位数是一定的，前面讲了 float 类型的有效位数为 6～7，所以对于 123456789.0，其有效位为前 7 位，后面的数字会被自动舍去。这也就是输出 fN1 时只保留了前 7 位的原因。同样在加上 10 后，由于有效位只有 7 位，所以后面的也被舍去，从而输出的结果也是 1.23457e+008。

扫一扫，看视频

3.4 字符类型

字符在 C++中用单引号（' '）来表示，如 'c'，'C'，'#'，'?'，'$' 等都是字符。字符类型数据就是存储字符的数据类型。字符类型变量用关键字 char 来定义，其定义格式如下：

```
char 字符变量名 [=初始字符];
```

在定义字符常量时，可以为其赋初始值。

【示例 3-11】定义一个字符类型变量。代码如下：

```
char szFlg;
```

分析：示例 3-11 的代码声明了一个字符类型变量 szFlg。

char 类型的变量在内存中所占用的字节数为 1，即 8 位。在存储时，char 变量存储的其实是一个-128～127 的数值。char 所存储的字符是字符的 ASCII 码。

在给字符类型变量赋值时，如果是标准的字符，只要直接赋值即可。

【示例 3-12】定义一个字符类型变量并赋初始值。代码如下：

```
char szFlg = 'A';
```

但对于一些特殊字符，就必须用另一种形式赋值。例如，ASCII 码中的换行字符无法直接书写其形式，因为它是不可打印字符。这时就必须用以一个“\”开头的字符序列来表示，例如，换行符用“\n”来表示。用“\”表示字符称为转义字符，用这个符号进行转义的字符一般都是控制字符。控制字符是不可打印的，它在程序中无法用一般形式来表示，因此必须用这种特殊形式表示。表 3.1 中所列的是一些常用的转义字符。

表 3.1　常用转义字符及其含义

字 符 形 式	含　　义	ASCII 码
\n	换行，当前位置移动到下一行开头	10
\t	水平制表符，当前位置移动到下一个 Tab 位置	9
\b	退格，当前位置移动到前一列位置	8
\r	回车，当前位置移动到本行开头	13
\f	换页，当前位置移动到下一页开头	12
\\	表示反斜杠“\”	92
\'	表示单引号“'”	39
\"	表示双引号“"”	34

如果记不清这些具体的转义字符，可以用另一种表示方法，就是用“\”加上相应控制字符的 ASCII 码。例如，换行符可以用“\0xA”来表示。后面所接的数字可以用八进制、十六进制等来表

示，只需要明确说明进制即可。例如，换行符号的 ASCII 码为 10（十进制），用八进制和十六进制可分别表示为 012 和 0xA，则转义字符可以写为“\012”和“\0xA”。

【示例 3-13】利用转义字符进行换行。代码如下：

```
#include <iostream>
using namespace std;
int main()
{
    cout<<"\n";                              //换行的转义字符
    cout<<"\012";                            //换行符的八进制值
    cout<<"\0xA";                            //换行符的十六进制值
}
```

程序运行结果如下：

```
(换行)
(换行)
(换行)
```

转义字符在输出时，对输出结果格式的控制非常有效，也较常用。读者应该记住常用的转义字符。

3.5 逻辑类型

扫一扫，看视频

逻辑类型（也称布尔型）是表示真和假的数据类型，逻辑类型变量用关键字 bool 来定义和表示。

【示例 3-14】定义一个逻辑类型变量。代码如下：

```
bool bIsPassed;
```

分析：本例代码中定义了一个名为 bIsPassed 的变量。

逻辑类型变量只有真和假两种情况。真用 true 来表示，假用 false 来表示。对逻辑类型变量只能用这两个值来赋值。真在 C++中被定义为 1，假被定义为 0。

【示例 3-15】给逻辑类型变量赋值。代码如下：

```
bIsPassed = true;
```

前面所介绍的逻辑运算可针对逻辑类型变量进行运算。

【示例 3-16】利用逻辑类型变量的逻辑运算判断学生成绩是否及格。代码如下：

```
#include <iostream>
using namespace std;
int main()
{
    bool bIsPassed;
```

```
    int nScore1 = 80, nScore2 = 70;                    //学生成绩

    bIsPassed = nScore1 >=60 && nScore2 >=60;          //通过逻辑与运算判断两门成绩是否全及格
    cout<<bIsPassed<<endl;                             //输出结果
    return 0;
}
```

程序运行结果如下：

```
1
```

分析：在示例 3-16 程序中，当“nScore1>=60”时，返回值为 true；当“nScore2>=60”时，返回值为 true。而 true 和 true 进行逻辑与运算之后的结果为 true，true 被定义为 1。因此程序的输出结果为 1。

扫一扫，看视频

3.6 变量存储限定符

变量不仅有数据类型，还有存储类型。存储类型用在变量前加存储限定符来表示，它可以对变量在内存中的存储进行控制。常用的变量限定符有以下几个。

- auto：采用堆栈方式分配内存空间，是暂时性的存储，其存储空间可以被其他变量多次覆盖使用，即不是独占的。
- register：变量存储在通用寄存器中。
- extern：此存储类型变量在程序中的所有函数和程序段中都可以被使用。
- static：以固定的地址存放变量，在整个程序运行期间都有效。

3.7 基本数据类型之间的转换

在对数据进行运算时，有时会碰到不同类型数据的运算。在 C++中，只有相同数据类型之间的运算对于编译系统来说才是完全合法的。不同数据类型的运算必须先将这些不同数据类型的变量转换为同一类型的数据才能进行运算。系统可以完成一部分数据类型的转换，开发者也需要进行一些强制转换。

扫一扫，看视频

3.7.1 系统自动转换

在 C++的基本数据类型中，不同数据类型所占用的字节数和表示范围可能是不同的。表 3.2 所列是基本数据类型在 Visual Studio 2022 编译器中的表示范围。

表 3.2　Visual Studio 2022 编译器中基本类型的表示范围

类　　型	说　　明	字　节　数	表 示 范 围
char	字符型	1	−128～127
signed char	有符号字符型	1	−128～127
unsigned char	无符号字符型	1	0～255
int	整型	4	−32 768～32 767
signed int	有符号整型	4	−32 768～32 767
unsigned int	无符号整型	4	0～65 535
short int	短整型	2	−32 768～32 767
signed short int	有符号短整型	2	−32 768～32 767
unsigned short int	无符号短整型	2	0～65 535
long int	长整型	4	-2^{31}～$2^{31}-1$
signed long int	有符号长整型	4	-2^{31}～$2^{31}-1$
unsigned long int	无符号长整型	4	0～$2^{32}-1$
long long int	超长整型	8	-2^{63}～$2^{63}-1$
signed long long int	有符号超长整型	8	-2^{63}～$2^{63}-1$
unsigned long long int	无符号超长整型	8	0～$2^{64}-1$
float	浮点型	4	7 位有效位
double	双精度型	8	15 位有效位
long double	长双精度型	8	19 位有效位

在不同数据类型进行混合运算时，系统会自动进行一些数据类型转换。图 3.2 所示是系统自动进行数据类型转换的规则。这种系统自动进行的转换称为隐含转换。

图 3.2　C++数据类型转换规则

在图 3.2 中，纵向的箭头表示特定的转换。例如，字符型数据在参与运算时必须先转换为 int 型数据，short 类型也如此。float 型数据参与运算时先转换为 double 型数据，因为在转换为双精度型后，可以提高运算精度。

横向的箭头表示当运算对象是不同类型时转换的方向。例如，当 long 型数据和 int 型数据进行运算时，会将 int 型数据先转换为 long 型数据，然后进行运算。横向箭头表示一个转换的方向，不是表示必定要经过这一步骤的转换。例如，double 型数据和 int 数据进行运算，不是说必须先将 int

型数据转换为 unsigned 型，然后转换为 long 型，再转换为 double 型，而是一步完成将 int 型数据直接转换为 double 型数据的操作。

注意：

系统自动进行的类型转换是安全的，在转换过程中数据的精度没有损失。

扫一扫，看视频

3.7.2 强制类型转换

强制类型转换是开发者自行进行的转换。转换通过类型名和括号结合实现，形式如下：

```
类型名(表达式) 或者 (类型名)表达式
```

参数说明：

- 类型名是表达式转换后的数据类型。

【示例 3-17】将 long 类型值转换为 int 类型值。代码如下：

```
long lValue = 100;
int nValue = (int)lValue;                    //将 long 类型值强行转换为 int 类型值
```

- 强制类型转换是一种不安全的转换。从低类型数据向高类型数据转换时没有精度的损失，但从高类型数据向低类型数据转换时可能有精度的损失。
- 这种转换是暂时性的，不会改变原来数据的数据类型。

【示例 3-18】强制类型转换演示。代码如下：

```
#include <iostream>
using namespace std;
int main()
{
    double lValue = 0.0;
    int nValue = 0;
    nValue = 32767;
    lValue = (double)nValue;                 //将 int 类型值转换 double 类型值
    cout<<lValue<<endl;
    lValue = 324.34;
    nValue = (int)lValue;                    //将 double 类型值转换为 int 类型值
    cout<<nValue<<endl;
}
```

程序运行结果如下：

```
32767
324
```

分析：在示例 3-18 中，从 int 类型值强制转换为 double 类型值时，因为是从低类型数据向高类型数据的转换，所以没有精度损失。当将 double 类型值转换为 int 类型值时，就会出现精度的损失，原因是不同数据类型在内存中的存储长度不同。

3.8 本章实例

编写计算三角形面积的程序，实现如下功能：提示用户输入三角形的 3 条边长，计算出三角形的面积并取整，将结果输出到输出设备上。

分析：本程序的要求可分为 4 个部分：一是输入信息；二是判断 3 条边是否能组成一个三角形；三是在可以组成三角形的情况下计算三角形的面积；四是输出信息。程序的处理步骤如图 3.3 所示。

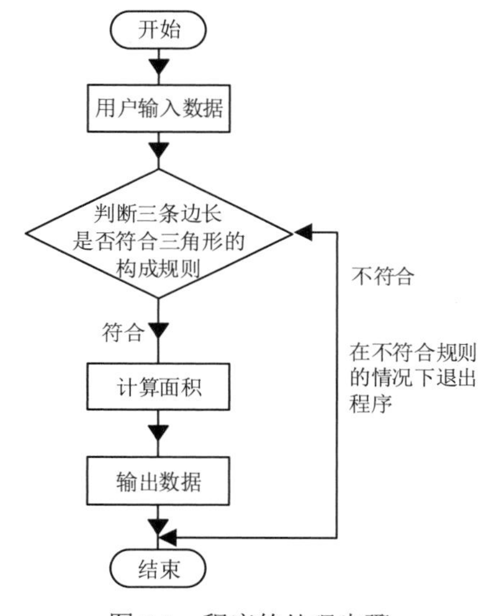

图 3.3　程序的处理步骤

判断是否能组成三角形的规则是：任意两边之和大于第三条边长。计算三角形的面积可以使用海伦公式：

$$S=\sqrt{p(p-a)(p-b)(p-c)}$$

式中：a、b、c 为三角形三边长；p 为半周长：$(a+b+c)/2$。

程序中要进行取平方根运算，可以使用 sqrt()函数。在这里知道它的功能即可，关于函数的详细知识，后面会学习到。

操作步骤如下：

（1）建立工程。参照示例 1-1 建立一个 Win32 Console Application 程序，工程名为 Test。程序主文件为 Test.cpp，iostream 为预编译头文件。

（2）修改代码。建立标准 C++程序，增加以下代码：

```
#include <math.h>
using namespace std;
```

（3）删除 Test.cpp 文件中的代码“std::cout << "Hello World!\n";”，在 Test.cpp 中输入下面的核心代码：

```
int main()
{
    double dLine1;                                   //边长 1
    double dLine2;                                   //边长 2
    double dLine3;                                   //边长 3
    double dArea;                                    //存储三角形面积，含有小数
    double dP;                                       //周长的一半
    long nArea;                                      //存储三角形面积，取整后的面积

    cout<<"输入边长 1：";
    cin>>dLine1;
    cout<<"输入边长 2：";
    cin>>dLine2;
    cout<<"输入边长 3：";
    cin>>dLine3;

    if(((dLine1+dLine2)<dLine3)
          ||((dLine2+dLine3)<dLine1)
          ||((dLine3+dLine1)<dLine2)
          ){//判断是否是有效的三角形（if 语句后面会学习到，此处读者可暂时忽略）
          cout<<"不是有效的三角形"<<endl;
          exit(1);
    };
    dP = (dLine1+dLine2+dLine3)/2;                         //计算三角形三边长和的一半
    dArea = sqrt(dP*(dP-dLine1)*(dP-dLine2)*(dP-dLine3));    //计算面积
    nArea = (long)dArea;                             //将面积从 double 型转换为 long 型
    cout<<"三角形的面积是:"<<nArea<<endl;
}
```

（4）运行程序，程序的运行结果（根据输入不同，计算的结果不同）如下：

```
输入边长 1：3
输入边长 2：4
输入边长 3：5
三角形的面积是：6
```

读者可以多次运行此程序，输出不同的数值组合，以测试不同的执行效果。

3.9 小结

本章主要介绍了 C++的基本数据类型及其用法。读者需要掌握这些内容，特别是对不同长度的

数值类型需要进行深入理解。C++类型包含了基本类型和非基本类型，其中数值类型分类最多。下一章将学习 C++的语句和控制结构。

3.10 习题

一、单项选择题

1. 下列（　　）不是 C++语言的基本数据类型。
   A. 字符型　　B. 整型　　C. 实型　　D. 数组
2. 下列选项可以作为字符串常量的是（　　）。
   A. ABC　　B. "xyz"　　C. 'uvw'　　D. 'a'
3. 设变量 m、n、a、b、c、d 均为 0，执行(m = a==b)||(n=c==d)后，m，n 的值分别是（　　）。
   A. 0　0　　B. 0　1　　C. 1　0　　D. 1　1
4. 设“int a=12;”，则执行语句“a+=a*a;”后，a 的值是（　　）。
   A. 12　　B. 144　　C. 156　　D. 288
5. 程序运行中需要从键盘上输入多个数据时，各数据之间应使用（　　）符号作为分隔符。
   A. 空格或逗号　　B. 逗号或回车
   C. 逗号或分号　　D. 空格或回车

二、程序阅读题

阅读程序，写出下列程序的输出结果。

```
#include <iostream>
using namespace std;
int main()
{
int a,b;
    for (a=0,b=5;a<=b+1;a+=2,b--)
cout<<a<<endl;
}
```

第 4 章

C++语句与控制结构

在 C++程序中，语句是最小的可执行单元。一条语句由一个分号结束。语句按功能分为两类：一类用于描述运算的结果值，即表达式语句；另一类是控制表达式语句执行顺序的控制语句，简称过程化语句。

4.1 表达式

扫一扫，看视频

任何一个表达式后面加上一个分号就构成了表达式语句（没有分号的不是语句）。表达式是指用运算符连接各个运算对象，合乎语法规则的式子。

【示例 4-1】表达式语句举例。代码如下：

```
a=3+5;
a>b?a:b;
a=1, b=2, c=3;
printf("hello\n");
```

常见的表达式语句有空语句、赋值语句和函数调用语句。

1. 空语句

空语句是指只有一个分号而没有表达式的语句。语法格式为：

```
;
```

空语句不做任何运算，而只是作为一种形式上的语句填充在控制结构中。这些填充处需要一条语句，但又不做任何操作。空语句是最简单的表达式语句。

2. 赋值语句

赋值语句是由赋值表达式加一个语句结束标志（分号“;”）构成的语句。语法格式为：

```
变量 赋值运算符 表达式;
```

【示例 4-2】赋值表达式语句举例。代码如下：

```
a=1;
b+=2;
c=sin(d);
```

用户可以多重赋值，将一个表达式的值同时赋予多个变量，即变量 1=变量 2=…=变量 *n*=表达式;等价于变量 1=表达式;变量 2=表达式;…;变量 *n*=表达式;。例如，“a=b=c=5;”等价于“a=5;b=5;c=5;”。

3. 函数调用语句

函数调用语句即调用函数语句的表达式，在后面介绍函数的章节将会讲到。

4.2 流程图

扫一扫，看视频

通常，程序中的语句按编写的顺序一条一条地执行，称为顺序执行。如果在程序中一条语句指定的下一个执行的语句不是紧邻其后的语句，则称为控制转移。程序中一般有三种控制结构，分别为顺序结构（sequence structure）、选择结构（selection structure）和重复结构（repetition structure）。

为了清晰地理解程序结构，一般用流程图来描述程序的结构和流程。图 4.1 所示是基于 Microsoft Office Visio 的流程图图例。

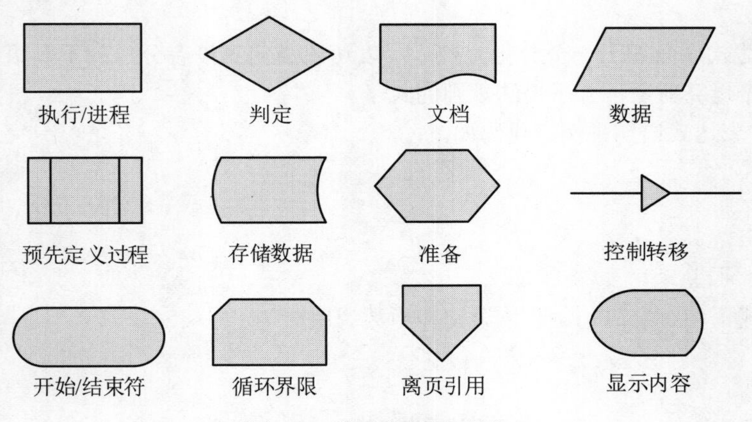

图 4.1 常见流程图图例

程序流程图是人们对解决问题的方法、思路或算法的一种描述。它是算法或部分算法的图形表示。流程图用一些专用符号绘制，如长方形、菱形、椭圆和小圆，这些符号用箭头连接，称为流程。

扫一扫，看视频

4.3 顺序结构

顺序结构是指按照语句在程序中的先后次序一条一条地顺次执行的程序结构。顺序控制语句是一类简单的语句，上述运算语句即顺序控制语句，它包括表达式语句、输入/输出等。这种结构的流程图完全由一组执行框组成，如图 4.2 所示。

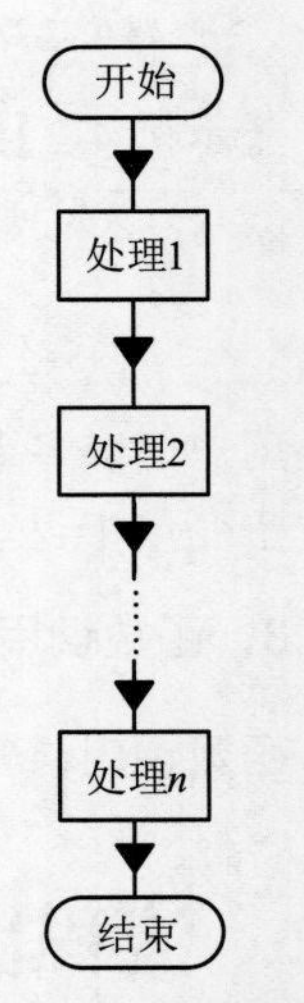

图 4.2 顺序结构流程图

【示例 4-3】输入三角形的 3 条边长，求三角形面积。已知三角形的 3 条边长 a、b、c，则该三角形的面积公式为：$avea=\sqrt{s(s-a)(s-b)(s-c)}$，其中 $s=(a+b+c)/2$。代码如下：

```
#include <iostream>
#include <math.h>
using namespace std;
int main()
{
    float a, b, c, s, area;  //a,b,c 分别为三角形的三边长，area 为面积
    cin>>a>>b>>c;                               //输入三边长
    s= (a+b+c)/2.0;                             //计算周长的一半
    area=sqrt(s*(s-a)*(s-b)*(s-c));             //计算面积
```

```
    cout<<"三角形三边长度分别为："<<a<<"，"<<b<<"，"<<c<<endl;          //输出三角形三边长
    cout<<"三角形面积为："<< area<<endl;                              //输出三角形面积
    return 0;
}
```

程序运行结果如下：

```
3 4 5（输入后回车）
三角形三边长度分别为：3，4，5
三角形面积为：6
```

4.4 选择结构

选择结构主要是由 if 和 switch 来控制的，单纯的 if 选择为单项选择结构，switch 为多项选择结构。当 if 可以和 else 搭配使用时，也可以实现多项选择的效果。

4.4.1 if 语句

扫一扫，看视频

if 语句是判断语句，用于判断某个条件是否成立，然后根据条件的值有选择地执行相应的语句。

1. if 语句的基本形式

if 语句的语法形式为：

```
if （条件表达式）
        语句;
```

或者

```
if （条件表达式）
      {语句序列;}
```

参数说明：

- 条件表达式应该使用括号括起来。
- 如果条件表达式为真，则执行后面的语句。
- 当语句序列只包含一条语句时，包围该语句序列的大括号可以省略。

【示例 4-4】if 语句的使用举例。代码如下：

```
#include <iostream>
using namespace std;
int main()
{
    int a;
    cin>>a;
```

```
    if(a>0)
        cout<<"正数"<<endl;
}
```

分析：当用户输入的数值大于 0 时，程序将输出“正数”到屏幕上；如果输入的数值不大于 0（等于或者小于 0），则程序什么也不做。

2. If…else if 形式

if…else if 是多分支选择结构，if 和 else 结合使用时的语法形式为：

```
if (条件表达式 1)
{
    语句序列 1;
}
else if(条件表达式 2)
{
    语句序列 2;
}
…
else
{
    语句序列 n;
};
```

如果“条件表达式 1”的判断结果为真，则执行语句序列 1；如果“条件表达式 1”的判断结果为假，则继续往下执行，如果“条件表达式 2”为真，则执行语句序列 2；如果为假，则继续往下执行，依此类推。其流程如图 4.3 所示。

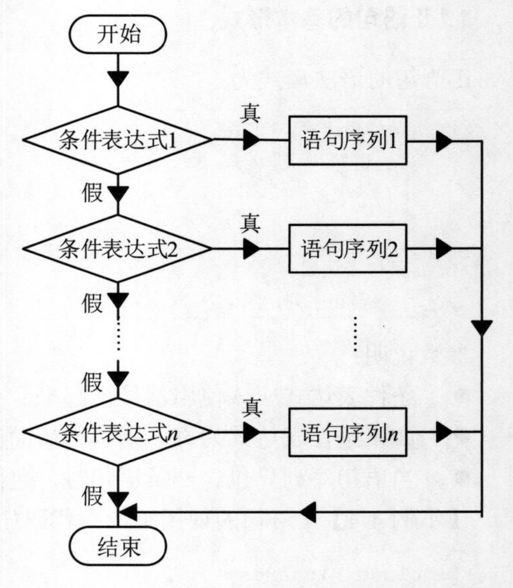

图 4.3　if…else if 多分支选择结构流程图

【示例 4-5】利用 if...else...语句对数值进行正负判断。代码如下：

```
#include <iostream>
using namespace std;
int main()
{
    int a;
    cin>>a;                 //输入 a 的值
    if(a>0)                 //当 a 大于 0 时
        cout<<"正数"<<endl;
    else                    //当 a 不大于 0 时
        cout<<"不是正数"<<endl;
}
```

分析：运行结果将随着输入数值的不同而不同。当输入的数值为正数时，程序的输出结果为“正数”；当输入的数值为负数或者 0 时，程序的输出结果为“不是正数”。

4.4.2 switch 语句

switch 语句是多分支的选择语句，它与嵌套的 if 语句的功能类似，但是用 switch 语句更加直观。switch 语句的语法形式为：

```
switch（变量表达式）
      {
         case 常量表达式 1：<语句序列 1>;
         case 常量表达式 2：<语句序列 2>;
         …
         case 常量表达式 n：<语句序列 n>;
         default：<语句序列 n+1>;
      }
```

说明：

- default 语句是默认的。
- switch 后面括号中的表达式只能是整型、字符型或枚举型表达式。
- 在各个分支中加 break 语句可以起退出 switch 语句的作用，否则将会遍历每一个分支。
- case 语句起标号的作用，标号不能重名。
- 可以使多个 case 语句共用一组语句序列。
- 各个 case（包括 default）语句的出现次序可以任意。
- 每个 case 语句中不必用大括号{ }，而整体的 switch 结构一定要用一对大括号{ }。
- switch 结构也可以嵌套。

switch 语句多分支选择结构如图 4.4 所示。

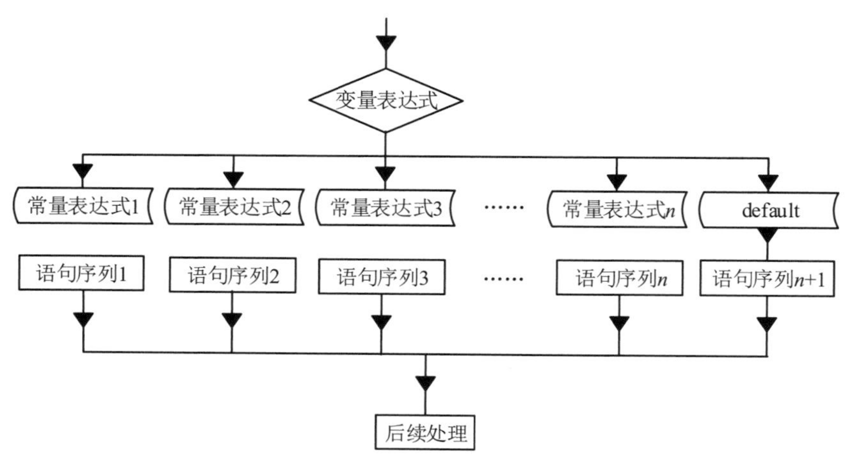

图 4.4　switch 语句多分支选择结构流程图

【示例 4-6】利用 switch 语句判断用户输入的日期是星期几。代码如下：

```
#include <iostream>
```

```
using namespace std;
int main()
{
    int a;
    a=3;
    switch (a){
        case 1:cout<<"Monday"<<endl;          //当 a=1 时，输出"Monday"
        case 2:cout<<"Tuesday"<<endl;         //当 a=2 时，输出"Tuesday"
        case 3:cout<<"Wednesday"<<endl;       //当 a=3 时，输出"Wednesday"
        case 4:cout<<"Thursday"<<endl;        //当 a=4 时，输出"Thursday"
        case 5:cout<<"Friday"<<endl;          //当 a=5 时，输出"Friday"
        case 6:cout<<"Saturday"<<endl;        //当 a=6 时，输出"Saturday"
        case 7:cout<<"Sunday"<<endl;          //当 a=7 时，输出"Sunday"
        default:cout<<"error"<<endl;          //以上情况全不满足时，输出"error"
    }
}
```

程序运行结果如下：

```
Wednesday
Thursday
Friday
Saturday
Sunday
Error
```

分析：在示例 4-6 中，很明显程序不符合最原始的设计要求，原因是什么呢？这是 switch 语句的一个特点。在 switch 语句中，“case 常量表达式”相当于一个语句标号，表达式的值与某标号相等则转向该标号语句执行，在执行完后不会跳出整个 switch 语句，而是会继续执行后面的 case 语句。为了避免这种情况，C++继承了 C 语言中的 break 语句，用于跳出 switch 结构，我们将以上程序稍加修改即可。

【示例 4-7】修改示例 4-6（在各个分支中添加 break 语句），代码如下：

```
#include <iostream>
using namespace std;
int main()
{
    int a;
    a=3;
    switch (a)
    {
        case 1:cout<<"Monday"<<endl;break;      //当 a=1 时，输出"Monday"并中断选择语句
        case 2:cout<<"Tuesday"<<endl;break;     //当 a=2 时，输出"Tuesday"并中断选择语句
        case 3:cout<<"Wednesday"<<endl;break;   //当 a=3 时，输出"Wednesday"并中断选择语句
        case 4:cout<<"Thursday"<<endl;break;    //当 a=4 时，输出"Thursday"并中断选择语句
        case 5:cout<<"Friday"<<endl;break;      //当 a=5 时，输出"Friday"并中断选择语句
        case 6:cout<<"Saturday"<<endl;break;    //当 a=6 时，输出"Saturday"并中断选择语句
```

```
        case 7:cout<<"Sunday"<<endl;break;        //当 a=7 时，输出"Sunday"并中断选择语句
        default:cout<<"error"<<endl;              //default 为最后一个语句，后面已经无分支语
                                                   句，所以可以不加 break
    }
}
```

程序运行结果如下：

```
Wednesday
```

分析：在示例 4-7 中，当每个 case 语句后面加了 break 后，程序的结果达到了要求。在 switch 的使用中，一定要注意与 break 搭配使用。

技巧：

当 case 语句为空时，执行内容与下一条非空 case 语句保持一致。

4.5 循环结构

循环结构是程序中一种很重要的结构。其特点是，在给定条件成立时，反复执行某程序段，直到条件不成立为止。给定的条件称为循环条件，反复执行的程序段称为循环体。C++提供了多种循环语句，可以组成各种不同形式的循环结构。

4.5.1 利用 goto 语句和 if 语句构成循环

扫一扫，看视频

goto 语句是一种无条件转移语句，goto 语句的语法格式为：

```
goto  语句标号;
```

其中，语句标号是一个有效的标识符，这个标识符加“:”将一起出现在函数内某处。执行 goto 语句后，程序将跳转到该标号处并执行其后的语句。另外，标号必须与 goto 语句同处于一个函数中，但可以不在一个循环层中。通常 goto 语句与 if 条件语句连用，当满足某一条件时，程序跳到标号处运行。

【示例 4-8】计算 1+2+3…+100 的值。代码如下：

```
#include <iostream>
int main()
{
     int num=0, sum=0;
loop:if(num <=100)                            //此处定义了语句标号 loop
     {
          sum=sum+ num;                       //累加值
          num++;                              //num 值加 1
          goto loop;                          //跳转到语句标号 loop 所在的语句，并执行该语句
```

```
    }
    cout<<sum<<endl;                                    //输出 sum 值
}
```

程序运行结果如下：

```
5050
```

注意：

现代程序设计方法主张尽可能地限制 goto 语句的使用，因为它容易导致程序混乱，使程序层次不清，且不易读。此时可以使用 if、if…else 和 while 等结构来代替它，以增强代码的可读性。但在退出多层嵌套时，用 goto 语句则比较合理。

扫一扫，看视频

4.5.2 while 语句

while 语句也是循环结构的一种，它可以通过判断条件是否成立来决定循环的继续和结束。while 语句的一般形式为：

```
while(表达式)
{
    语句序列;
}
```

其中，表达式是循环条件，语句序列为循环体。在循环中，首先计算表达式的值，当值为真（非0）时，执行循环体语句；当值为假时，就跳出循环体。while 语句结构流程图如图 4.5 所示。

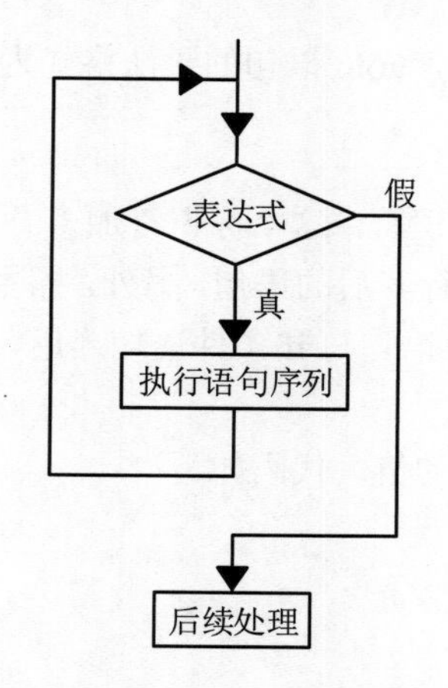

图 4.5 while 语句结构流程图

【示例 4-9】利用 while 循环语句计算 1+2+3…+100 的值。代码如下：

```
#include <iostream>
using namespace std;
```

```
int main()
{
    int num=1, sum=0;
    while(num<=100)                    //当 num 小于或等于 100 时，不断循环
    {
        sum=sum+num;                   //累加
        num++;                         //num 加 1
    }
    cout<<sum<<endl;                   //输出 sum 值
}
```

程序运行结果如下：

```
5050
```

分析：在本例子中，当 num 小于或等于 100 时，循环才能执行。

注意：

语句“num++;”是必不可少的，否则，num 值一直保持不变，那么“num<=100”永远成立，就会造成循环一直持续，无法停止。这种情况称为“死循环”。

4.5.3 do…while 语句

扫一扫，看视频

do…while 语句是 while 语句的倒装形式。其语法形式一般为：

```
do{
    语句序列;
}while(条件表达式)
```

do…while 语句先执行循环体，再计算条件表达式的值。当条件表达式的值为真时，代表循环的条件成立，继续执行循环。当条件表达式的值为假时，代表循环的条件不成立，退出循环。do…while 语句是反复执行循环，直到循环的条件不成立。其结构流程图如图 4.6 所示。

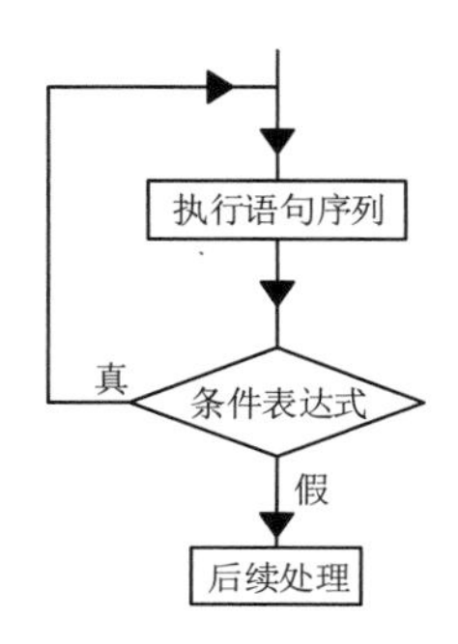

图 4.6 do…while 语句结构流程图

【示例 4-10】利用 do…while 循环语句计算 1+2+3+…+100 的值。代码如下：

```
#include <iostream>
```

```
using namespace std;
int main()
{
    int num=1, sum=0;
    do
    {
        sum=sum+num;                            //将num值累加到sum中
        num++;                                  //num递加
    }while(num<=100);                           //当num不大于100时
    cout<<sum<<endl;                            //输出sum值
}
```

程序运行结果如下：

```
5050
```

do…while 循环与 while 循环的不同之处在于：do…while 语句先执行循环中的语句，然后判断条件表达式是否为真，如果为真，则继续循环；如果为假，则终止循环。因此，do…while 循环体中的语句至少要被执行一次。

扫一扫，看视频

4.5.4 利用 for 语句构成循环

for 语句在循环结构中的使用最广泛，也最灵活。它可以取代上面两种循环语句。

1. for 语句的语法形式和执行步骤

for 的语法形式一般为：

```
for(表达式1; 表达式2; 表达式3)
{
   语句序列;
}
```

参数说明：

- “表达式 1”为循环的初始值，也就是循环第一次开始时的值。
- “表达式 2”为循环的结束值，也就是循环在什么情况下结束。
- “表达式 3”为循环的增量，如对循环控制变量进行++、--操作等。

for 语句的执行步骤如下。

（1）计算表达式 1 的值。

（2）计算表达式 2 的值。若值为真（非 0），则执行循环体中的语句序列，然后执行步骤（3）；若值为假（0），则结束循环，程序跳转到步骤（5）。

（3）计算表达式 3 的值。

（4）程序跳转到步骤（2），继续执行循环。

（5）循环结束，执行 for 语句后面的语句。

for 循环结构流程图如图 4.7 所示。

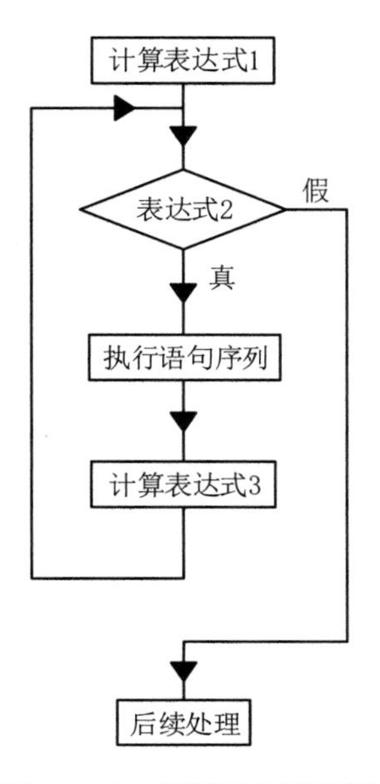

图 4.7　for 循环结构流程图

for 循环语句可以与其他循环控制语句进行互换，如它的等价 while 循环形式为：

```
表达式 1;
while(表达式 2)
{
        语句序列;
        表达式 3;
};
```

for 语句最常应用的形式如下：

```
for(循环变量赋初值; 循环条件; 循环变量增量)
{
     语句序列;
}
```

循环变量赋初值是一个赋值语句，用来给循环控制变量赋初值；循环条件是一个关系表达式，它决定什么时候退出循环；循环变量增量定义循环控制变量每循环一次后按什么方式变化。这三个部分之间用“;”分开。

【示例 4-11】for 循环语句应用举例。代码如下：

```
for(int num=1; num <=100; num ++)
{
     sum=sum+ num;
}
```

分析：先给 num 赋初值 1，判断 num 是否小于或等于 100，若是则执行语句，之后 num 的值+1。再重新判断，直到条件为假，即 num>100 时，结束循环。

在 C++ 11 中 for 语句的用法又增加了新的特性：基于范围的 for 语句，遍历序列中的每一个元素，并对每个元素进行某种操作。其语法格式为：

```
for(数据类型 变量：序列)
{
    语句序列;
}
```

参数说明：

- 定义的变量用于访问序列中的元素，变量的类型与序列中元素的类型保持一致，或者用 auto。
- 序列是一个对象，可以是数组名、对象名、容器名等。
- 语句序列是对每个元素进行的操作。

【示例 4-12】基于范围的 for 语句应用举例：遍历数组中的元素。代码如下：

```
#include <iostream>
using namespace std;

int main()
{
    int num[] = { 1,3,4,6 };                    //定义整型数组，大小是 4
    for (int i :num)                            //用 for 语句遍历输出数组中的元素
    {
        cout << i << " ";
    }
    cout << endl;
}
```

程序运行结果如下：

```
1 3 4 6
```

2. for 语句使用注意事项

在使用 for 循环过程中，需要注意以下几点。

（1）for 循环中的“表达式 1”“表达式 2”和“表达式 3”都是可选项，可以省略，但“;”不能省略。

- 省略了“表达式 1”，表示不对循环变量赋初值。
- 省略了“表达式 2”，即可没有循环条件，此时程序没有终止条件，循环成为死循环。

【示例 4-13】for 循环语句省略“表达式 2”的应用举例。代码如下：

```
for(int num=1;; num++)
{
```

```
    sum=sum+num;
}
```

这段代码相当于：

```
i=1;
while(1)                                        //1 为真，循环无法停止，为死循环
{
     sum=sum+num;
     num++;
}
```

- 省略了“表达式 3”，则不对循环控制变量进行操作，这时可在语句体中加入修改循环控制变量的语句。

【示例 4-14】for 循环语句省略“表达式 3”的应用举例。代码如下：

```
for(int num=1; num<=100;)
{
     sum=sum+num;
     num++;
}
```

- 省略了“表达式 1”和“表达式 3”。

【示例 4-15】for 循环语句省略“表达式 1”和“表达式 3”的应用举例。代码如下：

```
for(;num<=100;)
{
     sum=sum+num;
     num++;
}
```

这段代码相当于：

```
while(num<=100)
{
    sum=sum+num;
    num++;
}
```

- 3 个表达式可以全部被省略。

【示例 4-16】for 循环语句表达式全部被省略的应用举例。代码如下：

```
for(;;)
```

相当于：

```
while(1)
```

（2）一般情况下，表达式 1 和表达式 3 是一个简单表达式，但也可以是一个逗号表达式，即包含多个变量的操作。

【示例 4-17】for 循环语句中的逗号表达式。代码如下：

```
for(sum=0, num=1; num<=100; num++)
{
    sum=sum+num;
}
```

（3）一般情况下，表达式 2 是关系表达式或者逻辑表达式，但也可以是数值表达式或者字符表达式。当表达式 2 的值不为 0（逻辑真）时，即执行循环体。

【示例 4-18】for 循环语句中的表达式 2 为特殊表达式时的举例。代码如下：

```
char c;
for(;(c=getchar())!='q';);                //取得用户输入的值，当输入不为字符'q'时，则执行循环体
```

分析：这段代码在执行时会循环读取用户输入的数据，直到用户输入的值为'q'时，循环才会终止。

注意：

for 语句的使用较为灵活，大家可以随着学习的不断深入逐步掌握和理解其使用方法。

扫一扫，看视频

4.5.5 break 语句

break 语句在 while、for、do…while 或 switch 结构中执行时，使程序立即退出这些结构，从而执行该结构后面的第一条语句。

【示例 4-19】演示 break 语句的应用：计算 1+2+3+…+100 的值。代码如下：

```
#include <iostream>
using namespace std;
int main()
{
    int sum=0;
    for(int n=1;;n++)                    //利用 for 进行循环，注意循环终止条件为空
    {
        sum+=n;
        if (n==100) break;               //当 n 为 100 时，终止循环
    };
    cout<<sum<<endl;
}
```

程序运行结果如下：

```
5050
```

分析：在这个程序中，for 循环没有指定循环终止条件，这样循环会成为死循环。此时在循环体内，用 break 语句可以使循环终止。break 语句在循环中的作用如图 4.8 所示。

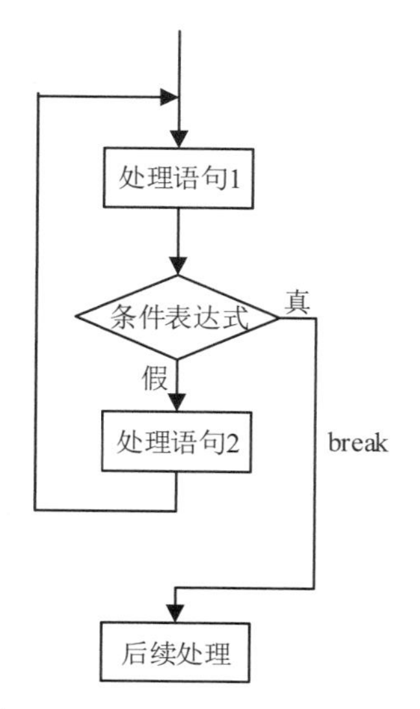

图 4.8　break 语句在循环中的作用

通常 break 语句总是与 if 语句在一起，即满足条件时便跳出循环。break 语句对 if…else 的条件语句不起作用。在多层循环中，一个 break 语句只向外跳一层。

4.5.6　continue 语句

continue 语句在 while、for 或 do…while 结构中执行时跳过当前循环的其余语句，直接进入下一轮循环。

【示例 4-20】演示 continue 语句的应用：计算 1 到 100 的偶数之和。代码如下：

```
#include <iostream>
using namespace std;
int main()
{
    int sum =0;
    for(int n=1;n<=100;n++)                    //利用 for 语句进行循环
    {
        if (n%2!=0) continue;                  //如果 n 不为偶数，则继续下一个循环
        sum+=n;
    }
    cout<<sum<<endl;
}
```

程序运行结果如下：

```
2550
```

分析：在上面的程序中，当 n 不为偶数时（n 被 2 除且余数不为 0 时），则不执行下面的语句，

而跳到循环开始处进行下一轮循环。continue 语句在循环中的作用如图 4.9 所示。

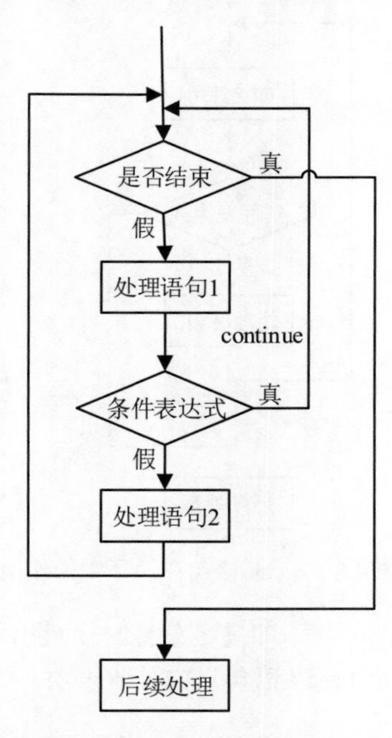

图 4.9　continue 语句在循环中的作用

continue 语句在循环语句中常与 if 条件语句一起使用，用来加速循环。

4.6　本章实例

【实例 4-1】求某整数段区间中的素数并输出。

分析：程序要求某整数段区间中的素数，并未指出范围，所以需要提示用户输入。难点在于素数的判定，根据数学知识，简单素数的判定规则为：对于数字 n，如果其无法被任何从 2 到 $\sqrt{n}$ 的数整除，则其为素数（又称为质数）。

操作步骤如下：

（1）建立工程。参照示例 1-1 建立一个“Win32 Console Application”程序，工程名为“Test”。程序主文件为 Test.cpp，iostream 为预编译头文件。

（2）修改代码。建立标准 C++程序，增加以下代码：

```
#include <math.h>
using namespace std;
```

（3）删除 Test.cpp 文件中的代码“std::cout << "Hello World!\n";”，在 Test.cpp 中输入下面的核心代码：

```
#include <iostream>
#include <math.h>                              //数学计算需要的头文件，其中含有 sqrt()函数的原型
using namespace std;

int main()
{
    int nStart = 0, nEnd = 0;                  //整数区间的最小值和最大值
    int nCnt1 = 0, nCnt2 = 0;                  //循环计数器
    int nSqrt;                                 //存储平方根值
    int nNum = 0;                              //计算出的素数个数
    cout << "输入整数区间的最小值：";
    cin >> nStart;
    cout << "输入整数区间的最大值：";
    cin >> nEnd;
    for (nCnt1 = nStart; nCnt1 <= nEnd; nCnt1 += 2) //利用循环分别验证每一个数是否为素数
    {
        nSqrt = sqrt(nCnt1);      //sqrt()为求平方根函数，其原型在 math.h 中
        //以下循环是判断 nCnt1 是否能被 2 到 nSqrt 的数整除
        for (nCnt2 = 2; nCnt2 <= nSqrt; nCnt2++)
            if (nCnt1 % nCnt2 == 0) break;         //如果能整除，说明为非素数，循环退出
        if (nCnt2 >= nSqrt + 1) //如果 nCnt2>=nSqrt+1，说明 nCnt1 不能被 2 到 nSqrt 的数整除
        {
            cout << nCnt1 << " ";                  //输出这个素数
            nNum = nNum + 1;
            if (nNum % 10 == 0) cout << endl;      //每输出 10 个素数，则进行换行
        }
    }
    cout << endl;
}
```

（4）运行程序，程序运行结果如下：

```
输入整数区间的最小值：1
输入整数区间的最大值：300
1 3 5 7 11 13 17 19 23 29
31 37 41 43 47 53 59 61 67 71
73 79 83 89 97 101 103 107 109 113
127 131 137 139 149 151 157 163 167 173
179 181 191 193 197 199 211 223 227 229
233 239 241 251 257 263 269 271 277 281
283 293
```

【实例 4-2】根据用户输入的年份判断年份是否为闰年。

分析：本程序中，主要使用的是判断语句。判断闰年的规则是：年份可以被 4 整除且不能被 100 整除的或者能被 400 整除的为闰年。

操作步骤如下：

（1）建立工程。参照示例 1-1 建立一个“Win32 Console Application”程序，工程名为“Test”。程序主文件为 Test.cpp，iostream 为预编译头文件。

（2）修改代码。建立标准 C++程序，增加以下代码：

```
using namespace std;
```

（3）删除 Test.cpp 文件中的代码“std::cout << "Hello World!\n";”，在 Test.cpp 中输入下面的核心代码：

```
#include <iostream>
using namespace std;
#define IsLeapYear " is a leep year"                          //定义提示语句
#define IsNotLeapYear " is not a leep year"                   //定义提示语句
int main ()
{
    int year=0;
    bool bIsLeepYear = false;                                 //是否为闰年的标志
    cout<<"输入年：";
    cin>>year;
    while(year<=0)                                            //当 year<=0 时，输入有误
    {
        cout<<"输入不正确，重新输入年：";                       //提示重新输入
        cin>>year;
    };

    if (year%400==0||(year%4==0&&year%100!=0))               //判断闰年的表达式
        bIsLeepYear = true;                                   //置闰年的标志为真
    if (bIsLeepYear == true)                                  //判断置闰年的标志是否为真
        cout<<year<<IsLeapYear<<endl;                         //输出提示
    else
        cout<<year<<IsNotLeapYear<<endl;                      //输出提示
}
```

（4）运行程序，程序运行结果如下：

```
输入年：0
输入不正确，重新输入年：2008
2008 is a leep year
```

4.7 小结

本章主要讲述了 C++的语句和控制结构。其中，重要的控制结构包括顺序结构、选择结构和循环结构，难点为循环结构，读者需要深入理解。下一章将讲述数组的知识。

4.8 习题

一、单项选择题

1. 循环语句“for(int i=0; i<n; i++) cout<<i*i<<' ';”中循环体执行的次数为（　　）。

A．1　　B．n−1　　C．n　　D．n+1

2. 在下面循环语句中循环体执行的次数为（　　）。

```
for(int i=0; i<n; i++)
   if(i>n/2) break;
```

A．n/2　　B．n/2+1　　C．n/2−1　　D．n−1

3. 当处理特定问题的循环次数已知时，通常采用（　　）来解决。

A．for 循环　　B．while 循环　　C．do 循环　　D．switch 语句

4. 循环体至少被执行一次的循环为（　　）。

A．for 循环　　B．while 循环　　C．do 循环　　D．任一种循环

5. switch 语句能够改写为（　　）语句。

A．for　　B．if　　C．do　　D．while

二、程序阅读题

阅读程序，写出下列程序的运行结果。

1.

```
#include <iostream>
using namespace std;
int main()
{
      int i,j,k;
      for (i=0,j=10;i<=j;i++,j--)
            k=i+j;
      cout<<k;
}
```

2.

```
#include <iostream>
using namespace std;
int main()
{
  int a;
  cout<<"please input a number:";
```

```
  cin>>a;
  switch (a %2)
  {
    case 0: cout<<"a 是偶数"<<endl<<break;
    default: cout<<"a 是奇数"<<endl;
  }
}
```

第 5 章

数组

数组（array）是若干相同类型对象的集合体。它具有一定顺序关系，在内存占有一组连续地址。利用数组可以方便地解决涉及大规模数据的问题，特别是针对数据间有一定联系且相似的一组对象。本章主要学习和研究数组的组织形式与用法。本章的内容包括：

- 数组的概念、内存结构。
- 数组的内存寻址。
- 一维数组和多维数组。

通过对本章的学习，读者可以理解数组的基本构造和存储方式，并能利用数组解决实际问题。

5.1　一维数组的概念和存储

数组是将一些数据组合在一起的有序序列。例如，班级中所有同学的成绩、所有教职工的年龄等，将这些数据组合在一个特定的类别里。每个成员有相同或者不同的值，具有这些特征的数据都可以用数组来表示。

扫一扫，看视频

5.1.1　一维数组的定义和初始化

数组是一组相同类型数据的集合。每一个数组都有一个名称，数组中的每一个元素都通过下标（序号）来表示其在数组中的位置。要寻找数组中的某个元素就需要给出数组名及其下标。数组有不同的维数和大小，数组可以是一维、二维或者多维的，其大小也是不同的。不过数组的维数和大小在定义数组时就确定了，程序运行时不能改变。数组的定义和常量的定义类似，定义一维数组的形式如下：

```
数据类型 数组名[常量表达式];
```

参数说明：

- 数据类型表明这个数组中元素的类型。
- 数组名就是该数组的名称，其命名规则遵循变量的命名规则。
- 常量表达式用以表示数组中元素的个数，它必须是一个整数，不能是变量，这也就表明数组的大小不可以动态定义。

【示例 5-1】定义一个 int 类型数组，数组大小为 20。代码如下：

```
const int A=20;
int age[A];                          //定义一个整型数组，使用常量来表示数组的大小
float mark[20];                      //定义一个浮点型数组
```

分析：数组的下标从 0 开始，如上例中的 mark 数组，第一个元素是 mark[0]，第二个是 mark[1]，依此类推，最后一个元素是 mark[19]。

在定义数组时可以对数组进行初始化，其初始化过程就是对数组中的元素赋值。

1．对数组中所有元素赋值

给数组赋值除了使用赋值语句外，还可采用初始化赋值和动态赋值的方法。数组初始化赋值是指在数组定义时给数组元素赋予初值。数组初始化是在编译阶段进行的，这样将减少运行时间，提高效率。初始化赋值的一般形式为：

```
数据类型 数组名[常量表达式]={值,值,…,值};
```

注意：

在{}中的各数据值即各元素的初值，各值之间用逗号间隔。

```
int a[5]={1,2,3,4,5};
```

如果在定义数组时给出了数组的全部元素值，则在数组定义中可以不给出数组元素的个数。

【示例 5-2】数组个数不显式指定的定义数组方式举例。代码如下：

```
int a[]={1,3,5,7,9};                        //a 是具有 5 个元素的整型数组
int a[5]={1,3,5,7,9};                       //两个数组是等效的
```

分析：在没有给出元素具体个数但给其赋了值的情况下，编译系统会自动计算后面值的个数，然后确定数组元素的个数。例如，本例中的两种定义数组方式是等效的。

2. 对数组中部分元素赋值

在初始化数组时，我们可以对部分元素初始化。在这种情况下，初始值的个数要比数组元素的个数少。当{}中值的个数少于元素个数时，只给前面部分元素赋值。

【示例 5-3】对数组中部分元素赋值举例。代码如下：

```
int a[5]={6,7};                             //a[0]=6，a[1]=7，后面的元素值为 0
```

注意：

当对数组中部分元素赋值时，没有赋值的元素如同变量一样会被编译器自动赋予该类型的默认值 0，如 int a[5]={6,7}，该数组只初始化了前两个元素，后 3 个元素为默认值 0。

5.1.2 一维数组的引用

扫一扫，看视频

数组必须先声明才能使用，数组中的元素是由数组名和下标唯一标识的，如 a[0]。数组元素的一般引用形式如下：

```
数组名[下标表达式]
```

下标表达式可以是整型变量或者是整型表达式，由于数组的下标是从 0 开始的，若要引用数组中的第 n 个元素，则应写成“数组名[n-1]”。

【示例 5-4】声明并初始化一个 int 型数组，求数组中的全部元素和。代码如下：

```
#include <iostream>
using namespace std;

int main()
{
    int sum=0;
    int a[5] = { 1,3,5,7,9 };               //定义数组并进行初始化

    for (size_t i = 0; i < 5; i++)          //用 for 循环进行累加并存储到 sum 变量中，size_t
                                              是关键字，等同于 unsigned int
    {
        sum += a[i];
```

```
    }

    cout << "sum = " << sum << endl;            //输出 sum 变量
}
```

程序运行结果如下：

```
sum=25
```

分析：在上面的例子中，定义了一个包含 5 个 int 型元素的数组。在初始化后，利用下标对它们进行引用并求和。

扫一扫，看视频

5.1.3 一维数组的内存结构和寻址

数组在内存中是占有内存单元的，它们存在于一组连续的存储单元中。

【示例 5-5】声明一个数组，并分析其存储结构。代码如下：

```
int a[5]={1,3,5,7,9};
```

分析：这个数组为一个长度为 5 的整型数组，初始化后的元素分别为 a[0]=1、a[1]=3、a[2]=5、a[3]=7、a[4]=9。

对于上述数组，其存储结构如图 5.1 所示。

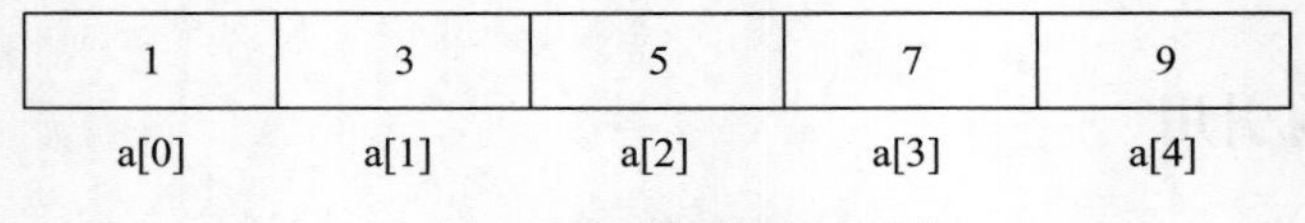

图 5.1　一维数组的存储结构

编译器会在内存中开辟长度为 5 的区域，假设整型数据占两字节，该数组的起始地址为 8000，则上述数组的内存分配见表 5.1。

表 5.1　数组的内存分配

内 存 地 址	内　容
8000	1
8002	3
8004	5
8006	7
8008	9

由上例可以看出，数组中的元素在内存中按顺序依次存放，地址是连续的，这是因为计算机的内存是一维的。数组名是该数组的起始地址，即 a[0]元素的地址，所以当数组被定义后，数组名是常量，不能再被赋值。

在上例中，要完成对数组中某个元素的引用就必须完成对该元素的寻址，而数组是按顺序结构存储的，元素寻址计算公式如下：

```
addr[i]=addr[0]+i*w
```

其中，addr[i]表示数组中第 i 个元素的地址，w 表示每个元素所占据的存储空间大小。例如，在上例中，a[2]的地址为 addr[2]=addr[0]+2×2=8004，当找到该元素的地址时，即可完成对该元素的引用。

正是由于存在这样的内存结构，当引用数组元素时，若下标超过了允许的范围，则寻址得到的结果是一个不确定的内容，就会导致运算出现不可预料的错误。这样的下标溢出错误在编程中不易被发现，所以在处理下标时要特别小心。

5.2 二维数组

数组元素可以被声明成任何类型，如果一维数组的元素仍然是一维数组，这种数组就被称为二维数组。

5.2.1 二维数组的定义和初始化

扫一扫，看视频

二维数组就是维数为 2 的数组。同一维数组类似，定义二维数组的格式如下：

```
数据类型 数组名[常量表达式 1] [常量表达式 2];
```

参数说明：

- 常量表达式 1 表示第一维的长度，也称为行；常量表达式 2 表示第二维的长度，也称为列。
- 二维数组的数组元素个数为：常量表达式 1 的值乘以常量表达式 2 的值。

【示例 5-6】定义二维数组方式举例。代码如下：

```
int a[4][3];                                   //定义一个大小为 4×3 的二维整型数组
char [3][4];                                   //定义一个大小为 3×4 的二维字符型数组
float [2,3];                                   //错误的定义方法
```

为了便于理解二维数组，我们可以把二维数组看成一个特殊的一维数组，该一维数组中的每个元素又是一个一维数组。示例 5-6 中的数组 a[4][3]可以看作一个含 4 个元素的一维数组，而这 4 个元素又分别是含有 3 个元素的一维数组。其结构如图 5.2 所示。

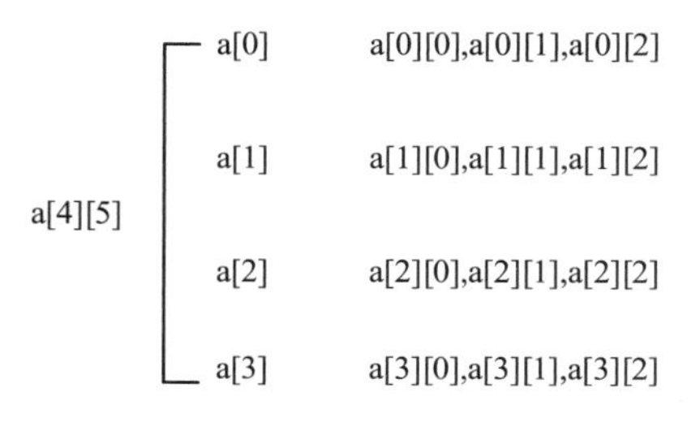

图 5.2 二维数组的结构示意图

对二维数组的初始化也分为以下几种形式。

1. 按行对二维数组初始化

【示例 5-7】按行对二维数组初始化举例。代码如下：

```
int a[2][3]={{1,3,5},{2,4,6}};
```

分析：第一个大括号中的元素赋给第一行，第二个大括号中的元素赋给第二行。

2. 按数组排列顺序对二维数组初始化

【示例 5-8】按数组排列顺序对二维数组初始化举例。代码如下：

```
int a[2][3]={1,3,5,2,4,6};
```

分析：把所有的元素放在一个大括号里，虽然可以赋值，但是当数据比较多时，容易出现遗漏，产生不易被发觉的错误。

3. 对二维数组中的部分元素初始化

【示例 5-9】对二维数组中的部分元素初始化举例。代码如下：

```
int a[2][3]={{1},{2}};
```

分析：这样赋值的效果是使第一行的第一个元素为 1，第二行的第一个元素为 2，其余全为 0。利用该方法可以对数组中指定的元素赋值。

4. 维度的省略

如果对所有元素赋值，定义数组时可以不指定第一维的长度，但是第二维的长度不可以省略。

【示例 5-10】二维数组中省略第一维长度的元素初始化举例。代码如下：

```
int a[][3]={1,3,5,2,4,6};
```

分析：这种初始化方式会通知系统该数组每行有 3 个元素，总共有 6 个元素，那么就有 2 行，这样与直接定义 a[2][3]是等效的。

扫一扫，看视频

5.2.2 二维数组的引用

二维数组的引用与一维数组的引用类似，其格式如下：

```
数组名[下标表达式 1] [下标表达式 2]
```

同样地，下标表达式必须是整数或者整型表达式，如 a[1][1]、a[2-1][3*2]都为正确的形式。在对二维数组进行初始化之后，仍然可以对其中的元素进行赋值，如 a[1][1]=3 等。但是对二维数组元素引用时要注意下标不能出现溢出现象。例如，某个数组 a[m][n]，其最后一个元素的引用为 a[m-1][n-1]，若出现 a[m][n]，则表示对最后一个元素的引用是错误的。

【示例 5-11】求出二维数组的最小值。代码如下：

```
#include <iostream>
using namespace std;

int main()
{
    int a[2][3] = { {1,2,3},{-1,4,7} };
    int min = a[0][0];                  //将二维数组中第一个元素赋予 min

    for (int i = 0; i < 2; i++)         //外层 for 循环遍历行
    {
        for (int j = 0; j < 3; j++)     //内层 for 循环遍历列
        {
            if (a[i][j] < min)          //数组中每个元素与min比较,如果比min小就赋予min
            {
                min = a[i][j];
            }
        }
    }

    cout << "min=" << min << endl;      //输出最小值
}
```

分析：在这个示例中定义了一个长度为 2×3 的二维数组。然后遍历数组中的所有元素，查找数组中的最小元素。

程序运行结果如下：

```
-1
```

5.2.3　二维数组的内存结构和寻址

前面了解了一维数组的内存结构，而二维数组又可以看作一个“特殊”的一维数组，因此，它的存储也是顺序结构的。

【示例 5-12】定义并初始化一个二维数组。代码如下：

```
int a[3][2]={{0,1},{2,3},{4,5}};
```

分析：示例 5-12 中初始化了一个大小为 3×2 的二维整型数组，其存储顺序如图 5.3 所示。

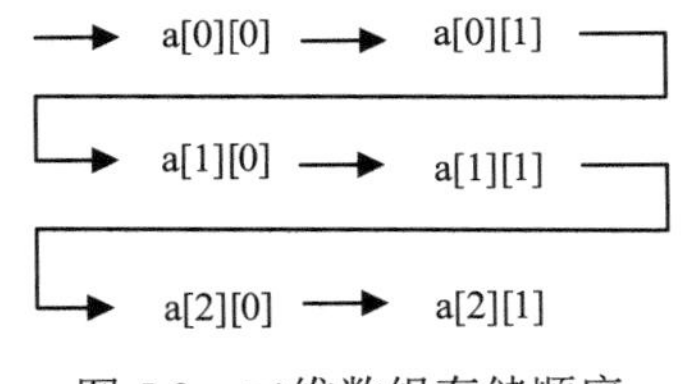

图 5.3　二维数组存储顺序

由图 5.3 可知，二维数组的元素是按行存放的，在内存中先存放第一行元素，然后存放第二行元素，每一行元素的存放与一维数组元素的存放类似。

由于其存储的特性，其对元素的寻址方式与一维数组的寻址方式类似，数组名即数组首元素的地址，根据数组中元素和首元素的距离可以算出该元素的地址。

技巧：

数组 a[m][n]中元素的寻址计算公式如下。

```
addr[i][j]=addr[0][0]+(i×n+j)×w
```

式中：n 为该数组中第二维的维数；w 为每个元素所占存储空间的大小。

5.3 多维数组

具有两个或两个以上下标的数组称为多维数组。二维数组也属于多维数组。本节将详细讲解多维数组的使用方法。

扫一扫，看视频

5.3.1 多维数组的定义和初始化

多维数组，顾名思义就是维数超过 2 的数组，其定义的格式如下：

```
类型标识符 数组名[常量表达式 1] [常量表达式 2] [常量表达式 3]…;
```

【示例 5-13】多维数组的定义。代码如下：

```
int a[2][3][4];                                  //定义一个三维数组
float f[4][3][3][2];                             //定义一个四维数组
```

多维数组也可以像二维数组那样理解，如三维数组可以理解成每个元素都是二维数组的一维数组，四维数组则为每个元素都是三维数组的一维数组。例如，上例中三维数组的结构如图 5.4 所示。

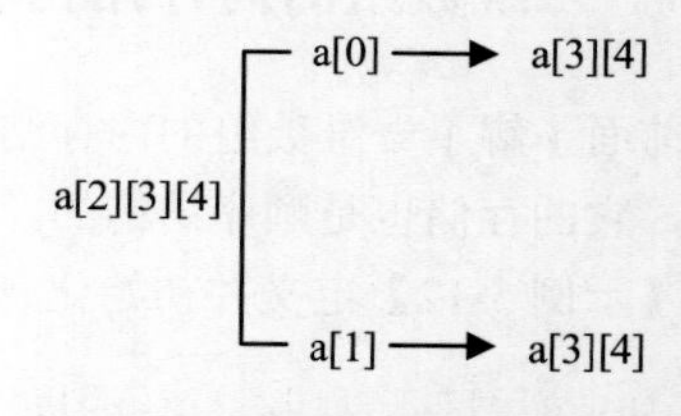

图 5.4　三维数组的结构示意图

多维数组的初始化与二维数组类似，可以按行全部初始化、按顺序初始化或者部分初始化。

【示例 5-14】几种初始化方式举例。代码如下：

```
int a[2][3][2]={{{1,2},{3,4},{5,6}},{{-1,-2},{-3,-4},{-5,-6}}};
int a[2][3][2]={1,2,3,4,5,6,- 1,-2,-3,-4,-5,-6};
int a[2][3][2]={{{1},{3}},{{-3},{-5}}};
int a[][ 3][2]={ 1,2,3,4,5,6,- 1,-2,-3,-4,-5,-6};
```

5.3.2 多维数组的引用

多维数组仍然是采取数组名和下标的组合来引用元素的，其一般形式为：

```
数组名[下标表达式1][下标表达式2][下标表达式3]…
```

注意：

下标的范围不能出现溢出现象。

【示例 5-15】多维数组的定义和引用。代码如下：

```
int a[2][3][2]={{{1,2},{3,4},{5,6}},{{-1,-2},{-3,-4},{-5,-6}}};
```

分析：对于上述数组元素的引用，第一个元素的引用为 a[0][0][0]，第二个元素的引用为 a[0][0][1]，最后一个元素的引用为 a[1][2][1]。

扫一扫，看视频

5.3.3 多维数组的内存结构和寻址

由于内存是一维的，所以多维数组采取顺序结构，按行优先的存储方式，先存储第一行的元素，再存储第二行的元素，依此类推。以数组 a[2][2][3]为例，其存储顺序如图 5.5 所示。

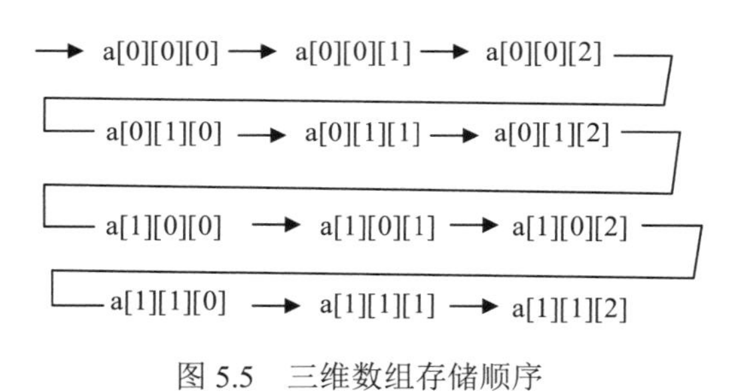

图 5.5　三维数组存储顺序

从图 5.5 可以发现，在排列时，第一维的下标变化最慢，最后一维的下标变化最快。在对多维数组元素引用时，需要对其元素进行寻址。其寻址的方式与前面所学的寻址类似，都是由起始地址和偏移量来决定的。起始地址就是数组名，即第一个元素的地址；偏移量是由该元素和第一个元素的距离决定的。

技巧：

以三维数组 a[m][n][a]为例，其寻址计算公式如下。

```
addr[i][j][k]=addr[0][0]+(i*n+j*a+k)*w
```

式中：n 和 a 分别表示第二维和第三维的维数；w 表示每一个元素所占的内存大小。

5.4 字符数组

用来存放字符量的数组称为字符数组，也就是说字符数组中的每一个元素都是字符类型。之所以将字符数组单独拿出来介绍，是因为字符操作是程序中最常用的操作且字符数组操作有其特殊性。

扫一扫，看视频

5.4.1 字符数组的定义和初始化

字符数组的定义遵循一般数组的定义形式，只需要将数据类型换为 char 类型即可。

【示例 5-16】定义字符数组。代码如下：

```
char c[12];
```

分析：因为字符型和整型通用，所以也可以将上述数组定义为 int c[12]，但这时每个数组元素占两字节的内存单元。

字符数组也可以是二维数组或多维数组。

【示例 5-17】定义二维字符数组。代码如下：

```
char c[3][12];
```

分析：这里声明为二维字符数组 c，可以存储 3×12 个字符。

字符数组也允许在定义时进行初始化赋值。

【示例 5-18】字符数组在定义时初始化举例。代码如下：

```
char c[12]={'C', '+', '+', ' ', 'P', 'r', 'o', 'g', 'r', 'a','m'};
```

分析：对于字符数组 c[12]，其值分别如下。

- c[0]的值为'C'。
- c[1]的值为'+'。
- c[2]的值为'+'。
- c[3]的值为''。
- c[4]的值为'P'。
- c[5]的值为'r'。
- c[6]的值为'o'。
- c[7]的值为'g'。
- c[8]的值为'r'。
- c[9]的值为'a'。
- c[10]的值为'm'。
- c[11]未赋值，系统自动为其赋默认值'\0'。

当对全体元素赋初值时也可以省去长度说明。

【示例 5-19】字符数组在定义时省略长度并进行初始化举例。代码如下：

```
char c[]={'C', '+', '+', ' ', 'P', 'r', 'o', 'g', 'r', 'a','m'};
```

分析：数组 c 的长度自动由编译器定为 11。

5.4.2 字符数组的引用

扫一扫，看视频

字符数组与普通数组相同，其引用是通过下标来进行的。

【示例 5-20】定义字符数组并输出其内容。代码如下：

```
#include <iostream>
using namespace std;

int main()
{
     int i, j;
     char a[2][5] = { {'C','+','+'},{'B','A','S','I','C'} };      //数组初始化

    for (i = 0; i < 2; i++)                                        //遍历行
    {
        for (j = 0; j <= 4; j++)                                   //遍历列
        {
              cout << a[i][j];                                     //遍历二维数组中的字符
        }
        cout << endl;
    }
}
```

程序运行结果如下：

```
C++
BASIC
```

5.4.3 利用字符数组操作字符串

扫一扫，看视频

在 C++中，处理字符串的方式很多，最基本的是利用字符数组来进行。字符串是以'\0'作为结束符的，因此当把一个字符串存入一个数组时，也把结束符'\0'存入了数组，并以此作为该字符串结束的标志。有了'\0'标志，就不必再用字符数组的长度来判断字符串的长度了。C++语言允许用字符串对数组进行初始化。

【示例 5-21】用字符串对数组进行初始化举例。代码如下：

```
char c[]={'C', '+', '+', ' ', 'P', 'r', 'o', 'g', 'r', 'a','m'};
```

可写为：

```
char c[]={"C++ Program"};
```

或去掉{}写为：

```
char c[]="C++ Program";
```

用字符串赋值比用字符逐个赋值要多占用 1 字节，用于存放字符串结束标志'\0'。上述数组 c 在内存中的实际存储情况如图 5.6 所示。

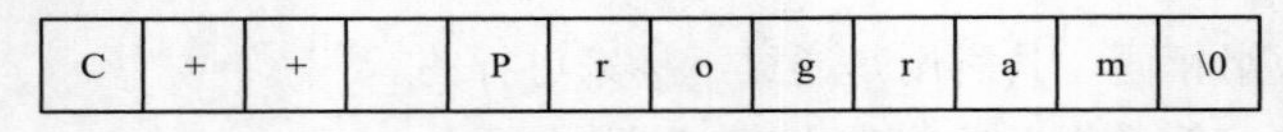

C	+	+		P	r	o	g	r	a	m	\0

图 5.6　字符串在数组 c 中的实际存储情况

字符数组结尾的'\0'是由编译系统自动加上的。由于采用了'\0'标志，在用字符串赋初值时一般无需指定数组的长度，而由系统自行处理。

【示例 5-22】定义一个字符数组来操作字符串，通过键盘输入内容并通过屏幕输出其内容。代码如下：

```
#include <iostream>
using namespace std;
int main()
{
    char str[100];

    cin>>str;                                    //接收字符串
    cout<<str<<endl;                             //输出字符串
}
```

程序运行结果如下：

```
C++Program（输入回车）
C++Program
```

分析：'\0'在系统中的真实数值为 0。当声明了一个字符数组来存储字符串时，如果没有指定其中元素的值，应当将其全部设置为空，即每个元素均被设置为 0。

利用循环遍历每一个元素是否已经赋值显然非常麻烦，C++库函数为开发者提供了一个方便的函数 memset()，其原型为：

```
void *memset(void *dest,int c,size_t count);
```

参数说明：

- dest 表示目标缓冲区，即需要处理的字符串变量（这里为数组名）。
- c 为要设置的字符，即将目标缓冲区每一个地址（元素）上的值设置为这个字符。
- count 为字节数，即缓冲区的长度。在这里，字符数组的大小用 sizeof(dest)即可计算出，因为 char 型数据在内存中只占用 1 字节。

【示例 5-23】格式化字符数组举例。代码如下：

```
#include <iostream>
using namespace std;
int main()
{
    char str[10];
```

```
    memset(str,0x00,sizeof(str));                    //字符数组格式化，全部赋值为空
    cout<<str<<endl;                                 //输出内容为空
}
```

程序运行结果为空。

注意：

格式化字符数组是为了避免数组中出现乱码。在利用数组操作字符串时，对字符长度的控制及结束符的控制经常会出错，读者一定要注意。

5.5 本章实例

编程实现两个矩阵的乘法运算。

分析：根据矩阵乘法的运算规律：$M_{m_1 \times n_1} \times N_{m_2 \times n_2} = Q_{m_1 \times n_2}$，矩阵 M 的列数 n_1 必须等于矩阵 N 的行数 m_2，两个矩阵才能相乘，并且矩阵 Q 的行数等于矩阵 M 的行数，列数等于矩阵 N 的列数。例如：

$$\begin{bmatrix} 1 & 2 & 3 & 4 \\ 2 & 2 & 3 & 1 \\ 5 & 4 & 2 & 3 \end{bmatrix} \times \begin{bmatrix} 6 & 3 & 2 \\ 2 & 8 & 1 \\ 6 & 9 & 5 \\ 2 & 4 & 6 \end{bmatrix} = \begin{bmatrix} 36 & 62 & 43 \\ 36 & 53 & 27 \\ 56 & 77 & 42 \end{bmatrix}$$

操作步骤：

（1）建立工程。参照示例 1-1 建立一个“Win32 Console Application”程序，工程名为“Test”。程序主文件为 Test.cpp，iostream 为预编译头文件。

（2）修改代码。建立标准 C++程序，增加以下代码：

```
using namespace std;
```

（3）删除 Test.cpp 文件中的代码“std::cout<<"Hello World!\n";”，在 Test.cpp 中输入下面的核心代码：

```
#include <iostream>
using namespace std;

int main()
{
    int m[3][4] = { {1,2,3,4},{2,2,3,1},{5,4,2,3} };       //矩阵 1
    int n[4][3] = { {6,3,2},{2,8,1},{6,9,5},{2,4,6} };     //矩阵 2
    int i, j, k;                                           //循环变量
    int q[3][3] = { {0},{0},{0} };                         //目标矩阵

    for (i = 0; i < 3; i++)
    {
```

```
            for (j = 0; j < 3; j++)
            {
                for (k = 0; k < 4; k++)
                {
                    q[i][j] = q[i][j] + m[i][k] * n[k][j];          //将对应的行和列的相应
                                                                     元素相乘并累加
                }
            }

        }

        for (i = 0; i < 3; i++)                                     //输出目标矩阵的元素
        {
            for (j = 0; j < 3; j++)
            {
                cout << q[i][j] << "   ";
            }
            cout << endl;
        }
    }
```

（4）运行程序，程序运行结果如下：

```
36   62   43
36   53   27
56   77   42
```

5.6 小结

数组是同类型数据的集合，数组可以声明并初始化，数组中的元素可以通过数组下标来访问。数组的下标应为整数或整型表达式。如果用整型表达式作为下标，则以整型表达式的值来计算下标的值。需要注意的是，数组的下标是从 0 开始的。

数组在内存中是以连续存储单元表示的，其起始地址对应于数组的第一个元素。当引用数组元素时，若下标超过了允许的范围，则会产生溢出，这就是数组越界。数组越界是个比较严重的错误，使用数组时一定不能越界，否则会出现不可预料的结果。下一章将讲述函数的知识。

5.7 习题

一、单项选择题

1. 在下面的一维数组定义中，（   ）有语法错误。

A．int a[]={1,2,3};　　B．int a[10]={0};

C．int a[];　　D．int a[5];

2．在下面的字符数组定义中，（　　）有语法错误。

A．char a[20]="abcdefg";　　B．char a[]="x+y=55. ";

C．char a[15];　　D．char a[10]='5';

3．在下面的二维数组定义中，正确的是（　　）。

A．int a[5][];　　B．int a[][5];

C．int a[][3]={{1,3,5},{2}};　　D．int a[](10);

4．假定一个二维数组的定义语句为"int a[3][4]={{3,4},{2,8,6}};"，则元素 a[1][2]的值为（　　）。

A．2　　B．4　　C．6　　D．8

5．假定一个二维数组的定义语句为"int a[3][4]={{3,4},{2,8,6}};"，则元素 a[2][1]的值为（　　）。

A．0　　B．4　　C．8　　D．6

二、程序设计题

1．输出所有的水仙花数（一个三位数，其各位数字的立方和等于该数本身）。

2．编程求 1!+2!+3!+…+8!。

第 6 章

函数

C++中的模块分为函数（function）和类（class）。C++函数由程序员编写的函数与 C++标准库（standard library）中提供的函数组合而成，类由程序员编写的类与各种类库中提供的预装类组合而成。本章主要内容是：

- 函数的概念和定义。
- 函数原型和参数。
- 函数作用域。
- 函数的调用。
- 内联函数和函数模版。

通过对本章的学习，读者可以理解函数的概念、函数的参数传递机制，并掌握函数和函数模板的编写方法。

6.1 函数的概念和定义

一个较大的程序不可能将所有的内容都放在主函数中。为了便于规划、组织和调试，通常是把一个大的程序划分为若干个程序模块，每一个模块实现一部分功能。

函数可以看作程序员定义的功能模块，每个函数都会实现一系列的操作。在后面提到的面向对象技术中，可以看到函数是对功能的抽象。一个程序中可以包含若干个函数，但只有一个 main 函数。程序总是从 main 函数处开始执行的。在程序运行过程中，主函数调用其他函数，其他函数可以互相调用。

要想调用函数实现具体的功能就必须先定义函数。函数定义是由返回值类型、函数名、参数列表和函数体构成的，其语法格式如下：

```
返回值类型 函数名(参数列表)
{
    …     //语句序列
    return 返回类型的值;
}
```

参数说明：

- 返回值类型：函数一般都有返回值，在函数名前面声明其返回值类型。此外，函数也可以无返回值，这时返回值类型用 void 替代。
- 函数名：要定义的函数的名字。函数名要有意义，函数的命名要遵循一定的规则：应该尽量用英文表达出函数完成的功能，遵循动宾结构的命名法则。
- 参数列表：也称为形参列表（形式参数列表）。当调用该函数时输入的值称为实参（实际参数），定义该函数时的参数称为形参（形式参数）。每个形参包括数据类型和形参名两个部分，形参之间用逗号分隔，函数可以有一个或多个形参。形参可以在函数定义时初始化，称为带默认值的函数。
- 函数体：函数要执行的操作。函数体通常由多个语句块组成，并被包含在一对大括号中。当返回类型为 void 时，函数体中不需要 return 语句。

【示例 6-1】编写求和函数，实现两个整数相加。代码如下：

```
#include <iostream>
using namespace std;

int CountSum (int a,int b);                    //函数声明，声明求和函数

int main()
{
     int v1,v2,v3;
     cin>>v1>>v2;
```

```
    v3=CountSum(v1,v2);                          //调用 CountSum 函数
    cout<<v3<<endl;                              //输出函数返回结果 v3
}

int CountSum (int a,int b)                       //定义求和函数
{
    int sum=0;
    sum=a+b;
    return sum;                                  //返回两数之和
}
```

分析：在示例 6-1 中，该函数的返回值类型为 int 型，函数名为 CountSum，其形参是两个 int 型的参数，在经过函数体的运算后返回 sum 这个 int 型的值；在 main 函数中调用了 CountSum 函数，当输入 2、3 后，得到的结果是 5。

函数的返回值类型可以是内置类型（如 int）或者一些复合类型（如结构体类型），还可以是 void 类型（void 类型表明不返回任何值）。但是函数的返回值类型不可以是函数或者数组类型。

【示例 6-2】合法的函数声明举例。代码如下：

```
int func1(int, int);
bool func2();
void func3(string a);
```

注意：

在函数的声明和定义中不能省略返回值的类型。在 C++语言中，若不写返回值类型，一律自动按整型处理，但是大多数人会误解为 void 类型，这一点读者要注意。

扫一扫，看视频

6.2 函数原型

同变量的使用一样，函数的使用也需要遵循“先声明后使用”的原则，在调用函数之前需要声明。函数原型声明由函数返回值类型、函数名和参数列表组成，其语法结构如下：

```
返回值类型 函数名(参数列表);
```

参数列表是由一系列以逗号分隔的参数类型和参数名组成的。在函数声明时，参数名可以省略，但是在函数定义时，形参必须命名才能使用。参数列表可以为空，但是不能省略，在没有任何形参时可以用空参数表或者关键字 void。值得注意的是，函数原型的声明是一个语句，所以要以分号结束。

【示例 6-3】函数声明的举例。代码如下：

```
int sum(int a,int b);                            //正确
int sum(int,int);                                //正确
```

分析：以上两个函数是等价的，同样地，以下两个函数也是等价的。

```
bool func();                            //正确
bool func(void);                        //正确
```

在函数的定义和声明时，应该保证函数原型与函数首部写法上的一致，即函数返回值类型、函数名、参数个数、参数类型和参数顺序必须相同。在函数调用时函数名、实参类型和实参个数应与函数原型一致。在编译阶段，编译器会依据函数原型对调用函数的合法性进行全面检查，如果发现与函数原型不匹配的函数调用，就会编译出错。

注意：

函数定义的位置可以在主调函数所在的函数之后，也可以在主调函数之前。如果被调函数定义的位置在主调函数之前，则主调函数可以直接调用函数，而不必进行声明。

【示例 6-4】函数定义位置对函数声明的影响举例。代码如下：

```
char func1 (char c)                     //定义 func1 函数，将函数定义放在主调函数的前面
{…};
float func2(float);                     //函数定义在主调用函数后面，所以必须先声明
int func3(int);                         //同 func2 的定义
int main()
{
     char b =func1(a);                  //在 main 函数中直接调用,不用再进行声明
     float f =func2(1.0);               //调用 func2()
     int i = func3(2);                  //调用 func3()
     …
}
float func2(float f)                    //定义 func2 函数
{…}
int func3(int i)                        //定义 func3 函数
{…}
```

除此之外，函数可以在头文件中声明，而在源文件中定义。把函数声明放在源文件中虽然是大家熟悉的方式，可是不灵活且容易出错。而把声明放在头文件中可以使被调函数与所有声明保持一致，如果函数的接口发生变化，只需要修改唯一的声明。使用时，定义函数的源文件需要包含声明该函数的头文件，否则编译器会提示出错。

【示例 6-5】改写示例 6-4，用头文件声明函数。代码如下：

```
//declare.h 头文件
char func1(char);                       //在头文件中对函数进行声明
float func2(float);
int func3(int);

//declare.cpp 源文件                    //在对应的 declare.cpp 源文件中定义函数
#include "declare.h"
char func1(char c)                      //在源文件中定义 func1 函数
```

```
{…}
float func2(float f )                              //定义 func2 函数
{…}
int func3(int i)                                   //定义 func3 函数
{…}

//main.cpp 源文件
#include "declare.h"                               //包含函数声明所在的头文件
…
int main()
{
    char a;
    char b =func1(a);                              //在 main 函数中直接调用
    float f =func2(1.0);                           //调用 func2()
    int i = func3(2);                              //调用 func3()
    …
}
```

6.3 函数参数

在 C++语言中，主调函数可以使用函数名和一组由逗号分隔开的实参来对函数进行调用，函数调用的结果就是该函数返回值的类型。

【示例 6-6】含有多个参数的函数调用举例。代码如下：

```
int sum(int,int);                                  //声明 sum 函数
…
cout<<sum(3,5);                                    //调用 sum 函数
```

上述语句使用了 sum(3,5)对函数进行调用，3 和 5 就是函数的实参。在函数调用时，编译器会用实参去初始化形参，此时会进行类型检查，只有与对应形参类型相同的或者可被转换的才可以去初始化，否则编译器会报错。

【示例 6-7】函数调用参数匹配举例。代码如下：

```
void func(int v1,int v2)
{
    …
}
```

有以下几种调用方式：

```
func("aaa", "bbb");                                //错误
func(123);                                         //错误
func(1,2,3);                                       //错误
```

```
func(10,20);                                    //正确
func(10.5,20.6);                                //正确
```

分析：在第一个调用中函数的实参类型不正确；第二个和第三个调用是因为参数的数量不正确，实参数量的不一致也是不合法的；第四个为正确的调用；而第五个调用是合法的，因为浮点型可以隐式转换成整型。

注意：

在形参被成功初始化之后，主调函数会被挂起，被调函数开始执行；当被调函数执行结束后，会将被调函数的返回值传入主调函数，主调函数继续执行。

6.3.1　函数参数传递方式

扫一扫，看视频

定义函数时使用的是形参，而当函数被调用时使用的是实参，那么实参是如何向形参传递的呢？

在 C++语言中，函数参数传递的方式有三种：值传递、引用传递和指针传递。下面先来介绍值传递，引用传递和指针传递将在后续章节中介绍。

值传递，顾名思义就是实参向形参传递的是值。在函数被调用前，形参并没有获得内存空间，只有在函数被调用时，形参才被分配内存单元，然后将实参的值复制到形参中。实参可以是常量、变量和表达式，但实参的类型必须与形参类型相同，或者是可转换的才可以将实参的值传入形参中，否则编译会出错。由于形参只是复制了实参的值，在被调函数中形参值的修改不会影响实参的值。

如图 6.1 所示，实参 v1、v2 仅仅分别将值复制到了形参 a、b 中，而在 CountSum 函数中 a、b 的改变不会影响 v1、v2 的值。

主调函数：v3 = CountSum(v1,v2)

v1 2　　v2 3

a 2　　b 3

被调函数：int CountSum(int a,int b)

图 6.1　值传递示意图

【示例 6-8】函数参数值传递举例。代码如下：

```
i#include <iostream>
using namespace std;
void Swap(int a, int b);
int main()
{
      int m=11,n=22;
      cout<<"m="<<m<<" ,n="<<n<<endl;

      Swap(m,n);                               //调用 Swap 函数
      cout<<"m="<<m<<" ,n="<<n<<endl;
}
void Swap(int a, int b)                        //定义 Swap 函数，实现两个数的交换
{
      int temp;
```

```
        temp=a;                                  //将 a 的值存储到 temp 中
        a=b;                                     //将 b 的值存储到 a 中
        b=temp;                                  //将 temp 的值存储到 b 中，这样就完成了两个数的交换
    }
```

分析：在上例的执行过程中，Swap 函数将实参传入形参的值进行交换，使得 a=22，b=11，但是并没有影响到实参，所以运行的结果如下。

```
m=11,n=22
m=11,n=22
```

但是值传递也具有局限性，并不是在所有的情况下都可以使用。在以下几种情况下不宜使用值传递。

- 需要使用函数改变实参的值。
- 当实参是大型对象（如大型数组）时，使用值传递会在时间和空间上付出很大的代价。
- 没有办法实现对象的复制。

在上述几种情况下，我们可以采用引用传递和指针传递来解决问题，这些将在后续章节中详细介绍。

扫一扫，看视频

6.3.2 main 函数的参数

到目前为止，所涉及的 main 函数都未使用到参数列表。但是有时需要给 main 函数传递实参。如在 DOS 环境下，各种命令所需要的参数是需要传递给 main 函数的。

若主函数 main 位于 display 的可执行文件中：

```
display 1.map
```

上述命令就是将 1.map 作为实参传递给 display 程序。

通常采用下面的格式来定义 main 函数的形参。

```
int main(int argc ,char *argv[]){…}
```

第二个形参是一个字符串数组，而第一个形参说明传递给该数组的字符串的个数。在实参传递给 main 函数时，argv 的第一个字符串通常为程序的名称，后面的将保存所传入的字符串。在上例中，argc 为 2，argv[0]="display"，argv[1]="1.map"。

扫一扫，看视频

6.3.3 可变参数长参数

当无法列举出函数所有形参的类型和数量时，就需要使用省略符形参。其语法结构如下：

```
类型标识符 函数名(…);
类型标识符 函数名(形参 1,…);
```

使用省略符可以暂停编译器对类型的检查。

在第一种方式中，当调用函数时，可以有 0 个或者多个实参，而实参的类型是未知的。

而在第二种方式中，编译器会对已经显式声明的形参和对应的实参进行类型检查，对省略符部分则暂停类型检查。在第二种方式中，形参后面的逗号是可选的。

6.4 函数作用域规则

在前面的讨论中，发现只有在调用函数时，形参才会被分配内存空间；当函数调用结束时，形参分配的空间即被释放。由此可见，形参只有在函数中才有效。在 C++中，变量的作用范围和生命周期是不一样的。按照变量的作用范围来分，变量可以分为局部变量和全局变量。

6.4.1 作用域

扫一扫，看视频

在函数和类（后面将介绍类的概念）外定义的变量具有全局的作用，称为全局变量。C++函数体一般包含在一对大括号中，称为语句块。在语句块中定义的变量只具有局部的作用域，即该函数体中，将这些变量称为局部变量，因此形参也是局部变量。局部变量只有在其局部的作用域中有效。

【示例 6-9】不同作用域的变量举例。代码如下：

```
int a;                                      //a 为全局变量
int func (int x)
{
    int b;                                  //x、b 为局部变量
    …
}
```

分析：在上面的代码中，a 是全局变量，它不包含在任何函数中；在函数 func 中定义了两个局部变量 x 和 b。

6.4.2 局部变量

扫一扫，看视频

变量的生存周期从定义时开始，到退出作用域时销毁。局部变量只有在作用域内才可以使用它们，作用域外不可以使用这些变量。

主函数中的变量也是局部变量，只在主函数中有效，不能被其他函数使用。同样地，主函数也不可以使用其他函数的局部变量。在相同的作用域中，变量不可以同名；在不同的作用域中，可以使用相同的变量名，它们使用不同的内存，互不打扰。

【示例 6-10】局部变量作用域举例。代码如下：

```
void func1(int x)
{
    int b;
    …
```

```
}                                                   //x、b 的作用域
void func2(int y)
{
    int c;
    …
}                                                   //y、c 的作用域
int main (int argc, char* argv[])
{
    int m,n;
    …
}                                                   //m、n 的作用域
```

分析：在上面的代码中，所有变量均为局部变量，其作用域为其所在的函数中。

扫一扫，看视频

6.4.3 全局变量

全局变量定义在函数或类的外面，其作用域从定义位置起到文件结束。文件中的所有函数都可以使用全局变量。要注意，全局变量的使用也要遵循“先定义后使用”的原则。

【示例 6-11】全局变量的作用域举例。代码如下：

```
int a;
void func1(int x)
{
    int b;
    …
}                                                   //x、b 的作用域
int c;
int main(int argc, char* argv[])
{
    int m,n;
    …
}                                                   //m,n 的作用域
```

分析：在上面的代码中，变量 a、c 均为全局变量，但是作用域范围不同。由于 c 定义在 func1 函数之后，所以 func1 不可以使用全局变量 c。

虽然全局变量在编程中可以带来方便，但是建议非必要时不要使用全局变量，其原因如下。

- 在程序的整个执行过程中始终占用内存空间。
- 降低程序的可移植性和可读性。
- 当与局部变量同名时，全局变量在局部变量作用域中会被局部变量屏蔽。

扫一扫，看视频

6.5 函数的嵌套与递归调用

函数嵌套就是调用函数时被调函数又调用了其他函数，形成嵌套调用关系。函数嵌套调用如

图 6.2 所示。

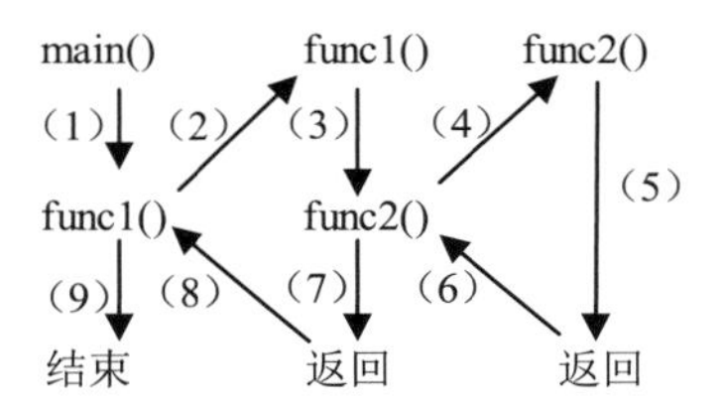

图 6.2　函数嵌套调用示意图

图 6.2 中的 main 函数调用了 func1 函数，而在 func1 函数体中又调用了 func2 函数，当 func2 函数执行完之后，返回 func1，func1 函数执行结束即返回 main 函数。

【示例 6-12】计算两个整数的平方差。代码如下：

```
//计算两个整数的平方差
#include <iostream>
using namespace std;
int func1(int,int);                                      //声明 func1
int main()
{
     cout<<func1(5,3)<<endl;                             //调用 func1
}
int func1(int a,int b)
{
     int func2(int);                                     //声明 func2
     return (func2(a)-func2(b));                         //调用 func2
}
int func2(int m)
{
     return m*m;
}
```

程序运行结果如下：

```
16
```

在示例 6-12 中，当 main 函数调用 func1 时，main 函数被挂起，被调函数 func1 执行，在其中又调用了 func2，此时 func1 也被挂起，func2 执行，当 func2 计算完平方后将值返回给 func1，func1 计算完后将结果返回给 main 函数，这样嵌套调用执行结束。

在程序中实现函数嵌套调用时，需要注意的是，在调用函数之前，需要对每一个被调用的函数进行声明（定义在前调用在后的情况除外）。

另外一种函数调用的方式就是递归调用。所谓递归调用，就是函数直接或者间接地调用本身。递归调用是一种比较通用的编程技术，在某些计算方面能带来极大的方便。

下面是一个求阶乘的例子，阶乘的公式如下：

$$n! = 1 \times 2 \times 3 \times L \times n$$

$$0! = 1$$

写成递归形式如下：

$$n! = \begin{cases} 1 & n = 0 \\ n(n-1)! & n > 0 \end{cases}$$

此时的求解过程可以分为以下两个阶段。

（1）递推：

$$n! = n\times(n-1)! \rightarrow (n-1)! = (n-1)\times(n-2)! \rightarrow \mathrm{L} \rightarrow 1! = 1\times 0! \rightarrow 0! = 1$$

（2）回归：

$$n! = n\times(n-1)! \leftarrow (n-1)! = (n-1)\times(n-2)! \leftarrow \mathrm{L} \leftarrow 1! = 1\times 0! \leftarrow 0! = 1$$

【示例 6-13】递归求解 4!的值。代码如下：

```
#include <iostream>
using namespace std;
int main()
{
    int recursive(int);                                   //声明函数
    cout<<"4!="<<recursive(4)<<endl;                      //调用 recursive 函数
    return 0;
}
int recursive(int n)
{
    if (n == 0) return 1;
    else return (n * recursive(n - 1));                   //递归调用本身
}
```

程序运行结果如下：

```
4! =24
```

分析：在示例 6-13 中，在主函数中调用 recursive(4)，进入 recursive 函数后，n=4，不等于 0，执行 n*recursive (n – 1)，即 4×recursive(4 – 1)。该语句使得 recursive(4)递归调用自身，即 recursive(3)。如此逐次递归展开，进行 4 次递归调用后，n 变为 0，达到了递归调用的终止条件，结束递推过程进入回归阶段并返回到主调函数。recursive(0)的函数返回值为 1，recursive(1)的函数返回值为 1×1=1，recursive(2)的返回值为 2×1=2，recursive(3)的返回值为 3×2=6，最后返回值 recursive(4)为 4×6=24。

注意：

在使用递归调用时，要在函数内部设置递归终止条件，否则函数会无休止地调用自身，直至堆栈溢出，这样做显然是错误的。

扫一扫，看视频

6.6 内联函数

函数的引入可以实现代码的共享，可以减少程序的代码量。但函数的调用又需要一些时间和空间上的开销，主调函数调用被调函数时，需要保护现场，然后转入被调函数中，在被调函数中要分配内存，在函数执行结束后返回并恢复现场。当函数的代码很短时，这样的开销是不可忽略的。

【示例 6-14】定义一个返回两数中较小数的函数。代码如下：

```
const int compare(int x,int y)
{
     return x<y?x:y;
}
```

定义短的函数有以下几点好处。

- 程序的可读性增强。
- 如果需要修改，只需修改函数，不必修改每一处。
- 代码可重用。

但是这么做的缺点就是要以耗费一定的时间和空间作为代价。在 C++中，内联函数可以避免这样的开销。内联函数的语法格式如下：

```
inline 类型标识符 函数名(参数列表)
{
     … //语句序列
     return 返回类型的值;
}
```

在函数的前面加上关键字 inline 即可将函数定义为内联函数。内联函数与非内联函数的不同之处在于，编译器在函数调用过程中的处理方式不同，对于内联函数，编译时在调用处用函数体进行替换，没有了非内联函数调用时的栈内存的创建和释放开销，也节省了参数传递、控制转移等开销。

【示例 6-15】定义一个内联函数，求两个整数之和。代码如下：

```
#include <iostream>
using namespace std;
inline int sum(int, int);                                    //声明内联函数
int main()
{
     cout<<"1+1="<<sum(1,1)<<endl;
     cout<<"13+12="<<sum(13,12)<<endl;
     cout<<"15+27="<<sum(15,27)<<endl;
}
inline int sum(int x, int y)                                 //定义内联函数
{
     return (x + y);
}
```

程序运行结果如下：

```
1+1=2
13+12=25
15+27=42
```

内联函数在使用中也需要注意以下几个方面。

- 内联函数应该简洁，只有几个语句。若语句较多，则会极大增加程序的代码量。
- 内联函数体内不能有循环语句、if 语句和 switch 语句。
- 内联函数要在函数被调用之前定义。

扫一扫，看视频

6.7　函数模板

函数模板是指建立一个通用函数，函数中用的数据类型不具体指定，用一个虚拟的类型来代表。这个通用函数就称为函数模板。定义函数模板的语法格式如下：

```
template < typename T>                                  //T 为虚拟的类型名
template <class T>
template <class T1,typename T2>
```

【示例 6-16】函数模板的使用。代码如下：

```
#include <iostream>
using namespace std;
template <typename T>                                   //声明函数模板
T sum(T a, T b)                                         //与之对应的模板函数
{
    return(a+b);
}
int main()
{
    int v1=10,v2=20;
    float v3=2.5,v4=4.6;
    cout<<"v1+v2="<<sum(v1,v2)<<endl;                   //调用模板函数，int 型参数
    cout<<"v3+v4="<<sum(v3,v4)<<endl;                   //调用模板函数，float 型参数
}
```

程序运行结果如下：

```
v1+v2=30
v3+v4=7.1
```

由上例可以看出，凡是实现两个数相加的函数都可以用这个模板函数来代替，只需定义一次即可，不必定义多个函数。在调用函数时系统会根据实参的类型来取代模板中的虚拟类型，从而实现了不同函数的功能。在调用模板函数时，编译器会将函数名和模板函数相匹配，用实参的类型取代函数模板中的虚拟类型 T，从而实现函数的功能。

在后面的章节中将介绍函数重载，那时将会看到函数模板比函数重载要简洁、方便，但是函数模板只适用于函数功能相同、参数个数相同，但是类型不同的情况。当函数的参数个数不相同时，函数模板则不可以使用。

6.8 本章实例

编写一个程序，由键盘输入两个整数，求出这两个数的最大公约数和最小公倍数。

分析：程序需要编写两个函数，一个用于求最大公约数，另一个用于求最小公倍数。在编写函数时，需要注意的是函数需要两个参数，求解的结果则用函数返回值来返回。

操作步骤：

（1）建立工程。参照示例 1-1 建立一个“Win32 Console Application”程序，工程名为“Test”。程序主文件为 Test.cpp，iostream 为预编译头文件。

（2）修改代码。建立标准 C++程序，增加以下代码：

```
using namespace std;
```

（3）删除 Test.cpp 文件中的代码“std::cout<<"Hello World!\n";”，在 Test.cpp 中输入下面的核心代码：

```
#include <iostream>
using namespace std;

int lcm(int,int);                              //声明计算最小公倍数的函数
int gcd(int,int);                              //声明计算最大公约数的函数

int main()
{
     int m,n;
     cout << "请输入两个非负数：";
     cin >> m >> n;

     cout << "gcd(" << m << "," << n << ") = " << gcd(m,n) <<endl;
     cout << "lcm(" << m << "," << n << ") = " << lcm(m,n) <<endl;
}
int gcd (int m,int n)                          //计算最大公约数
{
     if (m > n) swap(m,n);                     //用 swap 实现两个数的交换，它是系统函数
     while(n > 0)
     {
          int r = m % n;
          m = n;
          n = r;
     }
     return m;
}
int lcm (int m,int n)                          //计算最小公倍数
```

```
{
    return (m*n / gcd(m,n));
}
```

（4）运行程序，运行结果如下：

```
请输入两个非负数：27 45
gcd(27,45) = 9
lcm(27,45) = 135
```

6.9 小结

函数在调用之前要先定义。调用时，实参与形参的个数、数据类型、顺序应该一致，接收变量的数据类型与函数定义的返回值类型一致。

函数参数的值传递是比较常用的参数传递方式。形参和实参占用不同的存储单元，形参值的改变不会影响实参的值。而引用传递与指针传递可以改变实参的值。

对于变量的作用域，我们要掌握全局变量、局部变量的用法。滥用全局变量会造成变量名冲突、程序错误，因此，要尽量少用全局变量。局部变量只在声明该变量的函数中有效。在同一个作用域内，变量名不能相同。

函数的嵌套调用是指在被调函数中又调用了另外的函数，而递归可以看成嵌套调用的一个特例，递归函数是直接调用自己或间接调用自己。编写递归函数时，注意要有递归结束条件，这样可以确保递归调用正常结束，而不至于无休止地调用自身，造成堆栈溢出。

关键字 inline 用于定义内联函数，正确使用内联函数可以减少函数调用开销。关键字 inline 指示编译器在适当时候将函数代码复制到程序中，以减少函数调用时的开销，提高运行效率。

关键字 template 用于定义函数模板。函数模板是一个通用函数，只需要定义一次，就可以用于所有函数功能相同而参数数据类型不同的函数。

6.10 习题

一、单项选择题

1．若定义了函数 double *function()，则函数 function 的返回值为（　　）。

A．实数型　　B．实数的地址　　C．指向函数的指针　　D．函数的地址

2．以下说法中正确的是（　　）。

A．C++程序总是从第一个定义的函数开始执行

B．C++程序总是从 main 函数开始执行

C．C++函数必须有返回值，否则不能使用函数

D．C++程序中有调用关系的所有函数必须放在同一个程序文件中

3．以下叙述中不正确的是（　　）。

A．在一个函数中可以有多条 return 语句

B．函数的定义不能嵌套，但函数的调用可以嵌套

C．函数必须有返回值

D．不同的函数中可以使用相同名称的变量

4．以下关于函数模板的叙述正确的是（　　）。

A．函数模板也是一个具体类型的函数

B．函数模板的类型参数与函数的参数是同一个概念

C．通过使用不同的类型参数，函数模板可以生成不同类型的函数

D．用函数模板定义的函数没有类型

二、程序设计题

1．编写函数，输出所有的“水仙花数”（一个三位数，其各位数字的立方和等于该数本身）。

2．编写一个函数，输入年、月，输出该年份该月的天数。

第 7 章

指针与引用

指针是 C 和 C++都具有的数据类型，是 C 和 C++提供的一种直接操作内存地址的数据类型。它具有在程序运行期间直接操纵内存地址的能力。它赋予了开发人员一种直观的操作内存地址的手段。在新标准 C++ 11 中又引入了智能指针的概念，让指针的功能更为强大。引用是一个与指针相关联的概念、C++ 引入的语言特性，是 C++常用的一个重要内容之一。正确、灵活地使用引用可以使程序简洁、高效，在 C++ 11 中对引用也增加了新特性。本章将学习指针和引用的基本概念与用法，然后介绍其运用方法。本章的内容包括：

- 指针的基本概念。
- 指针的基本使用方法。
- 指针与数组、函数结合使用的方法。
- 动态内存的概念和用法。
- 引用的概念和基本用法。
- 引用在函数中的运用方法。

通过对本章的学习，读者能够较深入地理解指针和引用的概念、掌握与指针和引用相关的操作，并且能够正确地使用指针和引用处理实际应用问题。

7.1 指针的概念和基本用法

指针的功能是强大的，同时使用指针也是危险的。正确地理解指针的概念是灵活、准确地使用指针的一个前提，也是学习好C++的必备前提。

扫一扫，看视频

7.1.1 指针的概念

理解什么是指针，首先需要对计算机内存储器的内存规划和如何存取数据有所了解。计算机在存储数据时，操作系统会将存储器分为一个个小的存储单元，并会对每个存储单元进行编号。这些编号就是每个存储单元的地址。如图 7.1 所示，存储单元中存储的是 char 型的字符，其每个存储单元都有一个地址。

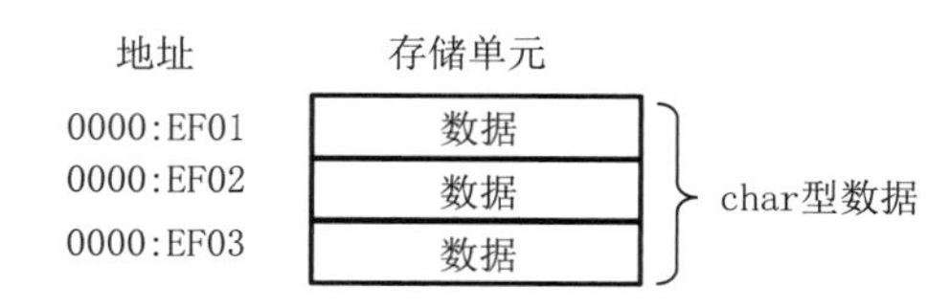

图 7.1 内存中的数据存储结构

在 C++中存取内存中的数据有两种方式：一种是通过变量名；另一种是直接通过地址的形式来访问。第一种方式在前面的章节中已经作了介绍，第二种方式就是利用指针来实现。指针是一种特殊的数据类型，其存储的就是内存的地址。指针存储的地址所在的内存区域存储着一个值，也就是这个指针所指向的地址值。

指针指向的地址所存储的数据类型可以是任何基本类型，也就是说每种基本类型都有其相应的指针类型（后面将会学习到指针可以指向任何对象）。

7.1.2 指针变量的声明

扫一扫，看视频

在使用指针变量前，需要先声明指针。指针变量的声明语法形式如下：

```
数据类型名 *指针变量名(或 数据类型名* 指针变量名、数据类型名 * 指针变量名);
```

说明：

- 声明指针时，“*”与指针变量名之间及“*”与数据类型名之间有无空格都是相同的，并无实质区别，只是书写习惯上的不同。但是数据类型名和指针变量名之间至少有一个空格。
- 声明指针必须有数据类型，这些数据类型可以是 C++的任何类型和对象。
- 指针本身也需要被存储，指针本身值的类型是 unsigned long int 型，占用 4 字节内存。

【示例 7-1】依次声明 4 个不同类型的指针。代码如下：

```
int *iPtr;                          //声明一个 int 型的指针
long *nPtr;                         //声明一个 long 型的指针
double *dPtr;                       //声明一个 double 型的指针
char *szPtr;                        //声明一个 char 型的指针
```

分析：这里声明了 4 个指针，分别指向不同的数据类型。声明指针在写法上比较自由，以下几种写法都是相同的。

```
long* nPtr;                    //数据类型与“*”之间没有空格，“*”与指针变量名有空格
long *nPtr;                    //数据类型与“*”之间有空格，“*”与指针变量名没有空格
long * nPtr;                   //数据类型与“*”之间有空格，“*”与指针变量名有空格
```

当一个指针变量被声明之后，系统就会分配 4 字节来存储此指针变量。

7.1.3　地址运算符*和&

扫一扫，看视频

C++提供了两个内存地址操作符号：*和&。

*称为指针运算符或者间接引用符，它的作用是取得指针所指向变量的内容。

&称为取地址运算符号，它的作用是获取变量的地址。

说明：

- 指针运算符和取地址运算符都是一元运算符（*在表示乘法运算符的时候是二元运算符，&在位运算中是二元运算符）。
- 间接引用符只能用于指针变量，不能用于非指针变量。
- 间接引用符可用于右值，也可以用于左值。

假如程序中定义了一个指针变量 iPtr，它所指向的是一个 int 型的数值，值为 255，那么就可以用*iPtr 得到其值 255。用&iPtr 可以得到 iPtr 这个变量的地址。

【示例 7-2】声明一个 int 型指针并赋值，然后输出指针的地址值、指针内存储的地址值和指向的变量值。代码如下：

```
int iValue = 10;
int *iPtr = &iValue;           //iPtr 指向 iValue 的地址（关于指针赋值后面会学到）
cout<<&iPtr<<endl;             //输出 iPtr 变量本身的地址值
cout<<iPtr<<endl;              //输出 iPtr 变量中所存储的地址值
cout<<*iPtr<<endl;             //输出 iPtr 指针所指向的值
```

分析：其运行结果可能是如下形式（不同的环境下系统分配的变量地址值有所不同）。

```
0012FF78
0012FF7C
10
```

如图 7.2 所示，根据上面例子运行的结果，可以看出指针变量在内存中的地址及所存储的地址值。

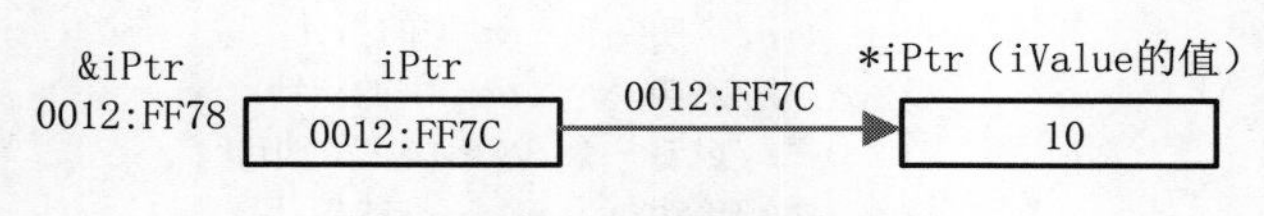

图 7.2　指针与指针指向的值

注意：

在定义指针时也用到了*，这时称其为指针定义符。与指针运算符的意义完全不同，它的作用是标识所声明变量的数据类型是一个指针。

7.1.4 指针的赋值

扫一扫，看视频

声明指针得到的是一个用于存储地址的指针变量，这时指针变量中的值并没有被设定，也就是说此时指针指向的数据没有被设定；系统会自动生成一个随机数存入指针变量中，这时无法确定指针到底指向哪个内存单元。如果恰巧指针所指向的内存单元存放着至关重要的数据（如操作系统核心数据等），在后面操作不当访问了指针，可能会导致数据破坏或者系统崩溃。因此，在声明指针变量后，应该对指针赋值。

对指针的赋值有以下两种方式。

（1）在声明指针变量的同时进行初始化赋值，形式如下：

```
数据类型 *指针变量名=初始地址;
```

（2）在指针变量声明后，单独使用赋值语句进行赋值，形式如下：

```
指针变量名=地址;
```

说明：

- 赋值时，使用的地址来源有以下两种。

第一种是某个变量或者对象的地址（利用取地址运算符&可以得到变量或对象的地址）。

【示例 7-3】用对象地址给指针变量赋值。代码如下：

```
long *plValue;
long lCount = 100;
plValue = &lCount;                         //赋变量地址
```

分析：指针变量也是一种变量，我们也可以对指针变量进行赋值。

【示例 7-4】用指针的地址给指针变量赋值。代码如下：

```
long lCount = 100;
long *plTemp = &lCount;
long *plValue = plTemp;                    //用 plTemp 给 plValue 赋值
```

第二种是动态申请内存的地址（后面将学习到）。

- 如果在初始化时无法给定指针的具体地址，一般情况下将其初始化为 0 或者 NULL（空指针），以避免“野指针”（不可控指针）的出现。

【示例 7-5】指针的初始化举例。代码如下：

```
double *pdValue1 = 0;                      //声明指针后立即将其初始化为 0
double *pdValue2 = NULL;                   //声明指针后立即将其初始化为 NULL
```

分析：注意不能给地址指针直接赋非 0 的整数值。

```
double *pdValue1 = 0x0000EF04;                          //操作错误
```

声明了一种数据类型的指针，一般情况下这个指针只能指向这种数据类型的变量，不能指向另一种数据类型。例如，声明了 int 类型的指针，只能让指针指向 int 类型的数据，而不能指向 long 型等数据。只有一种特殊类型除外，就是 void 类型。void 指针类型可以存储任何类型的对象地址，也就是任何类型的指针都可以赋予 void 类型的指针。

扫一扫，看视频

7.1.5　指针运算

指针是一种数据类型，它与其他数据类型一样可以参与数据运算，如赋值运算、算术运算和关系运算。对于指针的赋值运算，前面已经进行了讲述。下面来讲解指针的算术运算和关系运算。

1. 指针的算术运算

指针的算术运算是指指针可以与整数进行加、减运算。不过指针的加、减运算和普通的加、减运算在规则方面有所区别。

如前所述，指针变量必须有类型，指针的算术运算与指针指向的类型是密切相关的。如果有一个指针 p，其类型为 T，那么 p+*n* 表示当前指针向后移 *n* 个 T 类型空间大小的地址，相应地址值为 p+sizeof(T)×*n*；p−*n* 表示当前指针向前移 *n* 个 T 类型空间大小的地址，相应的地址值为 p-sizeof(T)×*n*。其相邻元素间的地址差为 sizeof(T)。如图 7.3 所示，char 类型的数据所占的内存大小为 1 字节，相邻元素地址间隔为 1 字节；long 类型的数据所占内存大小为 4 字节，相邻元素地址间隔为 4 字节。

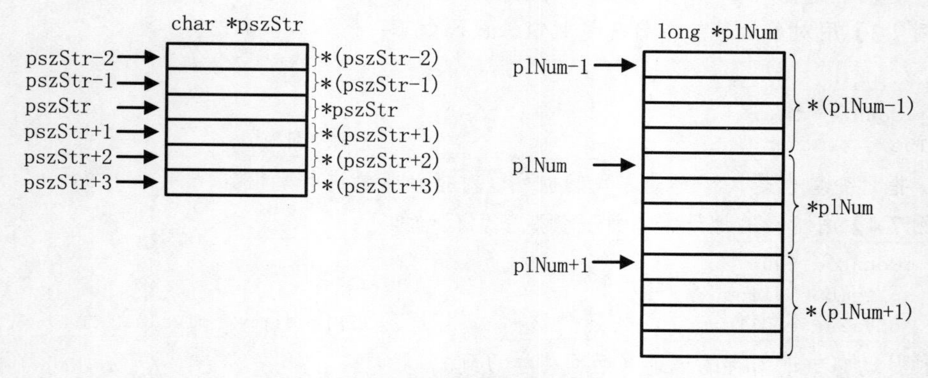

图 7.3　指针的算术运算的内存地址示意图

注意：

在使用指针进行算术运算时，必须注意地址的操作范围。一般来说，指针的算术运算都是对连续分布的内存空间进行操作的，如对数组、字符串的操作。对于一个独立变量的地址，如果进行指针的算术运算，可能会导致指针超过其所应指向的范围，从而引发其他地址上的数据被破坏。

【示例 7-6】错误的指针范围操作举例。代码如下：

```
int nNum = 100;
int *pnNum = &nNum;              //将指针指向 nNum 变量的地址
cout<<*pnNum<<endl;              //输出指针指向的值
cout<<*(pnNum+1)<<endl;          //这样的操作是不允许的，因为超出了指针 pnNum 的变量控制范围
```

关于指针对数组及字符串的操作，在后续章节进行介绍。

2. 指针的关系运算

指针的关系运算只有一种，就是比较两个指针是否相等。两个指针相等要满足两个指针指向的类型相同，且指向同一个内存地址的条件。而不同类型之间及指针与非 0 整数之间的比较是完全没有意义的。

【示例 7-7】指针的关系运算举例：声明两个指针变量，在不同情况下判断两个指针是否相等。代码如下：

```
long lValue1 = 100;
long lValue2 = 0;
long *plCnt1=&lValue1;           //指针 plCnt1 指向 lValue1
long *plCnt2=NULL;               //将指针 plCnt2 赋为空
cout<<((plCnt1==plCnt2)? "两个指针相等":"两个指针不等")<<endl;
                                 //两个指针不是同时指向一个地址的，所以不相等
plCnt1=&lValue2;                 //指针 plCnt1 指向 lValue2
plCnt2=&lValue2;                 //指针 plCnt2 指向 lValue2
cout<<((plCnt1==plCnt2)? "两个指针相等":"两个指针不等")<<endl;
                                 //两个指针同时指向一个地址且类型相同，所以相等
```

分析：当指针 plCnt1 和 plCnt2 指向不同的变量时，对它们进行关系运算的结果不相等。当它们指向同一个变量时，即指向同一个内存地址，此时它们相等。

7.1.6 const 指针

扫一扫，看视频

const 是修饰变量的限定符，当然也可以修饰指针。不同的修饰形式会形成不同的操作，下面就讲解 const 修饰指针的不同形式和用法。

1. 常量指针

常量指针即指向常量的指针。在定义指针语句的前面加 const 表示指向的对象是常量。声明形式如下：

```
const 数据类型名 *指针变量名;
```

【示例 7-8】常量指针的声明和赋值。代码如下：

```
const long lValue = 100;
const long *plValue =&lValue;
```

分析：常量指针的特点是它只限制了指针间接访问的操作，即通过指针来访问的时候，指向变量的值不能被改变。指针本身的值可以改变。

【示例 7-9】常量指针的赋值特性举例。代码如下：

```
long lValue1 = 100;
long lValue2 = 200;
const long *plValue = &lValue1;
*plValue = 200;                    //错误，编译会出错，通过常量指针无法改变指向变量的值
lValue1 = 200;                     //正确，变量本身的值可以改变
plValue = &lValue2;                //正确，指针本身的值可以改变
```

分析：定义常量指针，其实是在告知编译系统“通过这个指针访问，只能当一个常量来访问”，即“*变量名”不能作为左值运算。而这个对象是否真的是常量，编译系统并不关心，这点一定不能误解。

2．指针常量

指针常量即指针本身是常量。在定义指针时，在指针名前加 const 表示指针本身是常量。其声明形式如下：

```
数据类型名 * const 指针变量名;
```

【示例 7-10】指针常量声明和赋值举例。代码如下：

```
long lValue = 100;
long * const plValue = &lValue;
```

指针常量本身的值是不能改变的，但是它所指向的值是可以改变的。

【示例 7-11】指针常量的赋值特性举例。代码如下：

```
long lValue1(100), lValue2 (200);
long * const plValue = &lValue1;
plValue = &lValue2;                //错误，指针已经指向 lValue1,不能被改变
lValue1 = 200;                     //正确，指针所指向的变量本身可以被改变
```

分析：定义了指针常量，其实是在告知编译系统“指针指向地址已经确定，不能再改变这个指向了”，即“变量名”不能再作为左值运算了。

3．常量指针常量

常量指针常量即指向常量的指针。这是上面所讲的两种类型的综合，这样就很容易看出当通过指针进行间接访问时，它所指向的值不能改变，其本身的值也不能被改变。声明形式如下：

```
const 数据类型名 * const 指针变量名;
```

【示例 7-12】常量指针常量的声明和赋值举例。代码如下：

```
long lValue = 100;
const long * const plValue = &lValue;
```

【示例 7-13】常量指针常量的赋值特性举例。代码如下：

```
long lValue1(100),lValue2(200);
const long * const plValue = &lValue1;
*plValue = 200;                          //错误，通过常量指针常量间接访问，不能改变变量的值
plValue = &lValue2;                      //错误，常量指针常量本身的值不能改变
lValue1 = 200;                           //正确，变量本身的值不受影响
```

定义了常量指针的常量，其实是在告知编译系统“‘*指针变量名’和‘指针变量’都不能作为左值进行运算”，即不能被赋值。

7.1.7 void 指针

扫一扫，看视频

在 C 和 C++中，都有一种 void 类型的指针，这种指针可以指向任何一种数据类型。它是 ANSI 中新增加的特性。在使用时，将其强制类型转换后，void 类型便可以访问任何数据类型的指针变量了。

【示例 7-14】演示 void 指针的使用。代码如下：

```
void *pvValue = NULL;                    //声明并初始化 void 类型指针变量
int *piValue,iCount;
iCount = 0;
pvValue = &iCount;
piValue = (int *) pvValue;
```

分析：void 指针的使用与普通类型的指针有所区别。

按照 ANSI C++的规定，不能对 void 类型指针变量进行算术运算。按照 GNU 的规定，是允许指针变量进行算术运算的。前者认为进行运算的指针必须明确具体的数据类型，而后者并不这么认为。在编写程序时，为了提高程序的可移植性，应尽量遵循 ANSI C++标准。

【示例 7-15】演示了 void 指针的算术运算。代码如下：

```
void * pVoid;                            //定义 void 类型的指针
…
pVoid++;                                 //按照 ANSI  C++标准，错误；按照 GNU 标准，正确
```

7.1.8 指针的指针

扫一扫，看视频

指针能够指向任何具有地址的对象，指针本身也是有地址的，所以指针也是可以指向指针的。如果一个指针变量的值中存放的是另一个指针变量的地址，那么这个指针变量称为指针的指针。图 7.4 所示的传统指针是直接指向一个变量的，称为一级指针变量。

如图 7.5 所示，指针的指针变量指向一个指针变量，称为二级指针变量。

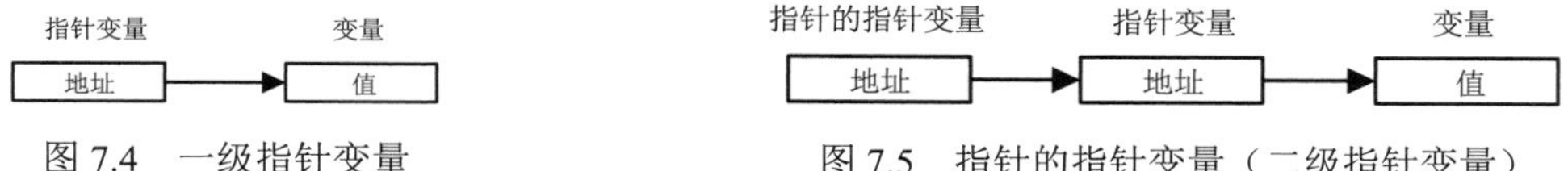

图 7.4　一级指针变量　　图 7.5　指针的指针变量（二级指针变量）

类似地，如图 7.6 所示，可以定义三级指针、四级指针等。多于一级的称为多级指针。一般在应用中，很少超过二级指针。因为级数越多，理解越困难，越容易出错。

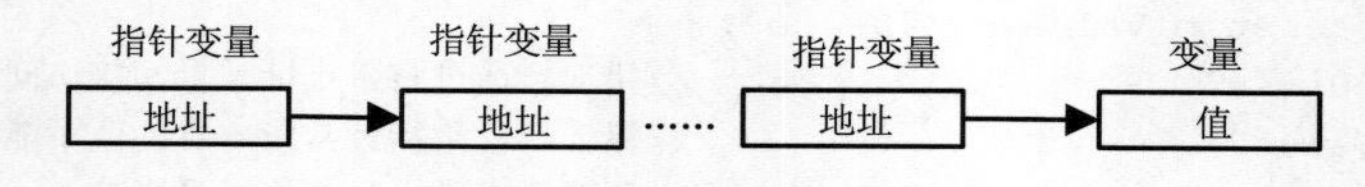

图 7.6 指针的指针变量（多级指针变量）

指针的指针声明形式如下：

```
数据类型名 **指针的指针变量名;
```

说明：

数据类型名是指二级指针所指向的一级指针所指向的数据类型。

【示例 7-16】二级指针数据类型示例。代码如下：

```
char **ppszStr;
char *pszStr = NULL;                            //定义指针并初始化为NULL
long *plNum = NULL;                             //定义指针并初始化为NULL
ppszStr = &pszStr;                              //正确
ppszStr = &plNum;                               //错误
```

- 多级指针的定义与二级指针类似。

【示例 7-17】定义一个三级指针。代码如下：

```
char ***pppszStr;
```

分析：*有多少个，就是几级指针。

多级指针的运用主要针对的是数组和从函数中带出动态内存，后面的章节会介绍到它的用法。

扫一扫，看视频

7.1.9 智能指针

程序员在开发时常常需要手动申请内存空间，如用 malloc 或者 new（动态内存的申请后续章节会讲到），但是当我们使用完后容易忘记释放内存空间，这样就会造成内存资源的浪费，我们称之为内存的泄露。

为了解决上述问题，在 C++ 11 中对指针进行了优化，提出智能指针的概念。智能指针可以在程序不需要再使用动态申请的内存空间时自动释放，省去了程序员手动释放的麻烦。从功能上来看，智能指针与普通指针的区别是在原来指针的基础上增加了一个引用计数。当增加一个对当前内存资源的引用时计数+1，当过期时引用计数-1，当引用计数变为 0 时会自动释放申请的内存资源。本质上，指针被封装成了一个类进行操作，当超出了类对象的作用域时会通过析构函数释放动态申请的内存资源。关于类的知识会在后续章节介绍。

常见的智能指针包括 atuo_ptr、unique_ptr、shared_ptr 和 weak_ptr。智能指针 auto_ptr 是 C++ 11 之前版本中的，在 C++ 11 中已经被弃用。下面主要介绍 shared_ptr、unique_ptr 和 weak_ptr 这三个

智能指针的用法，每个智能指针都是基于类模板（类模板在后续章节中介绍）实现的，它们的定义位于<memory>头文件中，还位于 std 命名空间中，因此在使用时程序中应包含如下代码。

```
#include <memory>
using namespace std;
```

1．shared_ptr 的用法

每个 shared_ptr 对象都指向两块内存区域：指向对象和指向用于引用计数的控制数据。当一个新的 shared_ptr 对象与一个指针相关联时，在它的构造函数中，与这个指针相关的引用计数加 1；当 shared_ptr 对象超出作用域时，在其析构函数中将指针的引用计数减 1；当引用计数变为 0 时，意味着没有任何 shared_ptr 对象与这块内存资源关联，将释放这块内存资源。

shared_ptr 的语法格式如下：

```
shared_ptr<数据类型> 指针变量名;
```

【示例 7-18】智能指针 shared_ptr 用法举例。代码如下：

```
shared_ptr<int> p(new int());                    //#1
std::shared_ptr<int> p1;                         //#2 不传入任何实参
std::shared_ptr<int> p2(nullptr);                //#3 传入空指针 nullptr
```

分析：#1 在堆上分配两块内存，分别是为 int 分配的内存，以及用于引用计数的内存，将用于管理与此内存相关的 shared_ptr 对象，初始引用计数值为 1。#2 和#3 是构造智能空指针的两种方式。注意，空的 shared_ptr 指针，其初始引用计数为 0，而不是 1。

2．unique_ptr 的用法

与 shared_ptr 不同，unique_ptr 用于实现对申请的内存资源独占式享有，也就是只有一个 unique_ptr 智能指针指向该资源对象，所以不可以对 unique_ptr 进行复制、赋值等操作。这也就意味着，每个 unique_ptr 指针指向的内存资源空间的引用计数都为 1，如果 unique_ptr 指针放弃指向的内存资源空间，该空间会被立即释放。

unique_ptr 语法格式如下：

```
unique_ptr<数据类型>指针变量名;
```

【示例 7-19】智能指针 unique_ptr 用法举例。代码如下：

```
unique_ptr<int> p1();                             //不传入任何实参
unique_ptr<int> p2(nullptr);                      //传入空指针 nullptr
unique_ptr<string> p3 (new string ("hello"));     //通过原始指针创建 unique_ptr 对象
unique_ptr<string> p4;                            //创建空的 unique_ptr 对象
p4 = p3;                                          //报错，编译器认为 p4=p3 非法
```

3．weak_ptr 的用法

weak_ptr 与前面的 shared_ptr、unique_ptr 不同，它不可以单独使用，只能配合 shared_ptr 使用，

所以它是一种弱引用。借助 weak_ptr 类型指针，可以获取 shared_ptr 的一些信息，如指向同一内存资源空间的 shared_ptr 指针数量等。

当 weak_ptr 指针与 shared_ptr 指针指向同一内存资源空间时，不会使得指向该资源的引用计数+1；同样地，当 weak_ptr 指针释放时，也不会使得指向该资源的引用计数-1。也就是说，weak_ptr 不会影响内存资源空间的引用计数。所以 weak_ptr 只有对内存资源空间的访问权而没有修改权。

weak_ptr 的语法格式如下：

```
weak_ptr<数据类型> 指针变量名;
```

【示例 7-20】智能指针 weak_ptr 用法举例。代码如下：

```
weak_ptr<int> p1;                          //创建一个空 weak_ptr 指针
weak_ptr<int> p2 (wp1);                    //用已有的 weak_ptr 指针创建
shared_ptr<int> p3 (new int);              //创建一个 shared_ptr 指针
weak_ptr<int> p4 (p3);                     //用已有的 shared_ptr 指针创建 weak_ptr 指针
```

7.2 指针与数组

前面已经涉及了一些指针对数组的操作，本节具体讲解如何利用指针操作数组。

扫一扫，看视频

7.2.1 指针数组

C++的基本类型都可以声明成数组的形式，指针也不例外。如果一个数组的每一个元素都是指针变量，那么这个数组就是指针数组。显然，指针数组的每个元素都是同一类型的指针。

声明一维指针数组的语法形式为：

```
数据类型名 *数组名[下标表达式];
```

说明：

- 数据类型名确定每个指针元素的类型。
- 下标表达式可以确定元素的个数，这个个数必须是确定的，不能在运行期间改变。

【示例 7-21】定义一个大小为 3 的指针数组。代码如下：

```
long *plArray[3] = {NULL};
```

分析：上例声明了一个 long 型指针数组 plArray，数组有 3 个元素，每个元素都是一个指向 long 类型的指针，数组的首地址是 plArray，每一个指针都初始化为 NULL。

【示例 7-22】利用指针数组输出标准大写英文字符。代码如下：

英文大写字符有 26 个，输出格式为：

A B C D E F G

H I J K L M N

OPQ RST

UVW XYZ

其有 4 行、7 列（有空白处，在 Q 与 R 之间及 W 与 X 之间），可以用一个二维数组来对应；然后用数组指针来对应相应的行。

```
#include <iostream>
using namespace std;
#define V_LINES 4                                              //宏定义行常量
#define H_LINES 7                                              //宏定义列常量

int main()
{
    char szEnglishCharacter[V_LINES][H_LINES] =                //定义二维数组,存储 26 个字母
    {
      {'A','B','C','D','E','F','G'},
      {'H','I','J','K','L','M','N' },
      { 'O','P','Q',' ','R','S','T' },
      { 'U','V','W',' ','X','Y','Z' }
    };
    char* pszCharacter[V_LINES] = { NULL };                    //声明指针数组，大小为 4

    for (int nLoop = 0; nLoop < V_LINES; nLoop++)
    {
    pszCharacter[nLoop] = szEnglishCharacter[nLoop];           //将 4 行字符的各行首地址分别
                                                                 赋予 4 个指针
    }
    for (int nLoop_V = 0; nLoop_V < V_LINES; nLoop_V++)        //遍历输出大写字母
    {
        for (int nLoop_H = 0; nLoop_H < H_LINES; nLoop_H++)
        {
          cout << pszCharacter[nLoop_V][nLoop_H] << " ";
        }
        cout << endl;                                          //换行
    }
}
```

程序输出结果为：

```
A B C D E F G
H I J K L M N
O P Q   R S T
U V W   X Y Z
```

本例主要是为了说明如何使用指针数组。

7.2.2 数组名下标和指针的关系

在数组中，数组名就是第一个元素的地址，即对于数组 array，array 和&array[0]是

等价的。

【示例 7-23】声明一个指针变量指向数组 array。代码如下：

```
long array[array_size];                              //array_size 为数组大小
long *plArray = array;
```

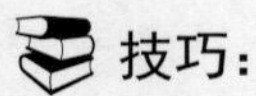

对于第 i 个元素（0≤i <array_size）有以下规则。

（1）值：array[i]等价于*(array+i)，*plArray[i]等价于*(plArray+i)。

（2）地址：&array[i]等价于 array+i，&plArray[i]等价于 plArray+i。

等价关系的内存分布如图 7.7 所示。

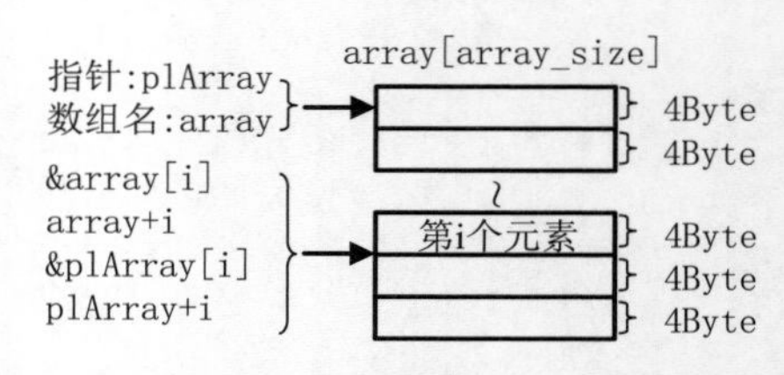

图 7.7　数组和指针地址关系

从上面的分析可以看出，数组名实质上也是一种指针，是指向数组元素的指针。而数组名是不能被赋值的，所以是一种指针常量，不能用于左值的运算。它表示内存中分配的数组连续位置的首地址。

上面这 4 个等价式会给数组与指针之间的相互转换带来极大的灵活度。从上面的等价关系可以看出，下标不仅是对数组元素的操作，还是数组地址的一种表现形式。二维数组也可以得出类似的等价关系。不论是一维数组还是多维数组，在内存中都是按照一维顺序来存放的。在二维数组中，我们可以按照一维数组来理解二维数组。

【示例 7-24】声明数组。代码如下：

```
long lArray[2][3]={{1,1,1,},{2,2,2}};
```

如图 7.8 所示，二维数组可以理解为两个一维数组，每个数组都有一个数组名，即 lArray[0]为第一行元素的数组名（首地址），lArray[1]为第二行元素的数组名。这样得到了第 *i* 行的首地址是*(lArray+*i*−1)，第 *i* 行第 *j* 列的地址为*(lArray+*i*−1)+(*j*−1)。

```
        ⎧ lArray[0] —— lArray[0][0] lArray[0][1] lArray[0][2]
lArray  ⎨
        ⎩ lArray[1] —— lArray[1][0] lArray[1][1] lArray[1][2]
```

图 7.8　二维数组分解

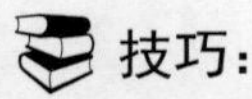

在二维数组 array_array[size1][size2]中，对于数组第 *i* 行第 *j* 列的元素（0≤*i*<size1，0≤*j*<size2）有如下等价关系。

（1）值：array_array[i][j]等价于*(*(array_array+i−1)+(j−1))。

（2）地址：&array_array[i][j]等价于*(array_array+i−1)+(j−1)。

【示例 7-25】验证二维数组的数组名表示地址的正确性：用数组名和下标来计算数组元素的地址。代码如下：

```
#include <iostream>
using namespace std;
#define SIZE_1 3                                        //宏定义行常量
#define SIZE_2 3                                        //宏定义列常量

int main()
{
    long array_array[SIZE_1][SIZE_2] = { {0} };        //声明并初始化二维数组 array_array

    cout << "行 列 利用数组名、指针得到的地址:"<< endl;
    for (int nCnt1 = 0; nCnt1 < SIZE_1; nCnt1++)        //输出元素地址
    {
        for (int nCnt2 = 0; nCnt2 < SIZE_2; nCnt2++)
        {
        cout << nCnt1 + 1 << "    " << nCnt2 + 1 << "    " << &array_array[nCnt1][nCnt2]
             << "---" << *(array_array + nCnt1) + nCnt2 << endl;
        }
    }

}
```

程序运行结果（不同机器得到的具体元素值会有所不同）如下：

```
行  列   利用数组名、指针得到的地址:
1   1    0012FEEC---0012FEEC
1   2    0012FEF0---0012FEF0
1   3    0012FEF4---0012FEF4
2   1    0012FEF8---0012FEF8
2   2    0012FEFC---0012FEFC
2   3    0012FF00---0012FF00
3   1    0012FF04---0012FF04
3   2    0012FF08---0012FF08
3   3    0012FF0C---0012FF0C
```

分析：在本例中，先利用普通访问数组元素地址的方式&array_array[nCnt1][nCnt2]来得到元素的地址，然后用上面得出的等价关系得到元素的地址，通过对两者得到的结果进行比较来验证上面推倒的结论是否正确。

对于多维数组也可以推导出类似的规则，请读者自行分析。

7.3 指针与函数

指针在函数中的使用也是十分广泛的，它不仅可以作为函数的参数，还可以作为函数的返回值等。本节将讨论指针与函数之间的运用方法。

扫一扫，看视频

7.3.1 指针作为函数参数

前面学习的函数参数基本是基本类型的变量。函数的参数其实多种多样，可以是指针（也就是前面讲到的函数参数传递中的指针传递），也可以是对象等。用指针作为函数的参数可以解决以下几个问题。

- 高效率的数据传送。如果用普通的变量作为函数参数传送，当函数的实参和形参进行结合时，函数会建立对实参的备份，以保持对原有数据的保护。如果传送的数据量巨大，这样的复制操作显然影响了程序的效率。用指针变量作为参数可以解决这个问题。当用指针变量作为参数时，传递的是一个地址，这个地址上的数据是实际要用的值。形参和实参就指向同一个内存地址，可以直接得到实际操作的值。这样免除了数据的复制工作，提高了程序的效率。在 C++中实现这种功能的还有引用（引用传递将在后续章节介绍），但在一些情况下还是需要指针。
- 双向数据传递。用指针作为函数参数，即形参和实参都指向共同的内存空间。这样函数可以直接修改内存空间上的数据，以将数据直接返回给函数的上级调用者。
- 传递函数的首地址。函数本身也可以作为另一个函数的参数，这就是通过指针来实现的。

【示例 7-26】利用指针作为函数参数的例子：数组最大值的查找。代码如下：

```
#include <iostream>
#include <iomanip>                                    //包含调用 setw 库函数的头文件
using namespace std;
#define ARR_SIZE 100                                  //宏定义数组的大小
long getMax(long[], long);                            //数组作为参数的函数声明
long getMaxWithPointer(long*, long);                  //指针作为参数的函数声明

int main()
{
    long lArray[ARR_SIZE];                            //声明存放随机数的数组
    srand((unsigned)time(NULL));                      //初始化随机数发生器种子

    cout << "产生的随机数组：" << endl;
    for (int nCnt = 0; nCnt < ARR_SIZE; nCnt++) //让生成的随机数存入 lArray 数组并显示出来
    {
        lArray[nCnt] = rand();
        if (nCnt % 5 == 0 && nCnt != 0) cout << endl;     //每输出 5 个数字换行
        cout << setw(10) << lArray[nCnt] << " ";          //设置输出元素宽度为 10
    }

    long* plArray = lArray;                           //定义指针 plArray 指向 lArray
    cout << endl << "用数组传递参数得到的最大值为：" << getMax(lArray, ARR_SIZE) << endl;
    cout << "用指针传递参数得到的最大值为：" << getMaxWithPointer(plArray, ARR_SIZE) << endl;
}
long getMax(long lArray[], long nArraySize)       //利用数组进行参数传递
{
```

```
    long lMax = 0;                                          //假定最大值为 0
    for (long nCnt = 0; nCnt < nArraySize; nCnt++)
    {
        if (lMax < lArray[nCnt])
            lMax = lArray[nCnt];                            //如果当前值比最大值大，替换 lMax
    }
    return lMax;                                            //返回最大值
}
long getMaxWithPointer(long* lArray, long nArraySize)       //利用指针进行参数传递
{
    long lMax = 0;                                          //假定最大值为 0
    for (long nCnt = 0; nCnt < nArraySize; nCnt++)
    {
        if (lMax < *(lArray + nCnt))
            lMax = *(lArray + nCnt);                        //如果当前值比最大值大，替换 lMax

    }
    return lMax;                                            //返回最大值
}
```

分析：本例利用数组指针进行了参数传递。

程序运行结果如下：

```
产生的随机数组：
    18946    4881     6480    12676    14976
    29550   13042    17323    14621    24997
     3690    4657    12550    15544    27901
    32339   20308    19190    21265    13548
     8006   29994     9877    25413    15310
    16914    3228    11823    14928     9746
    19019    8015    12966    31530    11510
    31930    2151    13606    15750    16066
    22889    9748    17182     6159    13700
    26363   22782    17393      921    14538
     7079    3828    14291    29071    12607
    19893   16173    18921    12600    13813
    17461    7872    12077    19948    12559
    31539   27916    26079     4796    32466
    30842   20469    16797    29710    14195
    19015   29490    10989    10289    20278
     6440   27651    22608    16385    12691
     6045   22319     7575    27768    17727
    10137   17321    19086    30545    29861
    23044    6469    14101     3546    28702
用数组传递参数得到的最大值为：32466
用指针传递参数得到的最大值为：32466
```

说明：

随机数是计算机随机产生的，不同计算机上产生的随机数会不同，得到的最大值也会不同。

【示例 7-27】用指针作为函数参数进行双向数据传递：编写一个函数，实现交换两个 long 型变量的值。代码如下：

```
#include <iostream>
using namespace std;
int swap_value(long*, long*);                                          //声明交换函数

int main()
{
    long lTest1(100), lTest2(200);

    cout << "交换前的值：" << lTest1 << " " << lTest2 << endl;      //交换前的值
    swap_value(&lTest1, &lTest2);                                      //调用交换函数
    cout << "交换后的值：" << lTest1 << " " << lTest2 << endl;      //交换后的值
}
int swap_value(long* lValue1, long* lValue2)                           //交换函数实现
{
    long lTemp = 0;                                                    //声明中间变量

    lTemp = *lValue1;                                                  //两个数交换
    *lValue1 = *lValue2;
    *lValue2 = lTemp;

    return 0;
}
```

分析：前面有一个交换两个变量值的例子，编写一个函数来实现，面临的问题是如何将改变后的值传递给调用函数。利用值传递显然无法实现，这时就可以利用指针传递。

从本例中又发现一个问题：如果用指针作为参数，那么在函数体内可以对指针所指向的值进行改变。而有时只需要用指针传递数据，不希望改变其中的数据，那么如何做呢？就是用前面所介绍的常量指针。如示例 7-26 中的 getMaxWithPointer 函数，其参数有指针，是为了传递数据的。这时不希望改变传入数组的值，可以声明如下：

```
long getMaxWithPointer(const long *,long);
```

所以如果需要用指针传递参数，又不想改变指针所指向的变量值，最好声明为常量指针类型，避免误操作导致数据被更改。

关于用指针传递作为函数参数的情况，下面会分析到，此处暂不讲解。

扫一扫，看视频

7.3.2 指针函数

除了 void 类型的函数，函数在调用结束后都需要有返回值。指针作为一种数据类型，

当然也可以是函数的返回值。如果一个函数的返回值类型是指针类型，那么这个函数就是指针函数。使用指针作为函数返回值的主要作用是把大量的数据传递给主调函数。指针函数的声明形式如下：

```
数据类型 *函数名(参数列表)
{
    函数体;
}
```

说明：

- 数据类型表明函数返回指针的类型；*表明是一个指针函数。
- 指针函数返回的地址可以是堆地址，可以是全局变量或静态变量的地址，但不应该返回局部变量的地址。因为局部变量在函数调用结束后就消亡了，其地址上的数据是无效的。

【示例 7-28】利用指针函数返回指针变量。代码如下：

```
#include <iostream>
using namespace std;

char str[10] = { 'A','A','A','A','A','A','A','A','A','A' };    //定义全局变量
char* SetStr(char[], long);                                   //声明指针函数 SetStr
char* GetStr();                                               //声明指针函数 GetStr

int main()
{
     char* pStr = SetStr(str, 10);                      //调用指针函数 SetStr()函数
     cout << pStr << endl;
     pStr = GetStr();                                   //调用指针函数 GetStr()函数
     cout << pStr << endl;
}
char* SetStr(char str[], long lStrSize)
{
     for (long nCnt = 0; nCnt < lStrSize; nCnt++)  //字符数组重新赋值
     {
           str[nCnt] = 'B';
     }
     return str;                                        //返回全局指针变量，没有问题
}
char* GetStr()
{
     char str[10] = { 'A','A','A','A','A','A','A','A','A','A' };
     return str;                                        //返回局部指针变量，不可取，结果无法预测
}
```

程序运行结果如下：

```
BBBBBBBBBB
```

分析：显然第二个函数调用后输出的字符是乱码，因为局部变量在函数调用结束时已经消亡。指针所指向的内存内容无法预测。

扫一扫，看视频

7.3.3 指向函数的指针

前面学习的指针都是指向数据类型的。而其实只要是有确定地址的对象，指针变量都是可以指向的。在讲述数组名和指针的关系时，了解到数组名就是数组对应内存的首地址。其实函数也有类似特性。

在程序运行时，操作系统不仅要将数据调入内存，还要将执行的代码调入内存。每一个函数都有函数名，这个函数名就表示函数的代码在内存中的起始地址。当调用函数时，系统得到了函数名，就相当于得到了函数代码的首地址。然后以这个地址开始执行调用函数。知道了函数的首地址和函数的参数，就可以调用此函数。

函数指针就是专门用于存放函数代码首地址的变量。利用函数指针调用函数和使用普通函数名调用函数作用是相同的。声明函数指针的形式如下：

```
数据类型 (* 函数指针名)(形参列表);
```

说明：

- 声明函数指针时，必须说明函数的返回值、形参列表。
- 函数可以用函数名来调用，也可以用指向这个函数的函数指针来调用。
- 函数指针不一定指向固定的函数，它所指向的函数可以改变。

在声明了函数指针后，给指针函数赋值的形式如下：

```
函数指针名 = 函数名;
```

利用函数指针调用函数的形式如下：

```
(*函数指针名)(参数表) 或者 函数指针名(参数表)
```

说明：

- “(*函数指针名)(参数表)”这种调用形式是 C 语言的标准写法，C++为了兼容 C 语言，认定这种写法也是正确的。“函数指针名(参数表)”的调用形式是 C++的标准写法。
- 在声明函数指针时就可以给其赋值。例如：

```
long FuctionName(long);
long (*pFuc)(long) = FuctionName;
```

- 函数指针变量不能进行算术运算，这是与数组指针变量不同的地方。数组指针变量加减一个整数可使指针移动指向后面或前面的数组元素，而函数指针的移动是毫无意义的。

【示例 7-29】利用函数指针调用函数。代码如下：

```
#include <iostream>
```

```
using namespace std;

void swap_value(long*, long*);                      //声明交换函数

int main()
{
    long lValue1 = 100;
    long lValue2 = 200;

    cout << "交换前的值：" << "lValue1=" << lValue1 << " lValue2=" << lValue2 << endl;

    void (*pFuc)(long*, long*);                     //声明函数指针
    pFuc = swap_value;                              //用 swap_value 初始化函数指针

    (*pFuc)(&lValue1, &lValue2);                    //利用函数指针调用函数
    cout << "交换后的值：" << "lValue1=" << lValue1 << " lValue2=" << lValue2 << endl;
}

void swap_value(long* lValue1,long* lValue2)
{
    long lTemp = 0;                                 //定义交换的中间值

    lTemp = *lValue1;                               //交换两个数
    *lValue1 = *lValue2;
    *lValue2 = lTemp;
}
```

程序运行结果如下：

```
交换前的值：lValue1=100 lValue2=200
交换后的值：lValue1=200 lValue2=100
```

注意：

函数指针多运用于传递函数的参数。在一些场合，需要将函数作为参数传入调用函数中，而且这个传入的函数可能不是固定的。这时就可以采用函数指针进行传递。

【示例 7-30】编写程序实现：当选择教师时，输出教师姓名和所教科目；当选择学生时，输出学生姓名和学习科目。代码如下：

```
#include <iostream>
using namespace std;

void print_teacher();                               //声明输出老师信息的函数
void print_student();                               //声明输出学生信息的函数
void print_body(void (*pFuc)());                    //声明参数为函数指针的函数
void (*print_message)();                            //声明函数指针
```

```
int main()
{
    int nChoose;                                         //接收用户输入
    cout << "请输入选择的对象（1 代表教师，2 代表学生）"<<endl;
    cin >> nChoose;

    if (nChoose == 1)                                    //如果是教师，输出教师信息
    {
        print_message = print_teacher;
    }
    else if (nChoose == 2)                               //如果是学生，输出学生信息
    {
        print_message = print_student;
    }
    else
    {
        cout << "选择错误." << endl; exit(1);          //否则提示选择错误，程序退出
    }
    print_body(print_message);                           //将 print_message 函数作为参数
}

void print_teacher()
{
    cout << "教师姓名：李冰" << endl;
    cout << "所教课程：C++" << endl;
}
void print_student()
{
    cout << "学生名称：张伟" << endl;
    cout << "所学课程：C++" << endl;
}
void print_body(void (*pFuc)())
{
    pFuc();                                              //函数体执行 print_message 函数
}
```

程序运行结果如下：

```
请输入选择的对象（1 代表教师，2 代表学生）：1
教师姓名：李冰
所教课程：C++

请输入选择的对象（1 代表教师，2 代表学生）：2
学生名称：张伟
所学课程：C++
```

分析：示例 7-30 说明了函数指针在作为函数参数传递的使用情况。

7.4 指针和动态内存的分配

在程序中，有时需要处理大量的数据和对象。前面学习的对大量数据的处理，都是运用数组来进行管理的。在很多情况下，在程序运行之前或者说在编写程序时，无法得到数据量的多少。例如，对于一个人员信息管理系统，在编写程序时无法确定要管理多少人。这样就不能用数组来管理，因为数组在程序运行前、需要确定数组的大小。即使要使用数组，仍然有一些问题。首先，如果数组足够大，如定义了一个 1 000 000 大小的数组，系统内存可能无法满足，因为无法申请到如此大的连续空间；其次，如果数据量不大，如定义了一个大小为 100 的数组，可是实际只用到了 10 个大小的空间，剩余空间没有用到，这样就造成了内存空间的闲置。为了解决这些问题就要求有一种能在程序运行期间按照实际需要申请内存资源，使用完后还能归还给系统的机制。这就是 C 和 C++的动态内存分配机制。

7.4.1 C++的动态内存分配机制

扫一扫，看视频

为了更好地说明 C++的动态内存分配机制，需要先了解 C++程序内存的结构。在一个 C++编译的程序中，内存的分配结构如图 7.9 所示。从图 7.9 中可以看出，内存主要被分为 6 个区域（C 和 C++的内存分配结构有一些区别，感兴趣的读者可以阅读 C 语言相关教材）。

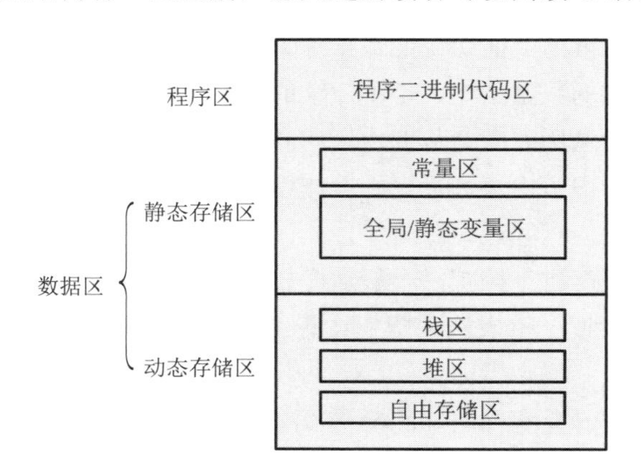

图 7.9　C++程序内存分配图

- 程序二进制代码区：存放程序的二进制代码。在程序结束时释放。
- 常量区：程序中的文字常量、数字常量等常量类型的数据存放在这里。在程序结束时释放。
- 全局/静态变量区：全局变量和静态变量存储在这里。在程序结束时释放。
- 栈区：由编译器在需要时自动分配，在不需要时自动清除的内存区域。所存储的数据主要是局部变量、函数参数等，由编译器自行释放。

- 堆区：由程序员自行分配和清除的内存区域。由程序员释放，如果在程序结束时没有释放，OS 会释放它。
- 自由存储区：为了兼容 C 语言的内存分配方式，专门为 C 语言风格提供的内存分配存储区域。用 malloc 来分配，用 free 释放。

【示例 7-31】程序中变量的存储区域举例。代码如下：

```
int g_nCnt = 0;                          //存储在全局变量区
int main()
{
    int nValue = 0;                      //存储在栈区
    char szArray[]="abc";                //存储在栈区
    char *pszStr = "123456";             //pszStr 存储在栈区，"123456"存储在常量区
    static int s_nTimes = 0;             //存储在静态变量区
    …
}
```

分析：从示例 7-31 的代码中，可以体会变量的存储区域。关于动态区内存的存储，7.4.2 小节将会讲到。

通过上面对内存结构图的分析，可以看出动态存储区包括了栈区、堆区和自由存储区。

- 栈在操作系统中是一块连续的内存区域，是向低地址扩展的数据结构。它的地址和容量是操作系统预先定义好的。在 Windows 操作系统下一般为 1MB 或者 2MB，这在程序编译时就确定好了。如果申请的空间超过了栈的剩余空间，就会导致溢出（overflow）。从栈上分配的内存较小，这就是前面所说的数据量大的数组可能无法成功获得内存的原因。
- 堆是向高地址扩展的数据结构，是不连续的内存空间。它是由操作系统通过链表来存储的空闲的内存地址，遍历方向是从低地址向高地址。堆的大小受限于计算机系统有效的虚拟内存。一般系统的虚拟内存远远大于操作系统给栈所分配的内存，所以从堆上分配内存一般能获得比较大的内存区域。
- 栈的内存分配由程序自行控制，一般速度较快，但是程序员无法控制。堆的内存分配由程序员完成，速度较慢（链表实现肯定比连续分配慢，但是存储区域大），但是对于程序员来说是可控的。
- 自由存储区则是由开发者利用 malloc 等函数分配的内存块。它与堆很相似，但它是用 free 函数来对其进行释放的。

对于动态内存的分配，程序员可以自行操作的内存区域在堆区和自由存储区中。

扫一扫，看视频

7.4.2　C++风格的动态内存分配方法

动态内存的分配使用指针来操作。动态内存分配之后是一块不连续的地址空间，这个空间没有具体的变量名。在访问它时用指针来存储它的首地址。当获得了这块内存的首地址后，就可以通过指针的运算来访问它的每个地址上的数据。在 C++中，动态内存的开辟和释放是用 new

和 delete 关键字来操作的。

new 关键字的功能是开辟动态内存，即动态创建堆对象。其语法格式为：

```
new 类型名(初始值列表);                              //开辟存储类型的空间
new 类型名[下标表达式 1][下标表达式 2];               //创建存储数组的空间
new 类名(初始值列表);                                //创建对象
```

说明：

- new 可以创建基本类型的存储空间，也可以创建类的实例对象。在创建实例对象时，会自动调用相应的构造函数。

【示例 7-32】利用 new 创建动态存储空间。代码如下：

```
int *pValue;
pValue = new int(3);
```

pValue 声明后，通过 new 分配了一个存放 int 型值的内存空间，并将这个内存地址上的值赋为 3。如图 7.10 所示，pValue 指向这个新分配的地址。通过间接访问*pValue 就可以访问到这个存放在 int 型内存地址上的值。

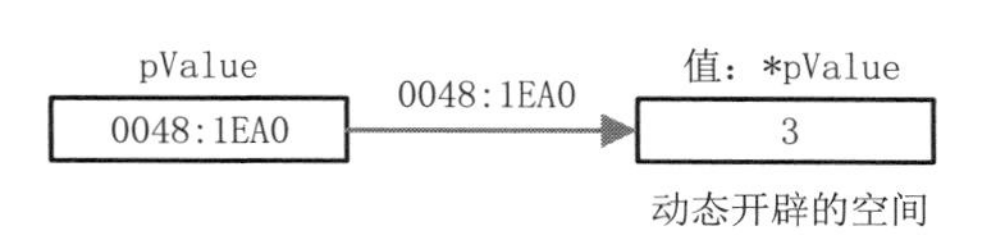

图 7.10　动态开辟一个存储 int 型值的内存区

关于对象的创建，后续章节将学习到。

- 如果内存开辟失败，对应的指针应该为 NULL。这是判断内存是否成功被开辟的标志。在程序中如果开辟动态内存，一定要判断是否开辟成功。如果系统没有成功开辟内存，而又使用了这块内存，则会导致程序运行出错。

【示例 7-33】判断动态内存是否开辟成功。代码如下：

```
int *pValue;
pValue = new int(3);
if(pValue == NULL) exit(1);                         //如果内存开辟失败，则退出
…                                                   //如果内存开辟成功，程序继续进行
```

- 在利用指针开辟了动态内存后或者建立对象后，这个指针就指向了该存储空间或者对象。操作这块内存或者对象，就只能用这个指针来完成。所以不能丢失这个指针，如果要对指针进行运算，一定注意要始终保持有一个指针或者指针副本指向这块内存的首地址。

【示例 7-34】丢失内存指针示例。代码如下：

```
int *pnValue;
int nValue = 4;
pnValue = new int(3);
pnValue = &nValue;                                  //这个操作是错误的
```

此时将指针 pnValue 指向其他地址会导致以前开辟的内存无法访问，因为没有变量可以访问它

了，这就导致了内存泄露。正确的做法是不改变这个指针，对动态数组也是如此。

【示例 7-35】数组指针的错误操作。代码如下：

```
int *pnArray = new int[5];
pnArray++;
```

分析：在这段程序中，执行 pnArray++是错误的。如图 7.11 所示，在开辟了内存之后，指针的指向为数组的第一个元素，即数组的首地址。如果执行了 pnArray++，那么指针就会指向第二个元素的地址（见图 7.12）。这时问题出现了，第一个元素无法访问了。即使使用 pnArray--能将指针退回指向第一个元素，可是其危险性也是很多的。因为要精确地知道移动了多少个地址，何况并不是每种编译系统都支持这样的退回指针操作。这种做法是不提倡的。正确而有效的做法有以下两种。

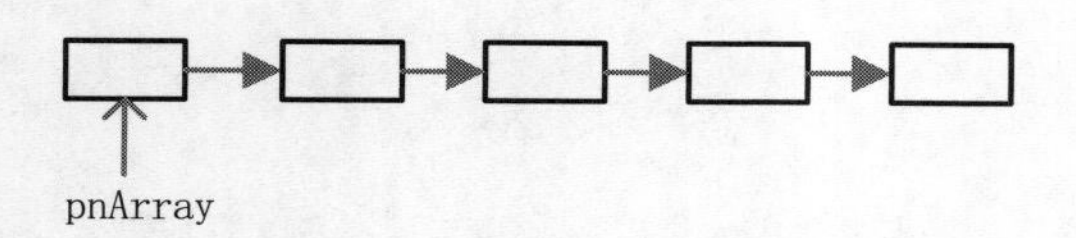

图 7.11 动态开辟数组内存的指针的指向

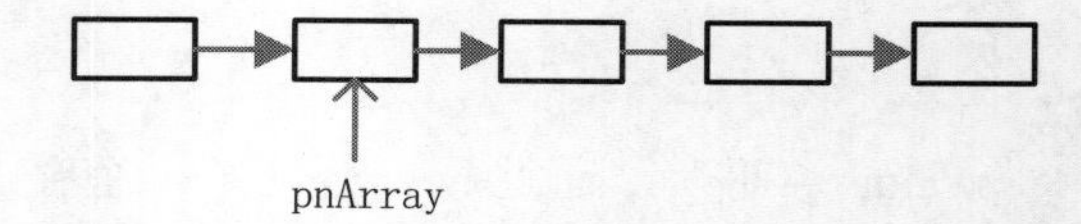

图 7.12 执行 pnArray++语句后指针的指向

一种是利用数组下标来访问。

【示例 7-36】利用数组下标来访问动态数组。代码如下：

```
int *pnArray = new int[5];
pnArray[0] = 1;                                   //将数组第一个元素赋为 1
pnArray[1] = 2;                                   //将数组第二个元素赋为 2
```

另一种是另外声明一个指针来遍历数组。

【示例 7-37】利用指针来访问动态数组。代码如下：

```
int *pnArray = new int[5];
int *pnArrayMove = pnArray;                       //临时指针
* pnArrayMove = 1;                                //将第一个元素的值赋为 1
pnArrayMove++;                                    //移动临时指针使其指向第二个元素
*(pnArrayMove)= 2;                                //将第一个元素的值赋为 2
```

- 动态内存开辟后，都要进行初始化。有的编译器在开辟动态内存后会将每个地址的内容都置为 0，而有的编译器则没有这么做。不管编译器如何处理，最好的方式是进行初始化。在没有明确存储内容时，一般将其初始化为 0。利用函数 memset 进行初始化，形式如下：

```
memset(指针名,初始化值,开辟空间的总字节数);
```

memset 的函数原型为：

```
void * _cdecl memset(void *,int,size_t);
```

【示例 7-38】利用 memset 初始化动态数组。代码如下：

```
long *plArray = new long [5];
memset(plArray,0,sizeof(long)*5);
```

- 关于开辟内存容量的计算。Sizeof()可以计算出数组的容量，但是对于动态开辟的内存容量，则无法用 sizeof()来计算。

【示例 7-39】利用 sizeof()是否能计算出动态内存容量示例。代码如下：

```
long * plArray = new long[4];
cout<<sizeof(plArray)<<endl;
```

分析：程序得出的结果是 4，可是开辟的空间应该是 4×4=16 字节。原来是因为 sizeof(plArray)计算出的是指针 plArray 所占内存的大小。其实在 C 和 C++中，是没有办法计算出指针所指向的动态内存空间的大小的，唯一的办法是在声明或开辟时记住其大小。

下面通过一个例子来说明动态数组的使用。

【示例 7-40】动态内存使用举例：生成一个随机数组，个数由用户输入。代码如下：

```
#include <iostream>
#include <iomanip>                                       //包含随机数函数的头文件
using namespace std;

int main()
{
     long nCnt;                                          //接收存入数字的个数
     cout << "请输入要存入数组的数字个数：";
     cin >> nCnt;

     srand((unsigned)time(NULL));                        //设置随机数产生种子

     int* pnArray = new int[nCnt];                       //动态申请 nCnt 个 int 型内存空间
     if (pnArray == NULL)                                //判断内存空间是否申请成功
     {
          exit(1);
     }
     memset((void*)pnArray, 0, sizeof(int) * nCnt); //初始化动态申请的内存空间

     for (long lLoop = 0; lLoop < nCnt; lLoop++)      //将生成的随机数存入动态申请的内存空
                                                          间，并输出
     {
          pnArray[lLoop] = rand();
          cout << pnArray[lLoop] << endl;
     }
     delete[] pnArray;                                   //释放动态申请的内存空间
     pnArray = NULL;
}
```

程序运行结果（不同机器上生成的随机数会有所不同）如下：

```
请输入要存入数组的数字个数：5
30106
6223
12481
14319
31305
```

分析：示例 7-40 在程序编译前，无法确定生成数组的大小。只能利用动态开辟内存的方法来为数组申请内存空间。

在使用完动态开辟的内存后，应该将其归还给系统，以便以后使用。把内存归还给系统这一过程称为内存的释放。C++提供的释放内存的关键字是 delete。delete 用于释放用 new 开辟的内存或者建立的对象，其使用形式如下：

```
delete 指针名;
```

如果开辟的空间或建立的对象是数组，那么使用形式为：

```
delete[] 指针名;
```

- 如果指针指向的是用于存放基本类型的内存，那么 delete 会释放内存交给操作系统重新利用。如果是指向对象，delete 会使该对象的析构函数被调用。

【示例 7-41】delete 使用示例。代码如下：

```
int *pnValue = new int(3);                //动态开辟一块存储 int 型值的内存，并将其值初始化为 3
cout<<*pnValue<<endl;                     //输出这个指针指向的值
delete pnValue;                           //释放内存
```

- 如果建立的是数组的对象，应该使用 delete[]的释放形式，加上[]表示释放的是一个数组，需要逐个释放每一个元素。如果使用了 delete 的形式，则会导致内存得不到充分释放。这样使用，很容易出错。

【示例 7-42】用 delete 释放动态数组内存示例。代码如下：

```
long *plArray = new long[10];             //开辟动态数组，存储 long 型变量，数量为 10
memset(plArray,0,sizeof(long)*10);        //将数组元素值全部设置为空
…
delete[] plArray;
```

- delete 在释放内存时只能使用一次。对于未初始化和已经释放内存的指针，使用 delete 可能会导致程序出错。
- 用 delete 释放后的指针，如果没有再使用，最好将其置为空，以避免野指针（没有被初始化或者在被释放内存后没有被置为 NULL，以及超过其作用范围的指针都称为野指针）的产生。

【示例 7-43】利用 delete 释放内存后，应该将指针置为 NULL 示例。代码如下：

```
long *plArray = new long[10];             //开辟动态数组
```

```
memset(plArray,0,sizeof(long)*10);                 //设置数组元素值为空
…
delete[] plArray;
plArray = NULL;                                    //释放完内存，置为NULL
```

【示例 7-44】多维数组的动态创建和释放举例。代码如下：

```
#include <iostream>
using namespace std;

int main()
{
    long** pplArray = new long* [5];               //声明一个二级指针，并指向动态申请的5
                                                     个long*型一级指针的内存空间

    for (int nLoop1 = 0; nLoop1 < 5; nLoop1++)     //让每一个一级指针指向动态开辟的5个
                                                     long型数据的内存空间
    {
        pplArray[nLoop1] = new long[5];
        memset(pplArray[nLoop1], 0, sizeof(long) * 5);
                                                   //将每一个一级指针指向的内存空间初始化为0
    }

    for (int nLoop2 = 0; nLoop2 < 5; nLoop2++)     //依次释放每一个一级指针指向的内存空间
    {
        delete[] pplArray[nLoop2];
        pplArray[nLoop2] = NULL;                   //将每一个一级指针都设为空
    }
    delete[] pplArray;                             //释放二级指针指向的空间
    pplArray = NULL;                               //将二级指针设为空
}
```

分析：在示例7-44的代码中，开辟了一个动态的二维数组，其内存结构如图7.13所示。首先程序定义了一个二级指针，然后通过这个二级指针开辟了一个一维的一级指针数组，再通过一维指针数组的每一个元素分别开辟了一个long型一维数组，这样就建立了一个二维动态数组。整个结构就相当于一个二维数组。

在释放时，需要首先释放一维数组的每个元素所开辟的long型数组，然后释放一维指针数组，这样就完成了这个二维数组的释放。类似地，可以建立更多维的动态数组。

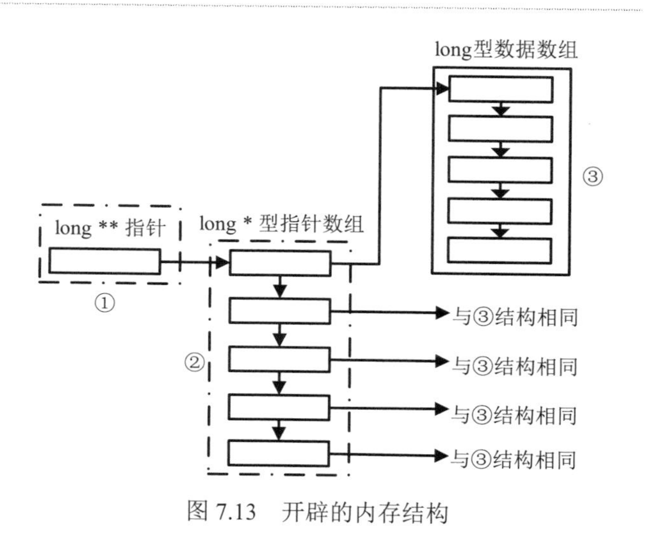

图7.13　开辟的内存结构

扫一扫，看视频

7.4.3 C 风格的动态内存分配方法

C++兼容了 C 语言的标准。在动态内存的管理上也可以使用 C 风格的函数风格。在 C 语言中，内存的开辟和释放使用函数 malloc 和 free 来实现。

malloc 为动态内存开辟函数。其函数原型形式如下：

```
void *malloc(size_t size);
```

说明：

- size_t 是需要分配的字节数。例如，如果要分配存储 5 个 long 型的内存块，那么字节数为 sizeof(long)*5。
- 如果开辟内存成功，函数返回 void 型指针；如果开辟内存失败，则返回一个空指针。
- 利用 malloc 函数开辟的内存所返回的指针是 void 型的。如果开辟的不是存储 void 型的内存空间，则需要进行强行转换才能赋予相应的指针。

【示例 7-45】malloc 分配的函数需要强制类型转换示例。代码如下：

```
long *plArray = NULL;                              //声明指针
plArray = (long *)malloc(sizeof(long)*10);         //利用 malloc()函数开辟动态内存，不成
                                                     功时返回 NULL
if (plArray == NULL) exit(1);                      //如果开辟内存不成功，结束程序
…
```

free 为动态内存释放函数。其函数原型形式如下：

```
void free(void * pointer);
```

- pointer 是需要释放的内存相应的指针，指针的类型可以是任意基本类型，但是不能操作对象。

【示例 7-46】利用 C 风格动态内存分配方法建立一个动态一维数组。代码如下：

```
#include <iostream>
#include <iomanip>
using namespace std;

int main()
{
    long* plArray = NULL;                          //声明空指针
    plArray = (long*)malloc(sizeof(long) * 10);    //开辟 10 个 long 型大小的动态数组空间

    srand((unsigned)time(NULL));                   //设置生产随机数种子

    for (int nCnt = 0; nCnt < 10; nCnt++)          //将生成的随机数存入动态申请的空间并输出
    {
        plArray[nCnt] = (long)rand();
        cout << plArray[nCnt] << endl;
```

```
    };
    free(plArray);                                    //释放动态申请的内存空间
    plArray = NULL;                                   //变成空指针
}
```

程序运行结果（不同机器随机数的值不同）如下：

```
32216
2877
18399
27188
9848
17432
32612
11948
25659
1156
```

C 风格的动态内存管理与 C++风格的动态内存管理的目的是相同的，但在使用上有一定区别。

- malloc 和 free 必须成对使用，new 和 delete 也必须成对使用，不能相互混用。例如，将 malloc 与 delete 搭配使用，或者将 new 与 free 搭配使用都是错误的。
- 在 C++中，new 和 delete 是运算符，而 malloc 和 free 是函数名。
- 在对非内部对象的使用上，如建立类的实例等，必须使用 new 和 delete。new 和 delete 是适用于 C++的，而 C++是面向对象的。用 new 建立对象时会自动执行构造函数，用 delete 删除对象时会自动调用析构函数。而 malloc 和 free 是 C 语言风格的，C 语言不支持面向对象设计，所以无法建立非内部对象。
- 在使用 new 建立对象时，能返回数据类型。而 malloc 无法返回具体的数据类型，只能通过强制类型转换。

7.4.4 动态内存分配陷阱

扫一扫，看视频

指针的动态内存管理是 C++中的难点之一。很少有程序员能保证自己完全精通或者保证能编写出无错的与动态内存有关的代码。在管理动态内存时，有太多需要注意的问题。本小节就来分析常见的内存分配错误。

1. 内存分配失败后却使用

在执行开辟内存语句后，应该检测内存分配是否成功。当返回的结果为 NULL 时，就需要进行出错处理。一般情况下，在开辟内存之后，就应该立即用 if(plArray==NULL)或者 if(plArray!=NULL)来进行防错处理。在调试模式下，也可以利用 assert 来检测指针是否为空。

【示例 7-47】内存分配后的判断处理。代码如下：

```
long *plArray = new long[5];
assert(plArray!=NULL);                                //调试模式下有效
```

```
if (plArray == NULL)                                    //出错处理;
    …  //正常处理;
```

或者

```
if(plArray != NULL)
{
    …  //正常处理;
}
Else
{
    …  //出错处理;
}
```

2．内存分配成功却没有初始化

对于任何变量声明之后，都要有初始化管理，不要依赖于编译系统来帮助进行初始设置。有的编译系统确实会帮助进行初始化设置，例如，将新开辟的内存全部设置为 0 等，但是并不是每一种编译系统都会这么做。大部分系统还是存储随机值的。所以为了程序更加健壮、可移植性更强，一定要对新声明的变量进行初始化。

3．越界指针

在使用数组时，特别容易造成指针越界错误。如果指针越界，就会导致误操作其他地址上的数据，从而破坏系统数据。

【示例 7-48】指针越界举例。代码如下：

```
long *plArray = NULL;
long *plArrayMove = NULL;
plArray = (long *)malloc(sizeof(long)*10);
if (plArray == NULL) exit(1);                           //当内存分配不成功时，结束程序
plArrayMove = plArray;
srand((unsigned)time(NULL));                            //设置随机数生成种子
for (int nCnt = 0;nCnt < 10;nCnt++)                     //遍历数组，为每个元素赋值并输出
{
        *plArrayMove = (long)rand();
         cout<<*plArrayMove<<endl;
         plArrayMove++;                                 //移动指针
    };
    cout<<*plArrayMove<<endl;                           //输出不确定值
    …                                                   //其他处理
};
```

在上面的代码中 plArrayMove 指针在经过循环之后超过了开辟的内存界限。最后输出一个不确定的值，也就是它指向了一个无法确定的地址。这时如果再误操作 plArrayMove，就可能导致错误。正确的做法是改动循环程序，让其不要超过界限或者将其重新定位到可控的地址上。

改进循环语句：

```
for (int nCnt = 0;nCnt < 10;nCnt++)
{
        *plArrayMove = (long)rand();
        cout<<*plArrayMove<<endl;
        if (nCnt != 9)plArrayMove++;                    //控制指针不会越界使用
}
```

指针在结束循环后重新定位：

```
plArrayMove = NULL;
```

或者

```
plArrayMove = plArray;
```

4. 内存泄露

造成内存泄露的主要原因是忘记释放内存或者释放内存方法错误，导致内存的丢失。如果造成内存泄露的代码多次被调用，那么内存迟早会被耗尽。在程序中，要保证 malloc、free 或者 new、delete 一定要配对使用，即使用次数要相同，否则，程序中肯定会有错误的内存操作。检查内存泄露可以借助于其他辅助工具，如 valgrind 等。它能有效地检测出哪段代码泄露了内存，以提示用户修改相应的代码。

5. 内存释放后却继续使用

产生这样的错误主要源于以下几种情况。

- 程序混乱。程序混乱导致无法判断某个对象是否已经被释放了内存，因此错误使用了已经被释放了的内存。
- 无效指针。在子函数中的 return 中返回指向栈内存的指针或者引用，返回的内存是无效的，因为函数结束后内存会被自动销毁。
- 野指针。在利用 free 或 delete 释放内存后，没有将指针设置为 NULL，导致产生野指针。
- 二次释放。在用 free 或 delete 释放内存后，相应的内存归还给了系统。之后这个指针可能被置为空，也可能会被指派给其他内存。在这种情况下，二次释放是可能存在的，此时可能会造成释放已经指派给另一个对象的内存。

7.4.5 动态内存的传递

扫一扫，看视频

在编写软件时，希望在函数中使用带出动态内存，即通过一个子函数来开辟动态内存并将其传递给主调函数，可能会写出下面的代码。

【示例 7-49】错误地从函数中带出动态内存示例。代码如下：

```
void GetMem(char *pszReturn, size_t size)
```

```
{
    …
    pszReturn= (char *)malloc(sizeof(char)*size);   //或者 pszReturn= new char[size];
    …
}
```

可以很明显地看出代码编写者的意图，即试图在主调函数处声明一个指针：

```
char* pszStr =NULL;
```

然后调用 GetMem 处理并返回一段长度为 size 的动态内存。那么程序能达到预期的效果吗？

通过对程序的调试，会发现在调用了函数之后 pszStr 依然是 NULL。很明显，通过 GetMem 函数传递内存失败了。原因在哪里呢？

在函数的参数传递中，编译器总是要为函数的每个参数制作临时副本。如果参数为 p，那么编译器会产生 p 的副本_p，使_p=p。对于一级指针，如果函数体内的程序修改了_p 的内容，就导致参数 p 的内容做相应的修改，如图 7.14 所示。

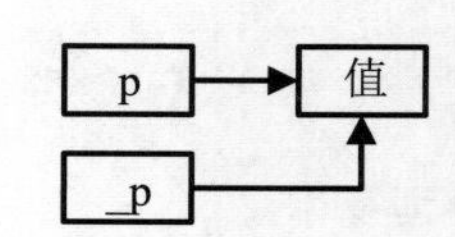

图 7.14 一级指针作为函数参数的副本情况

在 GetMem (char* pszReturn, size_t size)中，pszReturn 真实地申请到了内存，_pszReturn 申请了新的内存，只是把_pszReturn 所指的内存地址改变了，但是 pszReturn 丝毫未变。所以函数 GetMem 并不能输出任何东西。事实上，每执行一次 GetMem 就会泄露一块内存，因为没有释放内存，如图 7.15 和图 7.16 所示。

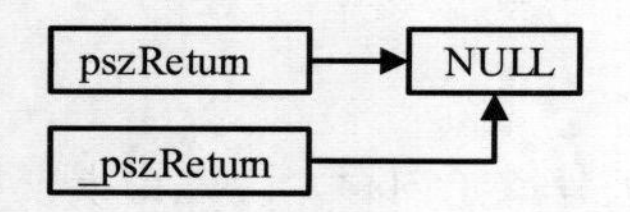

图 7.15 在指针传入初期指针指向情况

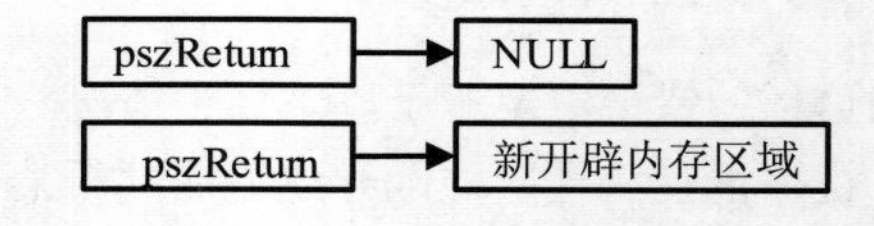

图 7.16 执行内存开辟函数后指针指向情况

函数间的动态内存传递方法主要有以下三种。

1. 利用引用类型传递参数

建议读者使用这种方式。

【示例 7-50】利用引用类型参数传递动态内存示例。代码如下：

```
void GetMem (char* &pszReturn,size_t size)
{
    pszReturn =new char[size];
    memset(pszReturn,0,sizeof(char)*size);
}
int main()
{
    char *pMyReturn=NULL;
    GetMem (pMyReturn,15);
```

```
        if(pMyReturn!=NULL)
        {
            …
            free(pMyReturn);
            pMyReturn=NULL;
        }
}
```

2. 利用二级指针传递参数

【示例 7-51】利用二级指针参数传递动态内存示例。代码如下：

```
void GetMem (char ** pszReturn, size_t size)            //利用二级指针进行参数传递
{
    *pszReturn = new char[size];                         //开辟字符数组
}
int main()
{
    char * pszReturn = NULL;
    GetMem (&pszReturn, 100);                            //注意参数是 &pszReturn
    …
    free(pszReturn);                                     //释放内存
    pMyReturn=NULL;
}
```

为什么传递二级指针就可以在子函数中带出动态内存呢？通过函数传递规则可以很容易地分析出来。将&pszReturn 传递了进去，就是将双重指针的地址传递到了函数中。函数过程改变了指针的地址中存储的内容，这样 pszReturn 很明显指向了开辟的内存，如图 7.17 和图 7.18 所示。

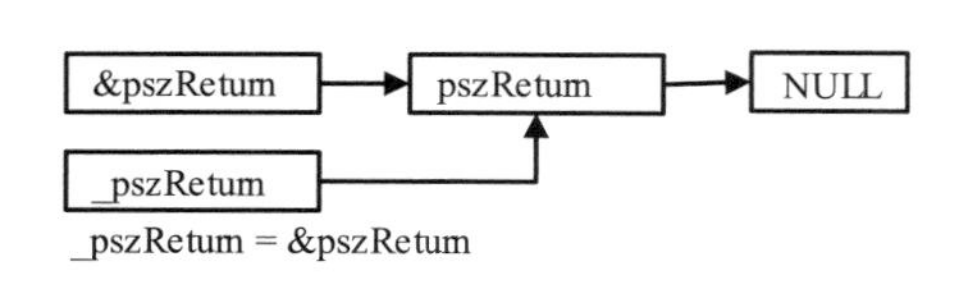

图 7.17　执行内存开辟语句前的内存情况

&pszRetum
pszRetum
新开辟内存区域
_pszRetum
_pszRetum = &pszRetum

图 7.18　执行内存开辟语句后的内存情况

3. 用函数返回值来传递

【示例 7-52】利用函数返回值来传递动态内存示例。代码如下：

```
char * GetMem(size_t size)
{
    char * pszReturn =new char[size];
    memset(pszReturn,0x00,sizeof(char)*size);
    return pszReturn;
}
```

```
int main()
{
      char *str = NULL;
      str = GetMem();
      if(str!=NULL)
      {
            …
            delete[] str;
            str=NULL;
      }
}
```

利用这个方法传递内存，一定注意不能返回栈上的内存。因为栈上的内存无法返回，在函数结束后就消亡了。

以上三种方法中，用引用的方法最容易理解，也极力推荐这种方法。不管利用哪种方法，需要注意的是在调用函数申请内存后，在主调函数中一定要释放内存。

7.5 引用

引用是一个别名，代表一个变量或者对象，对引用的操作与对变量直接操作完全相同。

扫一扫，看视频

7.5.1 引用的概念和基本用法

引用是一个变量或者对象的别名。当建立一个引用时，程序首先需要用一个变量或者对象的名称去初始化它，这样这个引用就是这个变量或者对象的别名。当使用这个引用来进行操作时，就是对其所代表的真实变量或对象进行操作。

声明一个引用的一般形式为：

```
数据类型& 引用标识符=所引用变量或对象名（目标变量或对象）;
```

说明：

- 引用用在引用标识符的前面加上一个&来表示。
- 引用的数据类型与目标变量（对象）保持一致。
- 在声明引用时，必须立即为其进行初始化。
- 引用不是值，它不占用存储空间，也不会影响目标变量（对象）的存储形式和状态。

【示例 7-53】声明一个 int 类型变量的引用。代码如下：

```
int nValue;                                   //定义一个 int 型变量
int& rInt = nValue;                           //声明这个 int 型变量的引用 rInt
```

当声明了目标变量（对象）的引用后，就可以通过它来对目标变量（对象）进行操作。

【示例 7-54】定义引用并通过引用操作目标。代码如下：

```
#include "iostream"
using namespace std;
int main()
{
    int nValue;                              //定义一个 int 型变量
    int& rValue = nValue;                    //声明这个 int 型变量的引用 rValue

    nValue = 10;
    cout<<"nValue="<<nValue<<endl;           //输出变量值
    cout<<"rValue="<<rValue<<endl;           //输出引用的变量值
    rValue = 20;                             //通过引用来操作目标变量
    cout<<"nValue="<<nValue<<endl;           //输出变量值
    cout<<"rValue="<<rValue<<endl;           //输出引用的变量值
}
```

程序运行结果如下：

```
nValue=10
rValue=10
nValue=20
rValue=20
```

从上面的例子可以看出，通过引用来操作目标变量（对象）和用目标变量（对象）本身的名称来操作的效果是相同的。

注意：

引用运算符和地址运算符是相同的，都是符号&，但它们的意义不同。引用运算符在引用声明时使用，地址运算符是在进行地址运算时使用。

既然引用是目标变量（对象）的一个别名，那么利用这个别名进行操作和用目标名进行操作的效果是相同的。如果取引用的地址，那么得到的是目标变量（对象）的地址。

【示例 7-55】对引用的取地址操作。代码如下：

```
#include "iostream"
using namespace std;
int main()
{
    int nValue;
    int& rValue = nValue;

    cout<<&nValue<<endl;
    cout<<&rValue<<endl;
}
```

程序运行结果如下：

```
0012FF7C
0012FF7C
```

分析：从上面的例子可以看出，获得的引用的地址就是目标的地址。

引用一旦初始化后，在消亡之前将一直与所引用的目标变量（对象）关联。所以对引用的赋值都是对其目标变量（对象）的赋值。

【示例 7-56】引用变量的使用。代码如下：

```
int nValue1(1);
int nValue2(2);
int& rValue = nValue1;
rValue = nValue2;
```

扫一扫，看视频

7.5.2 引用作为函数参数

引用的一个重要作用就是作为函数的参数。C 语言函数的参数传递方式有值传递和地址传递。在使用值传递时，如果有大块数据作为参数传递，采用的方案往往是指针，因为这样可以避免将整块数据全部压栈，提高程序的效率。在 C++中又为开发者提供了一种同样高效率的选择，就是引用传递。

把参数声明成引用，实际上改变了默认的按值传递参数的机制。在按值传递时，函数操纵的是实参的本地副本；当参数是引用时，函数接收的是实参的左值，而不是值的副本。这意味着函数知道实参在内存中的位置，因而能够改变它的值或取它的地址。

【示例 7-57】编写交换两个变量值的函数，参数采用引用类型传递。代码如下：

```
#include <iostream>
using namespace std;
void swap(int& rInt1,int& rInt2);                          //交换函数声明，参数是引用
int main()
{
    int a(10),b(20);
    cout<<"a="<<a<<" b="<<b<<endl;

    swap(a,b);
    cout<<"a="<<a<<" b="<<b<<endl;
}
void swap(int& rInt1,int& rInt2)                           //参数声明为引用传递
{
     int n;
    n=rInt1;
    rInt1 = rInt2;
    rInt2=n;
}
```

程序运行结果如下：

```
a=10 b=20
a=20 b=10
```

分析：从示例 7-57 可以看出，传递引用给函数与传递指针的效果是相同的，被调函数的形参就作为原来主调函数中的实参变量或对象的一个别名来使用，所以在被调函数中对形参变量的操作就是对其相应的目标对象的操作。使用引用传递函数的参数，在内存中并没有产生实参的副本，它是直接对实参操作的。另外，通过引用来进行参数传递比用指针来传递更简单、直观，更容易操作和理解。

通过引用传递，可以很容易地改变引用的目标值。如果既要利用引用提高程序的效率，又要保护传递给函数的数据不在函数中被改变，那么就应使用常引用。

常引用声明的一般形式如下：

```
const 数据类型& 引用标识符=目标名;
```

用这种方式声明的引用，不能通过引用对目标变量的值进行修改，从而使引用的目标成为 const，保证了引用的安全性。

【示例 7-58】常引用举例。代码如下：

```
int nValue;
const int& rInt = nValue;
nValue =100;                                            //正确
rInt=200;                                               //错误，不能通过常引用改变目标的值
```

分析：如果能将引用型参数定义为 const，则尽量将其定义为 const。

7.5.3 引用作为返回值

扫一扫，看视频

引用既可以作为函数的参数，又可以作为函数的返回值。一般地，函数可以用 return 返回一个值，当函数返回值时生成值的副本并保存在临时变量中。当用引用返回值时，不生成值的副本。引用作为返回值的一般形式如下：

```
数据类型& 函数名(参数列表)
{
    函数体;
}
```

引用作为返回函数值，只需要在定义函数时在函数返回值的数据类型后面加上&。

【示例 7-59】返回数组中的最大值。代码如下：

```
#include <iostream>
using namespace std;

int& GetMaxForArray(int arr[],int nSize);               //声明函数原型，引用作为函数返回值

int main()
```

```
{
      int nArray[10]={2,3,4,1,5,34,43,31,90,85};                    //定义数组并初始化

      int max=GetMaxForArray(nArray,10);      //调用函数 GetMaxForArray()，找出数组中的最大值
      cout<<max<<endl;                         //输出最大值
}
int& GetMaxForArray(int arr[],int nSize)      //函数定义
{
      int nMax(arr[0]),index(0);

      for(int nCnt=1;nCnt<nSize;nCnt++)        //遍历数组中的每个值并与 nMax 比较，若比它大，则
                                                 进行替换
      {
          if (arr[nCnt]>nMax)
          {
                nMax=arr[nCnt];
                index=nCnt;
          }
       }
      return arr[index];                        //将数组中的最大值作为引用返回
}
```

程序运行结果如下：

```
90
```

分析：在示例 7-59 中返回了引用。仔细分析下，会看出在 GetMaxForArray()函数中并没有直接返回 nMax 值，而是返回了 arr[index]，而它们的值显然是相等的。原因是函数返回引用不能返回局部变量的引用。局部变量会在函数返回后被销毁，如果函数返回引用，就成为一个无效的引用。

7.6 本章实例

读入三个浮点数，分别输出其整数部分和小数部分。

分析：本程序的目的是演示如何用指针来传递函数参数，在代码中将编写一个函数来将浮点数的整数部分和小数部分分离并通过参数传回主程序。

操作步骤：

（1）建立工程。参照示例 1-1 建立一个“Win32 Console Application”程序，工程名为“Test”。程序主文件为 Test.cpp，iostream 为预编译头文件。

（2）修改代码。建立标准 C++程序，增加以下代码：

```
#include <math.h>
using namespace std;
```

（3）删除 Test.cpp 文件中的代码“std::cout<<"Hello World!\n";”，在 Test.cpp 中输入下面的核心代码：

```
#include <iostream>
using namespace std;
void splitfloat(float x, int *intpart,float *fracpart)  //形参 intpart、fracpart 是指针
{
   *intpart=int(x);                                     //取 x 的整数部分
   *fracpart=x-*intpart;                                //取 x 的小数部分
}
int main()
{
     int i, n;
     float x, f;

     cout<<"Enter three(3) floating point numbers"<< endl;
     for (i = 0; i < 3; i++)
     {
        cin >> x;
        splitfloat(x,&n,&f);                            //变量地址作为实参
        cout<<"Integer Part is "<<n<<"  Fraction Part is "<<f<<endl;
     }
}
```

（4）运行程序，运行结果如下：

```
Enter three(3) floating point numbers
1.24
Integer Part is 1  Fraction Part is 0.24
3.46
Integer Part is 3  Fraction Part is 0.46
0.003
Integer Part is 0  Fraction Part is 0.003
```

7.7 小结

指针类型的变量是用来存放内存地址的。指针主要被用于操作动态内存，利用指针可以极大地提高编程的灵活性。在引用的使用中，单纯给某个变量取别名是毫无意义的，引用的目的主要是在函数参数传递中解决大块数据或对象的传递效率和空间不如意的问题。

引用与指针的区别是，指针通过某个指针变量指向一个对象后对它所指向的变量间接操作，程序中使用指针，其可读性差；而引用本身就是目标变量的别名，对引用的操作就是对目标变量的操作。下一章将学习自定义类型和字符串的知识。

7.8 习题

一、单项选择题

1．下列（　　）的调用方式是引用调用。

A．形参和实参都是变量　　　B．形参是指针，实参是地址值

C．形参是引用，实参是变量　　　D．形参是变量，实参是地址值

2．用 new 运算符创建一个含 10 个元素的一维整型数组的正确语句是（　　）。

A．int *p=new a[10];　　　B．int *p=new float[10];

C．int *p=new int[10];　　　D．int *p=new int[10]={1,2,3,4,5}

3．设 array 为一个数组，则表达式 sizeof(array)/sizeof(array[0])的结果为（　　）。

A．array 数组首地址

B．array 数组中的元素个数

C．array 数组中每个元素所占的字节数

D．array 数组占的总字节数

4．变量 s 的定义为“char *s="Hello world!";”，要使变量 p 指向 s 所指向的同一个字符串，则应选取（　　）。

A．char *p=s;　　　B．char *p=&s;

C．char *p；p=*s;　　　D．char *p；p=&s;

5．假定一条定义语句为“int a[10], x, *pa=a;”，若要把数组 a 中下标为 3 的元素值赋予 x，则不正确的语句为（　　）。

A．x=pa[3];　　B．x=*(a+3);　　C．x=a[3];　　D．x=*pa+3;

二、程序设计题

1．输入一个自然数，输出其各因子的连乘形式，如输入 12，则输出 12=1×2×2×3。

2．编写程序，要求根据 $\pi/4=1-1/3+1/5-1/7+L$ ，求 π 的近似值，直到最后一项的值小于 0.000 001 为止。

第 8 章

自定义类型与字符串

前面介绍的整型、浮点型、字符型和数组型等数据类型都是 C++语言中预定义的数据类型，在程序中直接定义这些类型的变量即可使用。在 C++中还允许用户自定义类型，如结构体、共用体和枚举类型等。用户自定义类型需要先定义数据类型，然后定义该类型的变量才能使用。字符串是最常用的一种数据形式，它是一组字符的序列。本章的内容包括：

- 结构体。
- 共用体。
- 枚举类型。
- 自定义数据类型。
- 字符串的操作。

通过对本章的学习，读者可以掌握自定义数据类型的运用方法及字符串的灵活使用方法。

8.1 结构体

C++语言中预定义的数据类型只能描述简单类型的数据。但在实际应用中，常常有许多不同类型的数据也作为一个整体存在。这时就需要一种结构，它能包含各种不同的数据类型而形成一个复合的数据类型，即结构体。

8.1.1 结构体的概念和声明

扫一扫，看视频

当在程序中描述一个学生时，对于每一个学生需要有以下基本信息：学号、姓名、性别、年龄、成绩等。如果将这些信息用彼此独立的变量来描述，将难以反映它们之间的关系。因此，需要将它们组成一个整体来描述。C++语言提供了管理这些数据的类型即结构体类型。

结构体是一个可以包含不同数据类型的结构，属于用户自定义数据类型。结构体是用关键字struct来声明的，其一般形式为：

```
struct <结构体类型名>
{
    成员数据类型 1 成员名 1;
    成员数据类型 2 成员名 2;
    …
    成员数据类型 n 成员名 n;
};
```

说明：

- struct 是定义结构体类型的关键字，不能省略。
- 结构体中的内容必须用大括号{}括起来，后面加“;”。
- 结构体可以在一个结构中声明不同的数据类型（与数组不同）。
- 结构体是一种数据类型，它与普通数据类型一样需要定义相应变量才能使用。

【示例 8-1】声明一个描述学生基本信息的结构体。代码如下：

```
struct student                              //定义学生信息结构体类型
{
    int no;                                 //学号
    char name[20];                          //姓名
    short sex;                              //性别
    int age;                                //年龄
    float score;                            //成绩
};
```

分析：当声明一个结构体后，它就可以作为一种实实在在的数据类型来使用。结构体可以进行嵌套声明。

【示例 8-2】定义一个企业员工信息的结构体类型，其包括职工编号、姓名、性别、年龄、出生日期和工资。代码如下：

```
struct birthday                          //定义出生日期结构体类型
{
    short year;
    short month;
    short day;
};
struct employee                          //定义职工信息结构体类型
{
    int no;                              //编号
    char name[20];                       //姓名
    short sex;                           //性别
    int age;                             //年龄
    struct birthday birth;               //已定义过的struct birthday结构体类型
    float salary;                        //工资
};
```

分析：在企业员工信息中包含出生日期数据项，而出生日期又包含年、月、日 3 个数据项，所以要先定义一个出生日期结构体类型，然后定义职工信息结构体类型。

8.1.2 结构体变量的定义

扫一扫，看视频

结构体类型定义之后系统并不为其分配内存，也就无法存储数据，只有在程序中定义了结构体类型变量后才能存储数据。结构体类型变量简称结构体变量，声明结构体变量的方式有以下三种。

1. 定义结构体类型的同时定义结构体变量

声明的格式为：

```
struct <结构体类型名>
{
    成员数据类型1 成员名1;
    成员数据类型2 成员名2;
    …
    成员数据类型n 成员名n;
}<变量名表>;
```

【示例 8-3】在定义结构体时定义结构体变量。代码如下：

```
struct student                           //定义学生信息结构体类型
{
    int no;                              //学号
    char name[20];                       //姓名
    short sex;                           //性别
```

```
    int age;                                  //年龄
    float score;                              //成绩
}stu1,stu2;                                   //声明两个结构体变量 stu1 和 stu2
```

分析：该语句在定义 student 结构体类型的同时声明了两个结构体变量 stu1 和 stu2。

2．使用无名结构体类型声明结构体变量

无名结构体类型是指省略<结构体类型名>的结构体类型。如果在程序中不使用结构体类型名，就可以采用无名结构体类型。声明的格式为：

```
struct
{
    成员数据类型 1 成员名 1;
    成员数据类型 2 成员名 2;
    …
    成员数据类型 n 成员名 n;
} 变量名表;
```

由于这种声明格式没有类型名，只能用来声明结构体变量，而且以后也不能用它声明变量或函数等。

【示例 8-4】定义无名结构体。代码如下：

```
struct
{
    int no;                                   //学号
    char name[20];                            //姓名
    short sex;                                //性别
    int age;                                  //年龄
    float score;                              //成绩
}stu1,stu2,stu3;                              //声明三个结构体变量 stu1、stu2 和 stu3
```

分析：该语句在定义无名结构体类型的同时声明了三个结构体变量 stu1、stu2 和 stu3。

3．用结构体类型声明结构体变量

这种声明结构体变量的方式是先定义结构体类型，然后声明结构体变量。声明结构体变量的格式如下：

```
[struct] <结构体类型名> <变量名表>;
```

其中，[]中的关键字 struct 可以省略。这种声明变量的格式与前面介绍过的变量声明语句格式类似，只是把标准类型的关键字（如 int、float 等）换成了用户定义的类型而已。

【示例 8-5】用结构体类型声明结构体变量。代码如下：

```
struct student
{
    int no;                                   //学号
    char name[20];                            //姓名
```

```
    short sex;                          //性别
    int age;                            //年龄
    float score;                        //成绩
};
struct student stu1;                    //声明 1 个结构体变量 stu1
student stu2;                           //声明 1 个结构体变量 stu2
```

分析：这种方式是最常用的声明方式。

8.1.3 结构体变量的初始化

扫一扫，看视频

结构体变量的初始化是指在定义结构体变量的同时给结构体变量赋初值。其初始化的方式有两种：一是用由大括号{}括起来的若干成员值对结构体变量初始化；二是用同类型的变量对结构体变量初始化。

【示例 8-6】定义结构体。代码如下：

```
Struct student
{
    int no;                             //学号
    char name[20];                      //姓名
    short sex;                          //性别（0 为男，1 为女）
    int age;                            //年龄
    float score;                        //成绩
}
```

分析：该结构体类型 struct student 包含 5 个域。

下面对结构体变量的初始化语句都是正确的：

语句（1）：struct student stu1={1,"zhangsan",0,18,96};

语句（2）：struct student stu2=stu1;

- 语句（1）是用成员值对 stu1 进行初始化，这种方式是将它的每一个成员值复制到 stu1 相应的域中。初始化数据中成员值的个数可以小于变量的成员数。
- 语句（2）是用同类型的变量 stu1 对 stu2 进行初始化，这种方式是将变量 stu1 复制到 stu2 中。

提示：

对于结构体类型变量在内存中占多少字节的计算。

假设有下列结构体类型定义：

```
struct st_
{
    char ch;
    int i;
    float f;
};
```

通过前面的学习可以知道，一个字符占 1 字节，一个 int 型整数占 4 字节，一个 float 型实数占 4 字节，所以 struct st_类型应该占 9 字节。但在 C++语言中，系统通常为结构体对象分配整数倍大小的机器字长（4 字节），所以 struct st_类型实际占 12 字节。此时，ch 成员也占 4 字节，但仅第一个字节被使用，后面的 3 字节未使用。

如果结构体成员的存储类型为静态（static）存储模式，就称该结构体成员为静态成员。静态成员有别于其他存储类型的成员，所有该结构体类型的变量都共享静态成员。我们可以利用静态成员的这一特性，存储共享信息或进行数据传递。

C++语言规定必须在用结构体类型创建对象之前为静态成员设置初值，设置初值的格式为：

```
数据类型 结构体类型::静态成员=初值;
```

其中，赋值号“=”和初值可以同时省略，默认的初值为 0。

【示例 8-7】结构体的赋值举例。代码如下：

```
struct st_
{
    static int a;
    int b;
}st_1,st_2;
int st::a=2;                                  //设置静态成员 a 的初值为 2
int main()
{
    st_1.b=6;
    st_2.b=8;
    st_1.a=18;                                //修改静态成员 a 的值为 18
}
```

扫一扫，看视频

8.1.4 结构体的使用

声明结构体变量后，就可以对其进行访问了。在 C++语言中，对相同类型的结构体变量可以进行赋值运算，但不能对其进行直接输入或输出运算。

【示例 8-8】如果有两个相同类型的结构体变量 stu1 和 stu2，可以进行如下赋值运算。代码如下：

```
stu1 = stu2;
```

对结构体变量的更多操作是通过对结构体成员的操作来实现的。使用结构体成员的格式为：

```
结构体变量.成员名
```

注意：

符号“.”称为成员运算符，也称为点运算符。点运算符的作用是引用结构体变量中的某个成员。点运算符的优先级与下标运算符的优先级相同，是所有运算符优先级中最高的。

【示例 8-9】演示结构体的使用。代码如下：

```
struct employee emp;
strcpy(emp.name,"Zhangsan");          //将字符串"Zhangsan"复制到结构体成员 name 中
emp.age=18;                           //给结构体成员 age 赋值
emp.birth.year=1981;                  //给嵌套结构体成员 year 赋值
```

结构体成员可以像简单变量一样参与各种运算。

【示例 8-10】设计一段可以输入/输出企业员工的编号、姓名、性别、年龄、出生日期和工资的程序。代码如下：

```
#include <iostream>
#include <iomanip>                    //包含调用 setw 函数的头文件
using namespace std;

struct birthday                       //定义出生日期结构体类型
{
     short year;
     short month;
     short day;
};
struct employee                       //定义职工信息结构体类型
{
     int no;                          //编号
     char name[20];                   //姓名
     short sex;                       //性别
     int age;                         //年龄
     struct birthday birth;           //已定义过的 struct birthday 结构体类型
     float salary;                    //工资
}emp;

int main()
{
     cout << "输入员工的以下信息：编号,姓名,性别（0 男,1 女）,年龄,生日（年,月,日）,收入:" << endl;
     cin >> emp.no >> emp.name >> emp.sex >> emp.age;            //输入员工信息
     cin >> emp.birth.year >> emp.birth.month >> emp.birth.day >> emp.salary;

     cout << setw(5) << "编号" << setw(10) << "姓名" << setw(5) << "性别";
                                                                 //setw 设置输出宽度
     cout << setw(5) << "年龄" << setw(13) << "生日" << setw(8) << "收入" << endl;
                                                                 //输出员工信息
     cout << setw(5) << emp.no << setw(10) << emp.name << setw(5) << (emp.sex == 0 ? "
男" : "女");
     cout << setw(5) << emp.age << setw(8) << emp.birth.year << '.';
     cout << emp.birth.month << '.' << emp.birth.day;
     cout << setw(8) << emp.salary << endl;
}
```

程序运行结果如下：

```
输入员工的以下信息：编号,姓名,性别（0男,1女）,年龄,生日（年,月,日）,收入:
9908 Zhangsan 0 26 1981 11 7 8600
编号          姓名  性别  年龄          生日       收入
9908  Zhangsan    男    26   1981.11.7   8600
```

注意：

结构体可以声明为数组。如果数组的数据类型是结构体类型，那么就称此数组为结构体数组。结构体数组的使用与普通数组的使用相同，也是通过下标来访问数组元素的。

【示例 8-11】定义结构体数组。代码如下：

```
struct employee emp[3];
```

结构体数组的使用即数组元素的使用，是通过下标变量实现的。结构体数组需要用下标变量引用结构体成员。

【示例 8-12】已知 5 个企业员工的编号、姓名、性别、年龄、出生日期和工资，输出工资不少于 5000 元的员工编号和姓名。代码如下：

```
#include <iostream>
#include <iomanip>                                      //包含调用setw函数的头文件
using namespace std;

struct birthday                                         //定义出生日期结构体类型
{
     short year;
     short month;
     short day;
};
struct employee                                         //定义职工信息结构体类型
{
     int no;                                            //编号
     char name[20];                                     //姓名
     short sex;                                         //性别
     int age;                                           //年龄
     struct birthday birth;                             //已定义过的struct birthday结构体类型
     float salary;                                      //工资
}emp;

int main()
{
     struct employee emp[5] =                           //初始化数组中的员工信息
     {
            {9901,"Zhangsan",0,27,{1981,11,7},8600},
            {9902,"wangjuan",1,21,{1987,1,12},3200},
            {9903,"Wangwu",0,20,{1998,2,5},2500},
```

```
        {9904,"Tanli",0,26,{1982,8,25},6800},
        {9905,"LinLi",0,23,{1985,8,25},2900}
    };

    cout << "公司工资超过 5000 元的人员有：" << endl;
    cout << setw(5)<<"编号"<<setw(10)<<"姓名"<<endl;  //输出编号和姓名，setw 设置显示宽度
    for (int nCnt = 0; nCnt < 5; nCnt++)             //遍历数组中满足条件的员工并输出
    {
        if (emp[nCnt].salary >= 5000)
        {
            cout << setw(5) << emp[nCnt].no << setw(10) << emp[nCnt].name << setw(5)
<< endl;
        }
    }
}
```

程序运行结果如下：

```
公司工资超过 5000 元的人员有：
   编号        姓名
   9901    Zhangsan
   9904       Tanli
```

结构体是一种数据类型，所以结构体数组与普通数组的操作类似。

说明：

利用结构体类型还可以定义一种称为位域的结构类型。一般很少用到，有兴趣的读者可以自行查找资料进行学习。

8.2　共用体

共用体（union），也称为联合体，它也是一种用户自定义数据类型。它与结构体类型比较相似，也是由若干个数据成员组成的，并且引用成员的方式也相同。但它们也有区别，结构体定义了一组相关数据的集合，而共用体定义了一块为所有数据成员共享的内存空间。

8.2.1　共用体类型及其变量

扫一扫，看视频

定义共用体类型的一般形式为：

```
union 共用体类型名
{
    成员数据类型 1 成员名 1;
    成员数据类型 2 成员名 2;
    …
```

```
    成员数据类型 n 成员名 n;
};
```

其中，union 是定义共用体类型的关键字；<共用体类型名>是用户自己命名的标识符。union 与<共用体类型名>组成特定的共用体类型名，它们可以像基本类型名一样（如 int、float 或 char）定义自己的变量。

C++语言中允许省略<共用体类型名>定义无名共用体类型（也称匿名共用体类型）。大括号{}内的部分称为共用体，共用体是由若干成员组成的。每个共用体成员都有自己的名称和数据类型，<成员名>是由用户自己定义的标识符，<成员数据类型>既可以是基本数据类型，也可以是已定义过的某种数据类型，如数组类型、结构体类型等。

【示例 8-13】定义共用体。代码如下：

```
union u_uni                                    //定义一个包括三个成员的共用体类型 u_uni
{
     char ch;
     int i;
     float f;
};
union                                          //定义一个包括三个成员的匿名共用体类型
{
     char ch;
     int i;
     float f;
};
```

共用体类型的定义应视为一个完整的语句，用一对大括号{}括起来，最后用分号结束。

声明共用体变量和声明结构体变量类似，也有三种方式：一是在定义共用体类型的同时声明共用体变量；二是使用无名共用体类型声明共用体变量；三是用共用体类型声明共用体变量。

【示例 8-14】声明共用体变量。代码如下：

```
union u_buffer
{
     char ch[8];
     int i;
} buf={"com"};
```

上面声明了 1 个共用体变量 buf 并进行初始化。

```
union
{
     int i;
     char ch[8];
} buf={8};
```

上面用匿名共用体类型声明了 1 个共用体变量 buf。

```
union u_buffer
```

```
{
    char ch[10];
    int i;
};
u_buffer buf={"com"};              //用共用体类型 u_buffer 声明 1 个共用体变量 buf，并初始化
```

分析：从上面共用体变量的初始化中可以看出，只能对第一个成员赋初值，初值放在一对大括号{}中，其类型必须与第一个成员的类型一致。

8.2.2 共用体的使用

扫一扫，看视频

共用体变量及其成员的使用与结构体变量及其成员的使用类似。对相同类型的共用体变量可以进行赋值运算，但不能对其进行直接输入或输出运算。对共用体成员的引用也是采用点运算符进行的，共用体成员可以进行各种运算。

【示例 8-15】输出某学校人员的信息。如果是学生，则输出所在班级；如果是教师，则输出所在办公室名称。代码如下：

```
#include <iostream>
#include <iomanip>                          //包含调用 setw 函数的头文件
using namespace std;

union department                            //定义共用体
{
    float score;                            //成绩
    int verify_grade;                       //考评等级
};
struct person                               //定义 person 结构体
{
    char name[20];
    int age;
    char job;                               //s：学生；t：教师
    union department dep;                   //使用共用体作为 person 的数据成员
};
int main()
{
    struct person per[5] =                  //初始化学校所有人员的基本信息
    {
        {"Zhangsan",27,'t',{0}},
        {"wangjuan",21,'s',{0}},
        {"Wangwu",20,'s',{0}},
        {"Tanli",26,'t',{0}},
        {"LinLi",23,'s',{0}}
    };

    int nCnt;                               //循环计数
    for (nCnt = 0; nCnt < 5; nCnt++)
```

```
    {
        if (per[nCnt].job == 's')                        //如果是学生，则输入学生成绩
        {
            cout << "输入学生" << per[nCnt].name << "的成绩" << endl;
            cin >> per[nCnt].dep.score;
        }
        else                                             //如果是教师，则输入考评等级
        {
            cout << "输入教师" << per[nCnt].name << "的考评等级" << endl;
            cin >> per[nCnt].dep.verify_grade;
        }
    }
                                                         //输出学校人员的全部信息
    cout << setw(10) << "姓名" << setw(5) << "年龄" << setw(10) << "人员类别" << setw(10)
<< "分数/登记" << endl;
    for (nCnt = 0; nCnt < 5; nCnt++)
    {
        if (per[nCnt].job == 's')
        {
            cout << setw(10) << per[nCnt].name << setw(5) << per[nCnt].age;
            cout << setw(10) << per[nCnt].job << setw(10) << per[nCnt].dep.score
<< endl;
        }
        else
        {
            cout << setw(10) << per[nCnt].name << setw(5) << per[nCnt].age;
            cout << setw(10) << per[nCnt].job << setw(10) <<
per[nCnt].dep.verify_grade << endl;
        }
    }
}
```

程序运行结果如下：

```
输入教师 Zhangsan 的考评等级
2
输入学生 wangjuan 的成绩
95.5
输入学生 Wangwu 的成绩
85
输入教师 Tanli 的考评等级
3
输入学生 LinLi 的成绩
87
      姓名    年龄    人员类别    分数/登记
  Zhangsan     27           t          2
  wangjuan     21           s       95.5
    Wangwu     20           s         85
```

```
Tanli        26          t          3
LinLi        23          s         87
```

与结构体类型不同的是，共用体有如下特点。

- 同一共用体内的成员共用一个存储区，存储区的大小等于成员占用字节长度的最大值。
- 在任一时刻，在一个共用体变量中只有一个成员起作用。
- 共用体类型中的成员类型可为任意已定义的数据类型。

共用体变量在一般程序设计中已很少使用，在一些底层控制软件的开发中用得稍微多一些。

8.3 枚举类型

枚举类型也是一种用户自定义类型，它是由若干个常量组成的有限集合。枚举就是将所有可能的取值一一列举出来，主要适用于变量的值有限的情况。

8.3.1 枚举类型及其枚举变量

扫一扫，看视频

在实际问题中，有些变量的取值被限定在一个有限的范围内。例如，一个星期只有7天，一年只有12个月等。如果把这些量说明为整型、字符型等类型是不够贴切的，C++语言提供了一种称为枚举的类型。在枚举类型的定义中列举出所有可能的取值，被说明为该枚举类型的变量取值不能超过定义的范围。枚举类型定义的一般格式为：

```
enum <枚举类型名>
{
    <枚举元素 1> [=整型常量 1],
    <枚举元素 2> [=整型常量 2],
    …
    <枚举元素 n> [=整型常量 n]
};
```

其中，enum 是定义枚举类型的关键字，不能省略；<枚举类型名>是用户定义的标识符；<枚举元素>又称枚举常量，它也是用户定义的标识符。

C++语言允许用<整型常量>为枚举元素指定一个值。如果省略<整型常量>，默认<枚举元素 1>的值为0，<枚举元素 2>的值为1……依此类推，<枚举元素 n>的值为n – 1。

【示例 8-16】定义枚举类型变量。代码如下：

```
enum weekday{ sun=0,mou,tue,wed,thu,fri,sat };            //定义枚举类型 weekday
```

分析：枚举类型 weekday 有 7 个元素，sun 的值被指定为 0，因此剩余各元素的值分别为 mou =1、tue =2、wed =3、thu =4、fri =5、sat =6。

枚举变量可以在定义枚举类型的同时声明，也可以用枚举类型声明。

【示例 8-17】声明枚举变量。代码如下：

```
enum weekday{ sun=0,mou,tue,wed,thu,fri,sat }w;      //声明 1 个枚举变量 w
enum weekday day1=sun,day2;                //声明 2 个枚举变量 day1 和 day2，并为 day1 赋初值 sun
```

在 C++ 11 中又增加了强类型枚举的概念。声明强类型枚举，只需要在 enum 后加上关键字 class 即可。强类型枚举的一般声明格式为：

```
enum class <枚举类型名>
{
    <枚举元素 1> [=整型常量 1],
    <枚举元素 2> [=整型常量 2],
    …
    <枚举元素 n> [=整型常量 n]
};
```

强类型枚举与普通枚举相比，有如下优点。

- 强作用域。强类型枚举成员的名称不会被输出到它所在父作用域的空间。
- 转换限制。强类型枚举成员的值不能与整型数值进行隐式转换。
- 可以指定底层类型。强类型枚举默认的底层类型为 int，但也可以显式地指定底层类型。

扫一扫，看视频

8.3.2 枚举类型的使用

在程序中可以将枚举元素视为一个整型常量，枚举变量的值为该枚举类型定义中某个元素的值。枚举变量可以进行算术运算、赋值运算、关系运算、逻辑运算等运算。

【示例 8-18】枚举类型的使用举例。代码如下：

```
enum weekday{ sun=0,mou,tue,wed,thu,fri,sat };
enum weekday day1,day2;                                  //声明 2 个枚举变量 day1 和 day2
day1=sat;                                                //给枚举变量 day1 赋值为 sat
day2=1;                                                  //给枚举变量 day2 赋值为 1，有语法错误
```

分析：不能直接用整型常量给枚举变量赋值。语句“day2=1;”可以改为“day2=(enum weekday)1;”或“day2=enum weekday(1)”，修改后的语句与“day2=mou;”是等价的。

【示例 8-19】使用枚举常量编写一个程序：从键盘输入 1 个月份值（1～12），输出该月份属于哪个季节。代码如下：

```
#include <iostream>
using namespace std;
int main()
{
    enum season {spring=1,summer,autumn,winter} s; //定义枚举类型 season 并声明变量 s
    short month;

    cout<<"输入月份（1~12）:"<<endl;                        //输入月份对应的数字
    cin>>month;
```

```
    switch(month)                                    //用 switch 分支判断月份属于哪个季节
    {
        case 12:case 1:case 2:
            s=winter;break;                          //12 月、1 月、2 月为冬季
        case 3:case 4:case 5:
            s=spring;break;                          //3 月、4 月、5 月为春季
        case 6:case 7:case 8:
            s=summer;break;                          //6 月、7 月、8 月为夏季
        case 9:case 10:case 11:
            s=autumn;break;                          //9 月、10 月、11 月为秋季
        default:
            exit(-1);
    }
    switch(s)                                        //根据 s 的值输出相应的季节
    {
        case spring:
            cout<<"spring\n";break;
        case summer:
            cout<<"summer\n";break;
        case autumn:
            cout<<"autumn\n";break;
        case winter:
            cout<<"winter\n";break;
        default:
            exit(-1);
    }
}
```

程序运行结果如下：

```
输入月份(1~12):
8
Summer
```

在程序中使用枚举常量可以增加程序的可读性，能让程序阅读者看到名称即能理解其作用，起到见名知义的作用。

8.4 类型定义

扫一扫，看视频

C++语言不仅提供了丰富的数据类型，而且允许用户自己定义类型说明符，也就是说允许用户为数据类型取别名。类型定义符 typedef 即可用来完成此功能。利用 typedef 声明类型说明符号的一般语法格式为：

```
typedef<类型名 1> <类型名 2>;
```

其中，<类型名 1>可以是 C++语言中的标准类型名，也可以是用户定义的类型名。<类型名 2>是用户为<类型名 1>起的别名。typedef 可以声明各种类型名，但不能用来定义变量。

【示例 8-20】自定义类型举例。代码如下：

```
typedef float REAL;
```

分析：当进行了上面的声明后，下面两条声明语句是等价的。

```
float x,y;
REAL x,y;
```

对于结构体，也可以进行这样的声明：

```
typedef struct
{
    int no;                                     //学号
    char name[20];                              //姓名
    short sex;                                  //性别
    int age;                                    //年龄
    float score;                                //成绩
}STUDENT;                                       //定义结构体类型 STUDENT
STUDENT stu[10];                                //用 STUDENT 声明 1 个结构体数组 stu
```

对于数组，也可以进行相应的操作：

```
typedef char ARRAY[10];                         //给 char 起别名 ARRAY[10]
```

则下面两个声明语句等价。

```
char arr[10];
ARRAY arr;
```

有时也可用宏定义来代替 typedef 的功能，但宏定义是由预处理完成的，typedef 则是在编译时完成的，后者更为灵活、方便。

注意：

typedef 也称为存储类型修饰符。这是因为 typedef 与 auto、register、static 和 extern 存储类型在语法上出现在声明语句的同一位置。这 5 个关键字是互斥的，即不能同时出现在一个声明语句中。

8.5 字符串

字符串是若干个字符的序列，在某种程度上类似于字符的数组。程序中会频繁地使用到字符串，在 C++ 中可以用不同方式来操作字符串。

8.5.1　C 风格字符串处理

扫一扫，看视频

C 语言中没有专门的字符串类型，一般通过数组来操作字符串。在本书的第 3 章中已经介绍了用字符数组来操作字符串的方式。在这里需要提及的是 sizeof()操作符和 strlen()函数在操作字符串时的区别，它们都可以用来取得字符串的长度，但是在操作上有以下一些区别。

- sizeof()是操作符，用来返回类型的大小；strlen()是函数，用来返回字符串的长度。
- sizeof()在操作字符数组型字符串时，返回的大小包括字符串结束符“\0”；strlen()函数返回的字符串不包括字符串的结束符。例如：

【示例 8-21】定义一个字符数组，分别利用 sizeof()操作符和 strlen()函数计算其长度。代码如下：

```
#include <iostream>
using namespace std;
int main()
{
    char str[]="Hello C++";                    //定义并初始化数组

    cout<<sizeof(str)<<endl;                   //计算字符数组大小
    cout<<strlen(str)<<endl;                   //计算字符数组长度
}
```

程序运行结果如下：

```
10
9
```

在示例 8-21 中定义了字符串 str。其一共包含 9 个字符，编译系统会在其末尾加上字符串结束符“\0”，所以其一共占有 10 字节（char 型占用 1 字节）。sizeof()操作符返回了 10，可见计算长度时包含了结束符。而 strlen()函数在计算时不包含结束符，所以返回值为 9。

8.5.2　用指针操作字符串

扫一扫，看视频

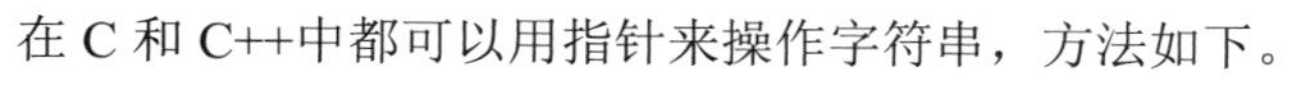
在 C 和 C++中都可以用指针来操作字符串，方法如下。

1. 指针指向字符数组型字符串

在前面的指针章节中已经介绍了指针指向数组的操作知识，利用指针来操作字符串的操作方式与此类似。

【示例 8-22】声明字符指针。代码如下：

```
char *p;
char str[]="This is C++";
p=str;
```

此时，p 为指向字符串 str 的一个指针，通过这个指针就可以操作字符串。

【示例 8-23】定义一个字符数组，用字符指针实现对字符串的遍历操作。代码如下：

```
#include <iostream>
using namespace std;
int main()
{
    char *p;
    char str[]="This is C++";
    p=str;

    //下面的循环可以直接用"cout<<p<<endl;"来代替
    while(*p!='\0')
    {
        cout<<*p;
        p++;
    }
}
```

程序运行结果如下：

```
This is C++
```

分析：从示例 8-23 可以看出，利用指针来操作字符串与操作普通的字符数组类似。但需要注意的是，对字符结束符的判断。如果没有结束符，那么指针就无法判断字符串的结束位置。

2. 指针指向字符串常量

指针可以指向字符串常量。

【示例 8-24】指针可以指向字符串常量举例。代码如下：

```
char *p="Hello C++";
```

这样就可以利用 p 来操作字符串了。

【示例 8-25】指针指向字符串常量举例。代码如下：

```
#include <iostream>
using namespace std;
int main()
{
    char *p="Hello C++";

    while(*p!='\0')                    //当指针 p 没有指向字符串结尾时，循环一直进行
    {
        cout<<*p;
        p++;
    }
}
```

程序运行结果如下：

```
This is C++
```

当用指针指向字符串常量时，以下几点值得注意。

- 不需要释放指针内存，因为指针指向的内容是非动态开辟的内存。其实用指针指向字符串常量与用指针指向字符数组型字符串的形式是类似的，只不过这个字符串常量是一个无名的字符数组。
- 指针可以在字符串常量的开头和结尾之间进行移动，通过++和--来操作即可。因为字符串常量在内存中是用连续的内存空间来存储的。

3．利用动态内存来操作字符串

如果字符串的长度和内容在运行期间才能确定，那么可以用动态开辟内存的方式来存储和操作字符串。例如：

【示例 8-26】定义动态字符串举例。代码如下：

```
char *p= new char[10];
```

分析：示例 8-26 中开辟了 10 个 char 型的内存单元来存储字符串。当新开辟了内存单元后，其中的内容是不确定的，所以最好利用 memset()函数将内存单元初始化为 0，即：

```
memset(p0,sizeof(char)*10);
```

【示例 8-27】用字符串常量为指针指向动态申请的内存赋值。代码如下：

```
#include <iostream>
using namespace std;
int main()
{
    int len;
    cout<<"输入字符串的长度：";
    cin>>len;

    char *p= new char[len];                   //开辟字符数组
    memset(p,0,sizeof(char)*len);             //设置字符数组中的元素值为空

    if(len>=10) strcpy(p,"Hello C++");        //将字符串常量赋予指针指向的动态申请的内存
    cout<<p;                                  //输出动态内存中的内容
    delete p;                                 //释放申请的动态内存
}
```

程序运行结果如下：

```
输入字符串的长度：100（输入）
Hello C++
```

在利用动态内存操作字符串时，需要注意以下几点。

- 由于是动态开辟的内存，在使用结束后一定要释放该内存。
- 在动态内存被开辟后，要用 memset()函数将内存单元初始化为 0，否则在后续字符串处理中会产生乱码。
- 利用 sizeof()操作符无法返回动态字符串的长度（无法用操作符、函数得到动态内存的长度），只能在开辟时确定其长度并记录。
- 字符串的指针不能轻易移动。例如：

```
char *p= new char[len];
p++;                                          //错误
```

这里 p 是指向动态内存的唯一指针，而动态内存不一定是连续的，所以这样移动指针会丢失对这个字符串的控制。移动指针的原则是：在内存未消亡之前，一定要有一个指针指向这个动态字符串。

【示例 8-28】动态开辟一个字符串，由键盘输入内容，并查找字符串中的大写字母且显示到屏幕上。代码如下：

```
#include <iostream>
using namespace std;

int main()
{
    int len;                                  //存储字符串长度
    cout << "输入字符串的最大长度：";
    cin >> len;

    char* p = new char[len+1]; //动态申请的字符串长度要比实际长度大 1（用来存放字符串结束符“\0”）
    memset(p, 0, sizeof(char) * (len+1));     //初始化申请的内存

    cout << "输入字符串的内容：";
    cin >> p;                                 //输入字符串

    cout << "输入的字符串是：" << p << endl;
    cout << "其中大写字母有：";
    char* pTemp = p;                          //用指针 pTemp 遍历字符串，p 指针位置不变
    while (*pTemp != '\0')
    {
        if (isupper(*pTemp))                  //isupper 函数用来判断是否为大写字母
        {
            cout << *pTemp;
        }
        pTemp++;
    }
    delete p;                                 //释放申请的动态资源
}
```

程序运行结果如下：

```
输入字符串的最大长度：100（输入）
输入字符串的内容：HelloC++（输入）
输入的字符串是：HelloC++
其中大写字母有：HC
```

说明：

isupper ()函数原型为 int isupper(int)。当参数为大写英文字母（A~Z）时，返回非零值，否则返回零。

在示例 8-28 中，在用指针遍历字符时，用了一个临时指针，避免了内存丢失现象。

8.5.3 C++字符串处理

扫一扫，看视频

利用数组和指针操作数组是比较烦琐的，而且容易出错。为此，C++为开发者提供了更为方便和高效的字符串操作方式。

1. C++字符串的基本操作

在 C++中，字符串类型是 string 类型。其实，字符串类型并不是 C++的基本数据类型，而是在标准库中声明的字符串类，所以在使用字符串类型（准确地说是字符串类）时，要把 string 头文件包含进来，通常格式如下：

```
#include <string>
```

在包含了 string 头文件之后就可以使用 string 类型的变量（准确地说是字符串对象）了。与其他基本类型一样，string 类型的使用也要遵循“先定义后使用”的原则，定义 string 类型变量的形式如下：

```
string 变量名;                                  //定义一个字符串变量
string 变量名="字符序列";                       //定义并对其初始化
```

上述两种形式都可以定义字符串变量，其定义的方式和其他基本类型是相似的。

【示例 8-29】声明一个字符串变量。代码如下：

```
string str;
```

定义字符串变量之后，可以像普通类型一样对其进行赋值操作，既可以将字符串常量赋予字符串变量，也可以在字符串变量之间相互赋值。

【示例 8-30】字符串的赋值。代码如下：

```
string str1,str2;                               //定义两个字符串变量
str1="hello world";                             //将字符串常量的值赋予变量
str2=str1;                                      //字符串变量之间赋值
```

由于定义字符串变量时不需要指定变量的长度，系统会自动分配长度，在赋值的过程中对变量

的大小没有要求，在使用过程中很方便。

在 C++中，字符串是使用一维字符数组表示的，数组的每一个下标存储字符串的一个字符。但是和字符数组不一样的是，字符数组是在字符序列后自动添加“\0”作为结束符的，而字符串没有结束符，只保存字符序列。

【示例 8-31】修改字符串变量。代码如下：

```
string str;
str = "hello world";
str[3] = 'n';                    //修改 str 字符数组中下标为 3 的字符
```

分析：在示例 8-31 中，str 在修改后变成了“hello world”。

string 是一个类，它有构造函数和析构函数（后面章节介绍）。上面的声明没有传入参数，所以直接使用了 string 的默认构造函数，这个函数所做的就是把 str 初始化为一个空字符串。string 类的构造函数和析构函数如下。

- string s;　　//生成一个空字符串 s
- string s(str)　　//复制构造函数生成 str
- string s(str,strindex)　　//将字符串 str 内始于位置 strindex 的部分当作字符串的初值
- string s(str, strindex,strlen)　　//将 str 始于 strindex 且长度不大于 strlen 的部分作为字符串的初值
- string s(cstr)　　//将字符串 cstr 作为 s 的初值
- string s(chars,chars_len)　　//将字符串 chars 前 chars_len 个字符作为字符串 s 的初值
- string s(num,c)　　//生成一个字符串，其包含 num 个 c 字符
- string s(beg,end)　　//以区间（beg,end）内的字符作为字符串 s 的初值
- s.~string()　　//销毁所有字符，释放内存

2．C++的字符串操作函数

string 类的常用操作函数见表 8.1。

表 8.1　string 类的常用操作函数

函　数　名	说　　明
char &at(int n);	返回字符串第 n 个元素
const char *data()const;	返回一个非 NULL 终止的字符数组
const char *c_str()const;	返回一个以 NULL 终止的字符串
int capacity()const;	返回当前容量（string 中不必增加内存可存放的元素个数）
int max_size()const;	返回 string 对象中可存放的最大字符串的长度
int size()const;	返回当前字符串的大小
int length()const;	返回当前字符串的长度
bool empty()const;	当前字符串是否为空

续表

函　数　名	说　　明
void resize(int len,char c);	把字符串当前大小置为 len，并用字符 c 填充不足的部分
string &assign(const char *s);	用 char 类型字符串 s 赋值
string &assign(const char *s,int n);	用 char 类型字符串 s 开始的 n 个字符赋值
string &assign(const string &s);	把字符串 s 赋予当前字符串
string &assign(int n,char c);	将 n 个字符 c 赋予当前字符串
string &assign(const string &s,int start,int n);	把 s 中从 start 开始的 n 个字符赋予当前字符串
string &append(int n,char c);	在当前字符串结尾添加 n 个字符 c
int compare(const string &s) const;	比较当前字符串和 s 的大小
int find(char c, int pos = 0) const;	从 pos 开始查找字符 c 在当前字符串中的位置
int find(const char *s, int pos = 0) const;	从 pos 开始查找字符串 s 在当前字符串中的位置
int find(const char *s, int pos, int n) const;	从 pos 开始查找字符串 s 中前 n 个字符在当前字符串中的位置
int find(const string &s, int pos = 0) const;	从 pos 开始查找字符串 s 在当前字符串中的位置

其他函数就不一一介绍了，读者使用时可自行查阅。C++标准程序库中的 string 类与 char*的字符串比较起来具有更多的优点和方便性，如不必担心内存是否足够、字符串长度等。而且作为一个类出现，string 集成的操作函数足以满足大多数需要。

8.5.4　常用字符串操作函数

扫一扫，看视频

下面介绍几个用于字符串处理的函数，使用这些函数将帮助开发者更方便地进行字符串的处理操作。这些函数都包含在 string.h 头文件中，所以使用时也要包含该头文件。

1. strcpy

函数原型：char * strcat(char * destination, const char* source);

函数功能：将字符串 source 赋予 destination。

【示例 8-32】strcpy 函数使用示例。代码如下：

```
#pragma warning (disable:4996)                        //第二种解决方案
#include <iostream>
#include <string>
using namespace std;

int main()
{
    char str1[] = "Hello World";                      //定义“Hello World”字符串
    char str2[] = "C++ Language";                     //定义“C++ Language”字符串

    strcpy(str2, str1);                               //将 str1 的值赋予 str2
```

```
    cout << "str1=" << str1 << endl;
    cout << "str2=" << str2 << endl;

}
```

程序运行结果如下：

```
str1=Hello World
str2=Hello World
```

注意：

在 Visual Studio 2022 中，strcpy()已经被微软认为是不安全的。为了让程序正常运行，我们可以采用下面两种解决方案。

（1）将 strcpy()方法替换成 strcpy_s。

（2）不替换，在头文件中加入以下代码行：

```
#pragma warning(disable:4996)
```

2．strcat

函数原型：char* strcat(char* target,char* source);

函数功能：将字符串 source 连接在字符串 target 的后面。

【示例 8-33】strcat 函数使用示例。代码如下：

```
#pragma warning(disable:4996)
#include <iostream>
#include <string>
using namespace std;

int main()
{
    char str1[20] = "I love ";                    //定义“I love”字符串
    char str2[] = "this game";                    //定义“this game”字符串
    strcat(str1, str2);                           //将两个字符串连接起来并存储到str1中
    cout << "str1=" << str1 << endl;
    cout << "str2=" << str2 << endl;
}
```

程序运行结果如下：

```
str1= I love this game
str2=this game
```

注意：

strcat 函数的使用同 strcpy 函数，也要在最前面加上“#pragma warning(disable:4996)”。另外，str1 的空间要足够大，因为 str1 与 str2 连接后要赋值到 str1，如果 str1 的空间不够大，会发生空间

溢出报错。上面的 str1 不能再定义为 char str1[]，这种情况下系统会根据后面字符串的大小给 str1 分配空间，就会发生空间不足的报错。

3．strcmp

函数原型：int strcmp(const char* str1,const char* str2);

函数功能：将字符串 str1 和字符串 str2 做比较，将两个字符串按 ASCII 码值大小从左向右逐个字符进行比较，直到遇到不同的字符或结束。若 str1 大于 str2，则返回值大于 0；若 str1 小于 str2，则返回值小于 0；当两个字符串相等时，返回值为 0。

【示例 8-34】strcmp 函数使用示例。代码如下：

```
#include <iostream>
#include <string>
using namespace std;

int main()
{
    char str1[] = "Hello World";                 //定义要比较的两个字符串
    char str2[] = "C++ Language";
    int flag;                                    //接收比较结果

    flag = strcmp(str2, str1);                   //两个字符串比较

    if (flag > 0)                                //输出比较结果
    {
        cout << "str2 is greater than str1" << endl;
    }
    else if (flag < 0)
    {
        cout << "str2 is less than str1" << endl;
    }
    else
    {
        cout << "str2 is the same as str1" << endl;
    }

}
```

程序运行结果如下：

```
str2 is greater than str1
```

4．strlen

函数原型：size_t strlen(char* str);

函数功能：size_t 即 int 类型的别名，统计字符串 str 中字符的个数并返回。

【示例 8-35】strlen 函数使用示例。代码如下：

```
#include <iostream>
#include <string>
using namespace std;

int main()
{
	char str1[] = "Hello World";                        //定义要统计大小的字符串
	int count;                                          //接收统计结果

	count = strlen(str1);                               //取得字符串的长度，不计算“\0”
	cout << "the length of str is : " << count << endl;  //输出字符串的长度
}
```

程序运行结果如下：

```
The length of str is: 11
```

注意：

用 strlen 函数计算字符串长度时不包含“\0”。

8.6 本章实例

【实例 8-1】编写简单学生信息管理系统。利用结构体来定义学生信息内容，其中包含学生学号、姓名、科目成绩。通过键盘输入学生信息并输出到屏幕上。

分析：本程序要求用结构体来实现，所以首先需要定义表示学生信息的结构体，然后声明结构体变量来存储学生信息。

操作步骤如下：

（1）建立工程。参照示例 1-1 建立一个“Win32 Console Application”程序，工程名为“Test”。程序主文件为 Test.cpp，iostream 为预编译头文件。

（2）修改代码。建立标准 C++程序，增加以下代码：

```
using namespace std;
```

（3）删除 Test.cpp 文件中的代码“std::cout<<"Hello World!\n";”，在 Test.cpp 中输入下面的核心代码：

```
#include <iostream>
#include <iomanip>
#include <string>
using namespace std;
```

```
struct student                                      //定义表示学生信息的结构体
{
    int num;                                        //学号
    string name;                                    //姓名
    float score[3];                                 //分数
    float avg_score;                                //平均分
    student* next;                                  //指向 student 指针
}stu[100], * p;                                     //定义结构体数组和指针
void print_score(student* p)                        //输出学生的信息
{
    p->avg_score = (p->score[0] + p->score[1] + p->score[2]) / 3;        //计算平均分
    cout << setw(10) << p->name << setw(5) << p->num << setw(10) << p->score[0];
    cout << setw(10) << p->score[1] << setw(10) << p->score[2] << setw(10) << p->avg_score
<< endl;
}

int main()
{
    int stu_num;
    cout << "请输入学生数量:";
    cin >> stu_num;                                 //接收学生数量

    for (int i = 0; i < stu_num; i++)               //输入每个学生的信息
    {
        cout << "请输入学生" << i + 1 << "的信息: " << endl << "学号: "; cin >> stu[i].num;
        cout << "姓名: ";  cin >> stu[i].name;
        cout << "语文分数: ";  cin >> stu[i].score[0];
        cout << "数学分数: ";  cin >> stu[i].score[1];
        cout << "英语分数: ";  cin >> stu[i].score[2];
        cout << endl << endl;
    }

    for (int i = 0; i < stu_num; i++)               //next 指针指向下一个学生
    {
        stu[i].next = &stu[i + 1];
    }
    stu[stu_num - 1].next = NULL;                   //当为最后一个学生时,将 next 指针赋为空

    p = &stu[0];                                    //p 指针指向第一个学生
    cout << setw(10) << "学生姓名" << setw(5) << "学号" << setw(10) << "语文分数";
    cout << setw(10) << "数学分数" << setw(10) << "英语分数" << setw(10) << "平均分" << endl;
    do                                              //遍历输出每个学生的信息
    {
        print_score(p);
        p = p->next;                                //指向下一个学生
    } while (p != NULL);
}
```

程序运行结果如下：

```
请输入学生数目：3
请输入学生 1 的信息：
学号：9901
姓名：Zhangsan
语文分数：87
数学分数：86
英语分数：95
请输入学生 2 的信息：
学号：9902
姓名：Lisi
语文分数：76
数学分数：75
英语分数：82
请输入学生 3 的信息：
学号：9903
姓名：Wangwu
语文分数：95
数学分数：94
英语分数：92
    学生姓名      学号      语文分数      数学分数      英语分数      平均分
   Zhangsan     9901          87            86            95  89.3333
       Lisi     9902          76            75            82  77.6667
     Wangwu     9903          95            94            92  93.6667
```

【实例 8-2】输入三个字符串，将字符串 1 中所有与字符串 2 相同的子串替换成字符串 3。例如，输入的字符串 1 为“wererwCPPniehjerCPP”，字符串 2 为“CPP”，字符串 3 为“NEW”，那么替换后，字符串 1 为“wererwNEWniehjer NEW”。

分析：这是一个字符替换问题。在字符串中先进行搜索，当搜索到匹配的字符后，将其替换为新的字符串。字符串处理在程序中非常常见，一定要熟练使用常用的字符串操作函数。

操作步骤如下：

（1）建立工程。参照示例 1-1 建立一个“Win32 Console Application”程序，工程名为“Test”。程序主文件为 Test.cpp，iostream 为预编译头文件。

（2）修改代码。建立标准 C++程序，增加以下代码：

```
using namespace std;
```

（3）删除 Test.cpp 文件中的代码“std::cout<<"Hello World!\n";”，在 Test.cpp 中输入下面的核心代码：

```
#include <iostream>
using namespace std;
#define MAX_LEN 255
void replace(char chString[],char chOldWord[],char chNewWord[])
{
```

```
int i,nStartPos=0,nLen1=0,nLen2=0,nLen3=0,nFound;
/*计算旧词和新词的长度*/
while(chOldWord[nLen2++]!='\0');
nLen2--;
while(chNewWord[nLen3++]!='\0');
nLen3--;
/* chString 中可能有多个旧词，均要替换为新词；
利用循环向前移动查找位置，逐次进行比较和替换*/
while(chString[nStartPos]!='\0')
{
    /*从 nStartPos 位置开始，判断 nLen2 长度的字符串是否与旧词相同*/
    nFound=1;
    for(i=0;i<nLen2;i++)
        if(chString[nStartPos+i]!=chOldWord[i])
        {
            nFound=0;
            break;
        }
        if(nFound==1)/*相同，这 nLen2 个字符需要被替换掉*/
        {
        /*计算输入字符串 chString 的长度，注意在循环中每次计算 chString 的长度是必要的，
          因为完成一次替换后，chString 的长度可能发生变化*/
            while(chString[nLen1++]!='\0');
            nLen1--;
            /*新词、旧词长度可能不同，先将 chString 长度调至正确的位置，
            chString 中 nStartPos 后的字符可能需要前移或后移若干位*/
            if(nLen3-nLen2>=0)/*新词比旧词长，从后向前移动*/
            {
                for(i=nLen1-1;i>=nStartPos;i--)
                    chString[i+nLen3-nLen2]=chString[i];
            }
            else/*新词比旧词短，从前向后移动*/
            {
                for(i=nStartPos+nLen2;i<nLen1;i++)
                    chString[i+nLen3-nLen2]=chString[i];
            }
            chString[nLen1+nLen3-nLen2]='\0';
            /*将新词复制到 chString，替换原来的旧词 */
            for(i=0;i<nLen3;i++)
                chString[nStartPos+i]=chNewWord[i];
            /*下一次检查的位置：从替换后新词后面的位置开始*/
            nStartPos+=nLen3;
        }
        else/*不同，则从下一个字符开始继续进行检查*/
            nStartPos++;
    }
}
```

```
int main(int argc, char* argv[])
{
    char chStr[MAX_LEN],chOld[MAX_LEN],chNew[MAX_LEN];
    cout<<"输入原始字符串：";
    gets(chStr);
    cout<<"输入被替换串：";
    gets(chOld);
    cout<<"输入替换串：";
    gets(chNew);
    replace(chStr,chOld,chNew);
    cout<<"处理后的字符串为：";
    cout<<chStr;
    return 0;
}
```

程序运行结果如下：

```
输入原始字符串：sdfsfsdfCPPwerwerwerCPP342342342CCewrwerw
输入被替换串：CPP
输入替换串：NEW
处理后的字符串为：sdfsfsdfNEWwerwerwerNEW342342342CCewrwerw
```

8.7 小结

本章主要讲述了自定义数据类型和字符串。在自定义数据类型中包括了结构体、共用体和枚举类型。结构体和枚举类型较为常用，而共用体则较为少用。在字符串中，介绍了利用数组、指针和C++的 string 类来操作字符串的知识。字符串操作是本章的难点。到本章为止，C++基础部分的知识基本学习完毕。下一章将进入面向对象程序设计的学习。

8.8 习题

一、单项选择题

1．假定有“struct BOOK{char title[40]; float price;}; BOOK *book=new BOOK;”，则正确的语句为（　　）。

A．strcpy(book->title,"Wang Tao");　　B．strcpy(book.title,"Wang Tao");

C．strcpy(*book.title,"Wang Tao");　　D．strcpy((*book)->title,"Wang Tao");

2．假定有“struct BOOK{char title[40]; float price;}; BOOK *book;”，则不正确的语句为（　　）。

A．BOOK *x=new book;　　B．BOOK x={"C++ Programming",27.0};

C．BOOK *x=new BOOK;　　D．BOOK *x=book;

3．假定有“struct BOOK{char title[40]; float price;}book;”，则正确的语句为（　　）。

A．BOOK &x=&book;　　B．BOOK &x=book;

C．BOOK &x=new BOOK;　　D．BOOK &x=BOOK;

二、程序设计题

1．定义一个结构体 Object，其包括用户 id 及 name 信息，实现让用户在控制台输入 id 和 name，并输出结果。

2．定义一个结构体类型，表示银行账户信息，每个账户包含账号、用户身份证号码、用户姓名、用户地址和账户金额。然后从控制台输入各个字段的值并保存到结构体变量中。

第 2 篇
面向对象编程

第 9 章

面向对象程序设计思想和类

人类利用计算机的目的是解决实际生活中的问题。计算机与世界的沟通是通过设计的程序来进行的。怎样用计算机语言来描述世界是首先要解决的问题，程序设计思想就是用计算机语言来描述世界。类是面向对象编程的核心，它可以实现对数据的封装、安全控制以及代码的重用。通过类的机制可以深入、抽象地描述问题，让开发者不断提高对问题的认识水平，以获得更好的解决方案。本章的内容包括：

- 结构化程序设计思想和面向对象程序思想。
- 类的基本结构和特性。
- 类的构造函数和析构函数。
- 类的组合。
- 友元函数和友元类。

通过对本章的学习，读者能够认识面向对象程序设计思想、掌握类的使用方法，并能够通过编写类来解决实际问题。

9.1 程序设计思想

计算机从 1946 年出现以后，计算机技术的发展日新月异，程序设计的方法也经历了不断发展。最先出现的是结构化程序设计思想，之后又产生了一种具有哲学思想的设计思想，这就是面向对象程序（object oriented programming，OOP）思想。面向对象程序设计思想是对结构化程序设计思想的继承和发展，它汲取了结构化程序设计思想的优点，同时又考虑到现实世界与计算机设计的关系。

扫一扫，看视频

9.1.1 结构化程序设计思想

结构化程序设计诞生于 20 世纪 60 年代，发展到 20 世纪 80 年代，成为当时程序设计的主流方法。结构化程序设计思想运用的是面向过程的结构化程序设计方法（structured programming）。它的产生和发展形成了现代软件工程的基础。C++的前身 C 语言就是一门结构化程序设计语言。

结构化程序设计的基本思想是：采用自顶向下、逐步求精的设计方法和单入口单出口的控制结构。通过这样的方法，一个复杂的问题可以划分为多个简单的问题组合。首先将问题细化为由若干模块组成的层次结构，然后把每一个模块的功能进一步细化，分解成一个个更小的子模块，直到分解为一个个程序的语句为止。结构化程序设计的优点如下。

- 符合人们分析问题的一般习惯和规律，容易理解、编写和维护。
- 把一个问题逐步细化，从复杂到简单，逐个解决问题。分析问题是从整体到局部，解决问题是从局部到整体的过程。

结构化程序设计方法把解决问题的重点放在如何实现过程的细节方面，把数据和操作（函数）分开，以数据结构为核心，围绕着功能实现或操作流程来设计程序。采用结构化程序设计方法设计出来的程序，其基本形式是主模块与若干子模块的组合，即一个主程序加若干个子程序，程序以函数为单位。

作为一种面向过程的设计方法，结构化程序设计方法存在着以下缺点。

- 采用数据和操作分开的模式，一旦数据格式或者结构发生变化，相应的操作函数就需要改变。
- 无法对数据的安全性进行有效控制。例如，在结构化程序设计中，多个模块共享数据时，基本上采用全局变量的形式，所有模块都能访问全局变量，其间包括无关的模块，这样就无法对数据进行保护。

结构化程序的这些缺点都严重影响着软件开发的效率和软件的维护，限制了软件产业的发展。

扫一扫，看视频

9.1.2 面向对象程序设计思想

20 世纪 80 年代后产生了一种具有哲学思想的程序设计思想，这就是面向对象程序思想。面向对象程序设计思想是对结构化程序设计思想的继承和发展，它汲取了结构化程序设计思想的优点，同时又考虑到现实世界与计算机空间的关系。

面向对象程序设计的基本思想是：首先将数据和对数据的操作方法集中存放在一个整体中，形成一个相互依存不可分割的整体，这个整体即为对相同类型的对象抽象出其共性而形成的类。类再通过外部接口与外界发生联系，对象与对象之间通过消息进行通信。

面向对象程序设计思想可以使程序模块间的关系变得简单，因为只有通过外部接口进行联系，且程序模块的相对独立性高，数据的安全性也得到很好的保证。面向对象程序设计更引入了继承、多态等高级特性，使软件的可重用性和可维护性都得到了更大的提高。面向对象程序设计涉及许多新的概念，下面分别进行介绍。

1．对象

从一般意义的角度来讲，对象是现实世界中真实存在的事物（例如，一本书、一种思想都是对象），即包括一切有形的和无形的事物。对象是世界中的一个独立的单位。对象都有自己的特征，如静态特征和动态特征。对象的静态特征可以用某种数据来描述，动态特征则表现为其所表现的行为或具有的功能。

在面向对象程序设计思想中，对象是描述世界事物的一个实体，它是构成程序的一个基本单位。对象由一组属性（数据）和一组行为（函数）构成。属性用来描述对象的静态特征，行为用来描述对象的动态特征。

2．类

抽象和分类是面向对象程序设计的两个原则。抽象是具体事物描述的一个概括，抽象与具体是相对应的。而分类的依据原则是抽象。在对事物分类过程中，忽略事物的非本质特征，只关注与当前对象有关的本质特征，从而提取出事物的共性，把具有相同特性的事物划为一类，得出一个抽象的概念，如汽车、建筑、生活用品等都是人们在平常生活和生产中抽象出的概念。

面向对象中的类是具有相同属性和行为的一组对象的集合，它能为属于该集合的全部对象提供抽象的描述（包括属性和行为）。

类和对象的关系是抽象与具体的关系，它们的关系就像模具与用模具所生产出的产品（铸件）的关系。一个属于某个类的对象称为该类的一个实例。

3．封装

封装是面向对象程序设计方法的一个基本特点和重要原则。它是指将对象的属性和行为组合成一个独立的单元，并尽可能隐藏对象的内部细节。所以封装有两个特点：一是将对象的全部属性和行为组合在一起，形成一个不可分割的独立单元（类）；二是需要对这个独立单元进行信息隐藏，使外部无法轻易获得单元中的信息，从而达到信息保护的目的。外部只有通过单元的外部接口来与其发生联系。

4．继承

继承是面向对象程序设计方法能够提高程序的可重用性和开发效率的重要保障。如某一个类的对象拥有另一个类的全部属性和行为，则可以将这个类声明为另一个类的继承。

如果一个一般类具有更高抽象的特征，那么其可被继承性就高。如果相对于这个一般类，某个特殊类具备其所有的特性，就可以直接继承这个特殊性而简化相应的开发任务。例如，对飞机的描述，如果已经有了一个对飞机的一般性描述，那么考虑到飞机又可分为客机、战斗机等，那么在描述战斗机时就可以继承飞机的全部特征，而把精力放在描述战斗机所具有的独特特性方面。

5．多态

多态是指在一般类中定义的属性或行为在被类继承之后可以具有不同的数据类型或表现出不同的行为。它可以使一个属性或者行为在一般类和其所继承类中具有不同的含义或实现。例如，定义一个一般类“图形”，它具有行为“绘图”，但这个“图形”类没有具体到所表示的图形是什么形状，所以其“绘图”行为不能确定需要绘制什么样的图形。当通过继承“图形”类来定义“正方形”“圆”等类时，它们也获得了“绘图”行为。因为不同类绘制的图形不相同，需要在“正方形”“圆”类中分别重新定义“绘图”行为，从而实现绘制不同的图形。这就是面向对象方法中的多态性。

面向对象程序设计方法是运用面向对象的观点来描述现实问题，然后用计算机语言来描述并处理问题的。这种描述和处理是通过类和对象来实现的，是对现实事物和问题的高度概括、抽象与分类。

9.2 类

在面向过程的程序设计方法中，程序的基本单位是函数。在面向对象程序设计方法中，程序的基本单位是类。类是C++封装的基本单位，它把数据和函数封装在一起。

9.2.1 类的定义和组成

扫一扫，看视频

在面向过程的程序设计方法中，数据和函数是分开的。例如，在C语言中，数据是单独定义的常量或者变量，函数则是操作这些数据的手段。类则把数据和函数集中在了一起。

1．类的定义和基本结构

类是一种用户自定义的数据类型。定义了一个类后，可以声明一个类的变量。这个变量称为类的对象或者实例，这个声明类变量的过程称为类的实例化。类包含类头和类体两个部分。其基本结构如下：

```
class 类名                                              //类头
{
    …                                                   //类体
```

```
};
```

说明：

- 类头由关键字 class 和类的名称组成。
- 类体是类的实现声明部分，其必须由一对大括号{}括起来。在最后一个大括号后必须接一个分号或者类的实例化加一个分号。

【示例 9-1】定义一个手机类。代码如下：

```
class CMobilePhone{
      …
};
class CmobilePhone
{
      …
} myMobilePhone;                                        //直接实例化
```

注意：

在类的定义中，第一个括号的位置可以紧跟着类名，也可以换一行写，效果是相同的。按照一般的习惯，在命名类时加前缀“C”。

在类的实现声明部分包含数据和函数。类中的数据称为数据成员，类中的函数称为函数成员（通常称为成员函数）。这些构成了类成员表。进一步细化类的结构为：

```
class 类名                                              //类头
{
      数据成员;
      数据成员;
      …
      函数成员;
      函数成员;
      …
};
```

类的成员之间没有按照特定顺序排列的规定。在类体内，可以把一个成员写在任何其他成员之前或之后。

2. 数据成员

类数据成员的声明方式和普通变量的声明类似。

【示例 9-2】类数据成员的声明。代码如下：

```
class CMobilePhone
{
      string m_strPhoneName;                            //手机名
      string m _strPhoneType;                           //手机型号
```

```
    float m_fLength,m_fWidth,m_fHeight;            //手机长、宽、高
};
```

分析：示例 9-2 的程序声明了两个 string 类型的数据成员和三个 float 类型的数据变量。

类中的数据成员可以是任意类型的，如基本类型、指针类型、用户自定义类型等。

【示例 9-3】类数据成员的类型举例。代码如下：

```
enum MobilePhoneType {NOKIA,MOTOROLA,SUMSUNG,SONY};
class CMobilePhone
{
    string m_strPhoneName;                          //手机名
    MobilePhoneType m_ePhoneType;                   //手机型号
    float m_fLength,m_fWidth,m_fHeight;             //手机长、宽、高
    void (*pfApp)();                                //手机用户自安装应用程序指针
};
```

分析：示例 9-3 的类中声明了一个枚举类型数据成员和一个函数指针数据成员。

在类中声明的变量也可以是静态变量，也就是类中可以有静态成员和非静态成员（这将在后续章节中介绍）。除了类中的静态数据成员外，类的数据成员是不能在类体内被显式初始化的。

【示例 9-4】类数据成员的错误初始化举例。代码如下：

```
class CMobilePhone
{
    string m_strPhoneName = "MOTO";                 //错误，不能在类中显式初始化数据成员
};
```

类的数据成员是通过类的构造函数进行初始化的。关于类的构造函数，我们会在后续章节中讲解。

3. 成员函数

在类中只有数据是不行的，还需要操作这些数据的手段，成员函数是用来完成这个功能的，也是对类所封装的数据操作的唯一手段。成员函数的原型是在类体中被声明的，其声明方式和普通的函数声明类似，只是需要加上访问控制属性。其基本形式如下：

```
class 类名
{
    访问控制关键字 返回值类型 成员函数名(参数列表);          //函数原型声明
};
```

说明：

- 这里的函数声明和普通函数相同，参数可以带有默认值。
- 关于访问控制属性将在后续小节介绍。

在类体中声明了函数原型之后，需要实现函数。在成员函数实现上，一般是在类体外进行，书写的形式如下：

```
返回值类型 类名::成员函数名()
{
    函数体;
}
```

- 符号“::”为域解析操作符，用于在程序中来访问类域中声明的成员。
- 成员函数必须在类中定义原型后再实现。

如果成员函数的实现简单，那么可以直接在类中进行，也就是通过前面介绍的内联函数实现，在类中称为内联成员函数。与普通内联函数相同，它的声明包括隐式声明和显式声明。对于隐式声明，直接在成员函数声明处实现函数即可。对于显式声明，可以将 inline 关键字放在函数声明处，也可以将其放在类外的实现部分。

【示例 9-5】定义一个手机类，其包括一个显示手机名、型号、尺寸的成员函数。代码如下：

```
class CMobilePhone
{
    void SetPhoneName(string);
    void ShowPhoneName();                                       //显示手机名
    void ShowPhoneType() { cout << m_strPhoneType; };           //显示手机型号
    void ShowPhoneSize();                                       //显示手机尺寸
    string m_strPhoneName;                                      //手机名
    string m_strPhoneType;                                      //手机型号
    float  m_fLength,m_fWidth,m_fHeight;                        //手机长、宽、高
};
void CMobilePhone::ShowPhoneName()
{
    cout << m_strPhoneType << endl;
}
inline void CMobilePhone::ShowPhoneSize()
{
    cout << "The phone size is : " << m_fLength << "×" << m_fWidth << "×"<< m_fHeight
<< endl;
}
inline void CMobilePhone::SetPhoneName(string strPhoneName)
{
    m_strPhoneName = strPhoneName;
}
```

分析：在示例 9-5 中，ShowPhoneName()成员函数是按照标准的成员函数声明和定义方式来实现的。ShowPhoneType()、ShowPhoneSize()和 SetPhoneName 都是内联成员函数，分别以隐式声明、显式声明、显式声明的方式来实现。

9.2.2 类成员的访问控制

扫一扫，看视频

面向对象程序设计的优点之一就是可以很好地保护数据。类中的每个成员都有访问权限，以控制类外部成员对类的访问。例如，在手机类 CMobilePhone 中，手机名是手机的一个属

性，具体信息存储在手机芯片上。这个属性可以利用手机的某个功能查看并通过屏幕显示出来。外部是无法直接看到存储在芯片上的手机名的（即使拆开手机，也无法直接看到电子信息），但是可以通过屏幕这个接口来看到。所以手机名这个存储在手机芯片上的信息对外界来说是不可见的。但是通过屏幕来访问这个信息，屏幕显示手机名这个功能对外界来说是可见的。

如果把手机比成一个类，手机名数据成员对类外部是不可见的，显示手机名的成员函数对外部是可见的。这在类中，就是访问控制的体现。

对类成员访问权限的控制是通过成员的访问控制属性来实现的。类的访问控制属性有以下三种。

- 公有类型（public）：公有类型成员用关键字 public 来声明。公有类型的成员可以被类内部成员访问，也可以被类外部成员访问。对于外部成员来说，想访问类的成员，必须通过类的 public 成员来访问。公有类型成员是外部访问类的唯一接口。
- 私有类型（private）：私有类型成员用关键字 private 来声明。私有类型的成员只允许本类内部的成员函数访问，类外部的任何访问都是被拒绝的。这就对类中的私有成员进行了有效地隐藏和保护。
- 保护类型（protected）：保护类型成员用关键字 protected 来声明。保护类型和私有类型的性质类似，主要差别在于类继承过程中对新类的影响不同，在后续章节中会介绍。

在定义类时，一定要设置每个成员的访问控制属性。如果没有设定，编译系统会自动将其设置为私有类型。这些属性都是控制类外界访问的。对于类内部，各成员之间可以自由访问，如图 9.1 所示。

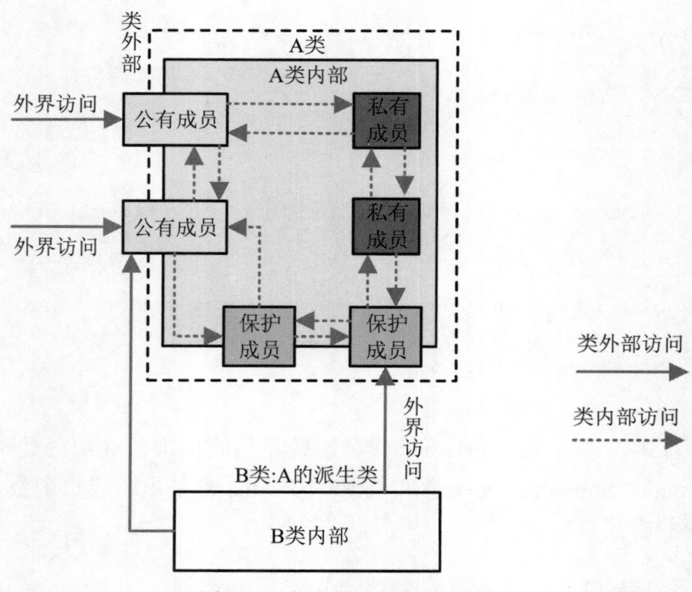

图 9.1　类成员访问权限属性

【示例 9-6】类成员的访问控制属性写法举例。代码如下：

```
class CMobilePhone
```

```
{
    public void ShowPhoneName();                                    //显示手机名
    public void ShowPhoneType(){cout<< m_strPhoneType;};            //显示手机型号
    public void ShowPhoneSize();                                    //显示手机尺寸
    private string m_strPhoneName;                                  //手机名
    private string m_strPhoneType;                                  //手机型号
    private float m_fLength,m_fWidth,m_fHeight;                     //手机长、宽、高（尺寸）
};
```

分析：对于以上声明，我们可以将具有相同控制属性的成员写在一起，因此上面的代码可以简化成如下形式。

```
class CMobilePhone
{
    public:
        void ShowPhoneName();                                       //显示手机名
        void ShowPhoneType(){cout<< m_strPhoneType;};               //显示手机型号
        void ShowPhoneSize();                                       //显示手机尺寸
    private:
        string m_strPhoneName;                                      //手机名
        string m_strPhoneType;                                      //手机型号
        float m_fLength,m_fWidth,m_fHeight;                         //手机长、宽、高
};
```

注意：

定义类时，习惯上将公有类型的成员放在前面。这样可以方便开发人员阅读，因为外部接口是开发人员利用类首先需要了解的。

【示例 9-7】定义一个手机的类，实现显示手机名、型号、尺寸的功能。代码如下：

```
class CMobilePhone
{
    private:
        string m_strPhoneName;                                      //手机名
        string m_strPhoneType;                                      //手机型号
        float  m_fLength,m_fWidth,m_fHeight;                        //手机长、宽、高
    public:
        void ShowPhoneName();                                       //显示手机名
        void ShowPhoneType(){cout<< m_strPhoneType;};               //显示手机型号
        void ShowPhoneSize();                                       //显示手机尺寸
};
void CMobilePhone::ShowPhoneName()
{
    cout<<m_strPhoneName <<endl;
}
inline void CMobilePhone::ShowPhoneSize()
{
```

```
    cout<<"The phone size is:"<< m_fLength<<"×" << m_fWidth <<"×" << m_fHeight<<endl;
}
```

分析：在示例 9-7 的程序中，手机的属性值全部被设置为私有变量，以保护这些属性不被外界访问（保护这些成员不会被外界篡改）。而访问这些属性都是通过公有的成员函数进行的。

扫一扫，看视频

9.2.3 类实例和类成员访问

类是对事物抽象的描述，它描述了一类事物的共同属性和行为。当把抽象的描述变成一个具体的事物时，就成为了类的一个实例（instance）或者称为对象（object）。例如，上面描述手机的类可以描述所有种类的手机。Motorola A1200 是一个具体的手机实体，它就是手机类的一个具体实例。定义了一个类之后，可以定义多个实例。类的定义就像是一个产品的模具，通过这个模具可以生产出多个产品，这些产品就是实例。

在前面介绍的一些基本数据类型或者自定义数据类型，其实都是对一种数据类型的抽象描述。当声明一个变量时，就产生了其数据类型的一个实例。类也是一种自定义的数据类型，所以类的实例也就是该类的一个变量。声明一个实例和声明一般变量的方式相同，其形式如下：

```
类名 实例名1, 实例名2,…;
```

【示例 9-8】声明一个描述 Motorola A1200 手机的实例。代码如下：

```
CMobilePhone CMP_A1200;
```

此外，也可以声明类的一个实例指针，与普通指针声明相同，其形式如下：

```
类名 *实例指针名1, *实例指针名2,…;
```

用一个实例的地址，或者用 new 来开辟一个新的实例来对实例指针赋值。

【示例 9-9】声明一个描述 Motorola A1200 手机的实例。代码如下：

```
CMobilePhone *pCMP_A1200;
pCMP_A1200 = new pCMP_A1200();
```

对于普通变量可以声明数组，对于实例也可以声明数组。

【示例 9-10】声明实例数组举例。代码如下：

```
CMobilePhone arrCMP_A1200[5];                                   //实例数组
CMobilePhone *parrCMP_A1200[5];                                 //实例指针数组
```

定义一个类时，系统不会分配存储空间给这个类，因为这个类是虚拟的描述，不是真正的实体。当声明一个类的实例后，系统才会分配存储空间，这时系统需要分配空间用于存储类中的数据成员。声明多个实例时，操作任何一个实例都不会对其他实例造成影响，因为它们有各自的类数据成员的副本。

声明类的实例后，就可以访问类的公有成员了。例如，手机类中的显示手机型号的成员函数，当声明的是类的实例（非实例指针）时，通过点（.）来访问。访问形式如下：

```
实例.类成员;
```

【示例 9-11】类成员访问举例。代码如下：

```
CMobilePhone CMP_A1200;
CMP_A1200. ShowPhoneName();
```

当声明的是一个实例指针时，在指定了对象之后，用成员访问操作符箭头（->）来访问。访问形式如下：

```
实例指针->类成员;
```

【示例 9-12】类成员访问举例。代码如下：

```
CMobilePhone CMP_A1200;
CMobilePhone *pCMP_A1200 = &CMP_A120;
pCMP_A1200->ShowPhoneName();
```

对于实例数组或者实例指针数组，访问其成员函数需要加上实例数组的下标，以区别访问的是哪个实例元素。

【示例 9-13】实例指针数组的类成员访问举例。代码如下：

```
CMobilePhone arrCMP_A1200[5];
arpCMP_A1200[1].ShowPhoneName();
CMobilePhone *parrCMP_A1200[5];
parrCMP_A1200[0] = new CMobilePhone();
parrCMP_A1200[0]->ShowPhoneName();
```

【示例 9-14】编写一个手机的类，实现设置和显示手机名、型号、尺寸的功能，并声明一个针对 Motorola A1200 型号手机的实例，实现设置和显示手机名、型号、尺寸的功能。程序主文件为 Test.cpp，Stdafx.h 为预编译头文件，Stdafx.cpp 为预编译实现文件，MobilePhone.h 为 CMobilePhone 类定义头文件，MobilePhone.cpp 为 CMobilePhone 类实现文件。代码如下：

```
//MobilePhone.h
#pragma once
#include <string>
#include <iostream>
using namespace std;

class CMobilePhone
{
private:
     string m_strPhoneName;                              //手机名
     string m_strPhoneType;                              //手机型号
     float m_fLength, m_fWidth, m_fHeight;               //手机长、宽、高
public:
     void SetPhoneName();                                //设置手机名
     void SetPhoneType();                                //设置手机型号
```

```
    void SetPhoneSize();                                    //设置手机尺寸
    void ShowPhoneName();                                   //显示手机名
    void ShowPhoneType();                                   //显示手机型号
    void ShowPhoneSize();                                   //显示手机尺寸
};

//MobilePhone.cpp
#include "MobilePhone.h"
void CMobilePhone::SetPhoneName()                           //设置手机名
{
    cout << "输入手机名：";
    cin >> m_strPhoneName;
}
void CMobilePhone::SetPhoneType()                           //设置手机型号
{
    cout << "输入手机型号：";
    cin >> m_strPhoneType;
}
void CMobilePhone::SetPhoneSize()                           //设置手机尺寸
{
    cout << "输入尺寸(长、宽、高)：";
    cin >> m_fLength >> m_fWidth >> m_fHeight;
}
void CMobilePhone::ShowPhoneName()                          //显示手机名
{
    cout << m_strPhoneName << endl;
}
void CMobilePhone::ShowPhoneType()                          //显示手机型号
{
    cout << m_strPhoneType << endl;
}
void CMobilePhone::ShowPhoneSize()                          //显示手机尺寸
{
    cout << "The phone size is : " << m_fLength << "×" << m_fWidth << "×" << m_fHeight
<< endl;
}

//Test.cpp
#include "MobilePhone.h"
int main()
{
    CMobilePhone CMP_A1200;                                 //声明手机对象

    CMP_A1200.SetPhoneName();                               //输入手机对象参数值
    CMP_A1200.SetPhoneType();
    CMP_A1200.SetPhoneSize();

    cout << "手机信息：" << endl;
```

```
    CMP_A1200.ShowPhoneName();                //显示手机对象信息
    CMP_A1200.ShowPhoneType();
    CMP_A1200.ShowPhoneSize();
}
```

程序运行结果如下：

```
输入手机名：Motorola（回车）
输入型号名：A1200R（回车）
输入尺寸（长、宽、高）：20 10 5（回车）
手机信息：
Motorola
A1200R
The phone size is :10×20×30
```

9.2.4 类的作用域和对象的生存周期

扫一扫，看视频

一个类是一个整体，类中所有的成员都位于类的作用域内。类作用域是指类定义和成员函数定义的范围。在类作用域中，类的成员函数可以无限制地访问自身类中的数据成员。例如，在类 CMobilePhone 中，成员函数可以无限制地访问类中的所有数据，如访问 m_strPhoneName、m_strPhoneType、m_fLength、m_fWidth、m_fHeight 这些变量都是没有限制的，而对于类作用域外的其他类的数据成员和成员函数，访问这些成员则受到限制。这就是封装的思想。把一个类的数据和行为封装起来，使得类的外部对该类的数据访问受到限制。

一般来讲，类的作用域作用于特定的成员。在具备以下几种情况时，类的作用域不起作用：

- 类的成员函数内部出现了与类成员相同的标识符。此时，类中这个相同的标识符不再具有对这个成员函数的作用域。例如，对于类 CMobilePhone，如果成员函数 SetPhoneName 中出现了与数据成员 m_strPhoneType 相同名称的变量，则 m_strPhoneType 不在成员函数的作用域内。

【示例 9-15】类的作用域举例。代码如下：

```
void CMobilePhone::SetPhoneName ()
{
    string m_strPhoneType;
    cin>>m_strPhoneType;                  //此时 CMobilePhone:: m_strPhoneType 被隐藏
    if (m_strPhoneType == "A1200R")
    {
        m_strPhoneName = "Motorola";
    }
}
```

分析：在示例 9-15 的程序中，成员函数 SetPhoneName()中有一个局部变量 m_strPhoneType，它与类中的数据成员 CMobilePhone::m_strPhoneType 具有相同的名称。此时，CMobilePhone:: m_strPhoneType 在成员函数中被屏蔽，是不可见的。

注意：

利用作用符点（.）、箭头（->）、作用域运算符（::）访问类成员时，类成员具有类的作用域。在 C++中，还有很多特殊的访问和作用域规则，在后续章节将会逐步讲到。

扫一扫，看视频

9.2.5 this 指针

在前面讲类的作用域时讲到，如果成员函数内部声明了一个局部变量 m_strPhoneType，而此局部变量和类的数据成员 CMobilePhone::m_strPhoneType 有相同名称（或者成员函数参数表中出现了与类中数据成员相同的名称），类的数据成员在成员函数中是不可见的。如果此时必须访问 CMobilePhone::m_strPhoneType 这个数据成员，就可以利用类中的 this 指针。

this 指针是隐含在类中每一个成员函数中的特殊指针，用于指向正在被成员函数操作的对象。下面的代码就利用 this 指针解决刚才提出的问题。

【示例 9-16】this 指针举例。代码如下：

```
void CMobilePhone::SetPhoneName ()
{
    string m_strPhoneType;
    cin>>m_strPhoneType;                        //此时 CMobilePhone::m_strPhoneType 被隐藏
    if (m_strPhoneType == "A1200R")
    {
        m_strPhoneName = "Motorola";
    }
    this->m_strPhoneType = m_strPhoneType;    //利用 this 指针访问类中的数据成员
}
```

分析：可以看出，利用 this 指针可以标识出当前所利用对象的所属。它可以明确地标识出成员函数当前所操作对象属于哪个域。

this 指针的工作原理为：当通过一个类的实例调用成员函数时，系统会将该实例的地址赋予 this 指针，再调用成员函数，所以*this 就代表此实例。调用成员函数及成员函数对数据成员进行访问时，都用到了 this 指针。

按照 this 指针的工作原理，可以分析为什么在函数内部使用 this->m_strPhoneTypec 能访问到类的成员。在定义了类的实例后，this 是类 CMobilePhone 的实例的指针，通过 this 可以访问任何一个成员。当访问类的私有变量 m_strPhoneType 时，成员函数 SetPhoneName() 中的局部变量 m_strPhoneType 又是不可见的，很明显 this->m_strPhoneType 是指向类的私有变量的。

在程序中，一般不直接用 this 来访问类的成员，除非是在变量的作用域中发生了冲突（如上面的例子）。

扫一扫，看视频

9.2.6 静态成员

类是一种类型而非真实的数据对象。当需要让类的所有实例共享数据时，就要用到静态成员。类的静态数据成员和静态成员函数统称为类的静态成员。C++就是通过静态成员来实现类的属性和行为的。

1. 静态数据成员

在一个类声明的多个实例中，每一个实例都维持着一份该类所有数据成员的副本。有时需要对该类的所有实例维持一个共享的数据。例如，对于手机的短信息功能，我们可以定义一个短信息的类。

【示例 9-17】手机有短信息功能，定义一个短信息的类。代码如下：

```
class CSms
{
    private:
        string m_strSmsFrom;                    //信息来源（电话号码）
        string m_strSmsTo;                      //信息发送对象（电话号码）
        string m_strSmsTitle;                   //信息头部
        string m_strSmsBody;                    //信息内容
        … //其他成员
};
```

这个描述短信息的类可以声明多个实例，当接收或者发送一条短信息时，就需要生成一个实例。

在用手机时，可以发现手机会显示现在接收的短信息的总数。也就是对于短信息类来说，需要一个能统计信息总数的功能。这个总数存储在什么地方最合适呢？若存储在类之外，就无法实现对数据的隐藏，既不安全，又影响代码的重用，不符合面向对象程序设计的原则。若在类中增加一个表示信息总数的变量，那么每个实例都将存储这个成员的副本，而且每个实例都需要各自维护这个变量。当接收或者发送一条短信息后，需要对每一个实例进行更新。这样不仅容易产生冗余，而且很容易造成数据不一致。为了解决这个问题，C++引入了静态数据成员的概念。

静态数据成员是一种特殊的数据成员，它在类的所有实例中只有一个副本，由所有实例来共同维护和使用，这样就能达到数据在所有实例中的共享。

静态数据成员采用 static 关键字来声明（与前面章节讲的静态变量类似）。其声明形式如下：

```
static 数据类型 数据成员名;
```

在示例 9-17 中，就可以在类中定义一个静态成员来解决统计短信息总数的问题。

【示例 9-18】编写一个手机短信息类，要求能够实现统计短信息总数的功能。程序主文件为 Sms.cpp，CSms.h 为 CSms 类定义的头文件，CSms.cpp 为 CSms 类实现文件。代码如下：

```
//CSms.h
#include <string>
#include <iostream>
using namespace std;
class CSms
{
public:
        void ShowSmsTotal();
        void SetSmsTotal();
private:
```

```
        string m_strSmsFrom;                    //信息来源（电话号码）
        string m_strSmsTo;                      //信息发送对象（电话号码）
        string m_strSmsTitle;                   //信息头部
        string m_strSmsBody;                    //信息内容
        static int sm_nSmsTotal;                //信息总数
};

//CSms.cpp
#include "CSms.h"
//int CSms::sm_nSmsTotal = 0;                   //也可在此对静态数据成员进行定义性说明和初始化
void CSms::SetSmsTotal()
{
    sm_nSmsTotal++;                             //短信息总数加1
}
void CSms::ShowSmsTotal()
{
    cout<<sm_nSmsTotal<<endl;                   //输出短信息总数
}

//Sms.cpp
#include "CSms.h"
int CSms::sm_nSmsTotal = 0;                     //类静态数据成员的定义性说明和初始化
int main()
{
    CSms sms1,sms2;

    sms1.ShowSmsTotal();
    sms2.ShowSmsTotal();
    sms1.SetSmsTotal();                         //设定对象sms1中的短信息数量
    sms1.ShowSmsTotal();
    sms2.ShowSmsTotal();
    sms2.SetSmsTotal();                         //设定对象sms2中的短信息数量
    sms1.ShowSmsTotal();
    sms2.ShowSmsTotal();
}
```

程序运行结果如下：

```
0
0
1
1
2
2
```

分析：在示例 9-18 中第一次利用两个实例显示静态变量 sm_nSmsTotal 的值时，初始化值为 0。第二次利用实例 sms1 设置了 sm_nSmsTotal 之后，值变成了 1。此时不论用实例 sms1 还是用 sms2

访问它，值都为 1。第三次利用实例 sms2 设置了 sm_nSmsTotal 之后，值变成了 2。同样地，不论用哪个实例访问它，值都是不变的。

静态数据成员具有静态生存期。它不属于任何一个实例，只能通过类名来访问，一般的格式为：

```
类名::静态成员数据名
```

在类的定义中，所声明的静态数据成员只是对它的引用性说明，必须在文件作用域内对其进行定义性说明（分配存储空间）和初始化。例如，在上面的代码中：

```
int CSms::sm_nSmsTotal = 0;                    //类静态数据成员的定义性说明和初始化
```

就是对静态变量的定义性说明和初始化。此外，也可以在类的实现文件 CSms.cpp 中对其进行定义性说明和初始化，因为实现文件也在 CSms.h 文件的作用域范围内。

注意：

在对静态变量的定义性说明中，与普通变量定义相同，需要完整的定义形式。

```
数据类型 类名::静态成员数据名=初始值;             //不能缺少数据类型
```

2. 静态成员函数

在上面短信息类的例子中，访问静态数据成员 sm_nSmsTotal 时，利用了成员函数 CSms::ShowSmsTotal()。CSms::ShowSmsTotal()是类的普通成员函数，要访问 CSms::ShowSmsTotal()，必须通过类的实例来进行。如果此时类还没有生成实例，需要访问信息 sm_nSmsTotal 的初始值，该如何处理呢？

另外，在一些情况下，需要编写一个任何类和对象都可以访问的函数。例如，一些通用处理函数的编写，需要任何对象都能访问这些函数。

C++通过静态成员函数来解决上面的问题。静态成员函数和普通成员函数在访问上有所不同，普通成员函数必须在声明实例后才能被访问，静态成员函数不需要类的实例就可以被直接访问。

静态成员函数采用 static 关键字来声明（与前面章节讲的静态函数类似）。形式如下：

```
static 返回值类型 成员函数名(参数表);
```

静态成员函数具有静态生存期。它不属于任何一个实例，只能通过类名来访问，一般格式如下：

```
类名::成员函数名
```

【示例 9-19】编写一个手机短信息类，利用静态成员函数取得短信息总数。程序主文件为 Sms.cpp，CSms.h 为 CSms 类定义头文件，CSms.cpp 为 CSms 类实现文件。代码如下：

```
//CSms.h
#include <string>
#include <iostream>
using namespace std;

class CSms
```

```
{
public:
        static void ShowSmsTotal();                        //静态成员函数
        void SetSmsTotal();                                //普通成员函数
private:
        string m_strSmsFrom;                               //信息来源（电话号码）
        string m_strSmsTo;                                 //信息发送对象（电话号码）
        string m_strSmsTitle;                              //信息头部
        string m_strSmsBody;                               //信息内容
        static int sm_nSmsTotal;                           //信息总数（静态成员函数）
};

//CSms.cpp
#include "CSms.h"
void CSms::SetSmsTotal()
{
    sm_nSmsTotal++;
}
void CSms::ShowSmsTotal()                                  //静态成员函数的实现
{
    cout<<sm_nSmsTotal<<endl;                              //输出短信息总数
}

//Sms.cpp
#include "CSms.h"
int CSms::sm_nSmsTotal = 0;                                //类静态数据成员的定义性说明和初始化
int main()
{
    CSms sms;

    CSms::ShowSmsTotal();                                  //调用静态成员函数输出短信息总数
    sms.SetSmsTotal();                                     //对短信息数进行设定
    CSms::ShowSmsTotal();                                  //调用静态成员函数输出短信息总数
    sms.ShowSmsTotal();                                    //对短信息数进行设定
}
```

程序运行结果如下：

```
0
1
1
```

分析：在示例 9-19 中，通过类可以直接访问类的静态成员函数。通过实例也可以访问静态成员函数。

类的静态成员函数可以直接访问该类的静态数据成员和静态函数成员，而不能直接访问非静态数据成员和非静态成员函数，因为非静态成员的访问需要通过实例进行。因此，如果静态成员函数需要访问类的非静态成员，则需要通过参数取得实例名，再通过实例名进行访问。

【示例 9-20】类的静态成员访问举例。代码如下：

```
class class_name
{
    public:
        static void Func(class_name a);
        static void Func2();
        void Func3();
    private:
        int nVar;
        static int snVar;
};
void class_name::Func(class_name a)
{
    cout<<nVar;                  //错误，直接引用类的非静态数据成员是无效的
    Func3();                     //错误，直接引用类的非静态成员函数是无效的
    cout<<a.nVar;                //正确，通过实例访问类的非静态数据成员
    a.Func3();                   //正确，通过实例访问类的非静态成员函数
    cout<< snVar;                //正确，通过实例访问类的静态数据成员
    Func2();                     //正确，通过实例访问类的静态成员函数
}
```

9.2.7 常成员（const 成员）

扫一扫，看视频

利用 cosnt 可以修饰类的成员。当用其修饰数据成员时，该数据成员为常数据成员。当修饰类的函数成员时，该数据为常函数成员。

1. 常数据成员

与一般的数据类型类似，类的数据成员可以是常量或者常引用。声明常数据成员通过 const 关键字来完成。声明形式与一般常数据类型相似，其形式为：

```
const 数据类型 常数据成员名;
```

例如，在手机发送短信息过程中，所发送的文字有最大长度限制（如 140 个字符）。在描述短信息的类中，应该将其定义成一个不能被改变的量。

在类中定义的常数据成员不能被任何一个函数改变。上面的例子中 cMAX_MSG_LEN 被定义成一个 int 型的常数据成员。当被初始化后，它不能在任何函数中被赋值。

对常数据的初始化只能在类的构造函数中进行，初始化的方式是通过初始化列表。例如，下面的代码是对 cMAX_MSG_LEN 的初始化操作。

【示例 9-21】编写一个手机短信息类，定义一个用于表示信息最大长度的常数据成员。程序主文件为 Sms.cpp，CSms.h 为 CSms 类定义头文件，CSms.cpp 为 CSms 类实现文件。代码如下：

```
//CSms.h
#pragma once
```

```
#include <string>
#include <iostream>
using namespace std;
class CSms
{
public:
        CSms(int);
        virtual ~CSms();
        void ShowMaxMsgLen();
        static void ShowSmsTotal();
private:
        string m_strSmsFrom;                                //信息来源（电话号码）
        string m_strSmsTo;                                  //信息发送对象（电话号码）
        string m_strSmsTitle;                               //信息头部
        string m_strSmsBody;                                //信息内容
        static int sm_nSmsTotal;                            //信息总数（静态成员函数）
        const int cMAX_MSG_LEN;                             //信息的最大长度
};

//CSms.cpp
#include "CSms.h"
CSms::CSms(int nMaxMsgLen):cMAX_MSG_LEN(nMaxMsgLen)
{
}
void CSms::ShowMaxMsgLen()
{
     cout<<cMAX_MSG_LEN<<endl;
}

//Sms.cpp
#include "CSms.h"
int main()
{
     CSms sms(140);
     sms.ShowMaxMsgLen();
}
```

程序运行结果如下：

```
140
```

分析：这里定义的表示短信息最大长度的常数据成员在类的每个实例中都能被设定成不同的值。一般情况下，对于所有的手机，这个值是不变的。所以可以将其声明为静态的常数据成员。形式如下：

```
//CSms.h
class CSms
{
```

```
public:
        CSms(int);
        virtual ~CSms();
        void ShowMaxMsgLen();
        static void ShowSmsTotal();
private:
        string m_strSmsFrom;                    //信息来源（电话号码）
        string m_strSmsTo;                      //信息发送对象（电话号码）
        string m_strSmsTitle;                   //信息头部
        string m_strSmsBody;                    //信息内容
        static int sm_nSmsTotal;                //信息总数（静态成员函数）
        static const int cMAX_MSG_LEN;          //信息的最大长度
};
```

此时对 cMAX_MSG_LEN 的初始化就变为对静态变量定义性说明和初始化了。形式如下：

```
const int CSms::cMAX_MSG_LEN = 140;
```

静态的常数据成员属于类属性，而且其一旦进行了初始化后，就不能被改变。

注意：

static 是静态常数据成员的组成部分，在进行定义性说明和初始化时，需要加上 static 关键字。

2. 常成员函数

用 const 关键字定义的函数为常成员函数，它的定义形式如下：

```
数据类型 函数名(参数表) const;
```

【示例 9-22】定义常成员函数。代码如下：

```
void ShowPhoneName() const;
```

常成员函数的主要作用是禁止在函数体内更新实例的数据成员。所以在函数体内，一方面不能改变数据成员的值，另一方面也不能调用该类中能改变数据成员的成员函数，即不能调用该类中其他非常成员函数（没有用 const 修饰的成员函数）。

例如，在手机类中，显示手机名、型号、尺寸的函数就可以定义为常成员函数，因为它们只起显示作用，没有必要对数据成员进行更新。

【示例 9-23】编写一个手机类，定义用于显示手机基本信息的常成员函数。MobilePhone.h 为 CMobilePhone 类定义头文件，MobilePhone.cpp 为 CMobilePhone 类实现文件。代码如下：

```
//MobilePhone.h
class CMobilePhone
{
    private:
        string m_strPhoneName;                      //手机名
        string m_strPhoneType;                      //手机型号
        float m_fLength,m_fWidth,m_fHeight;         //手机长、宽、高（尺寸）
```

```
    public:
        void SetPhoneName();                                    //设置手机名
        void SetPhoneType();                                    //设置手机型号
        void SetPhoneSize();                                    //设置手机尺寸
        void ShowPhoneName() const;                             //显示手机名
        void ShowPhoneType() const;                             //显示手机型号
        void ShowPhoneSize() const;                             //显示手机尺寸
};
//MobilePhone.cpp
void CMobilePhone::ShowPhoneName() const                        //输出手机名成员函数
{
    cout<<m_strPhoneName<<endl;
}
void CMobilePhone::ShowPhoneType() const                        //输出手机型号成员函数
{
    cout<< m_strPhoneType<<endl;
}
void CMobilePhone::ShowPhoneSize() const                        //输出手机尺寸成员函数

{
    cout<<"The phone size is :"<< m_fLength<<"×" << m_fWidth <<"×" << m_fHeight<<endl;
}
```

9.3 构造函数和析构函数

C++中类的构造函数和析构函数是两种特殊的函数，属于类的基本机制。构造函数负责创建类对象，初始化类成员；析构函数负责撤销和清理类实例。

扫一扫，看视频

9.3.1 构造函数

类是一种复杂的数据类型。通过一个类来声明实例，是一个从一般到特殊的过程。不同实例之间的区别主要体现在两个方面：一是它们的实例名不同；二是数据成员的值不同。在声明一个实例时，需要对其数据成员进行赋值，这个过程称为实例（对象）的初始化。实例初始化的工作是由构造函数来完成的。

1. 构造函数的基本概念

为了更好地理解构造函数，首先来分析一下对象是如何建立的。

对于普通的变量，其在程序运行时需要占据一定的内存空间。如果在声明时未对其进行初始化，系统会为其写入一个随机值或者一个特定的值（编译系统决定）。如果在声明时对其进行了初始化，则系统会开辟存储此变量的内存空间同时将初始值写入。

对于类的实例，其建立过程与普通变量类似。在程序运行期间，当遇到声明的实例时，系统首先将分配内存空间来存储这个实例，这些存储空间包括对类数据成员的存储。在未对实例的数据成员进行初始化时，系统会将一个随机值或者特定的值写入数据成员。如果在实例生成时对实例的数据成员进行了初始化，系统会将初始化的值分别写入数据成员。

普通变量的初始化较为简单，而对实例的初始化则较为复杂，因为类的构造比普通变量复杂很多。于是 C++规定了一套严格的实例初始化规则和接口，并具有一套自动调用机制。这个机制中就包括构造函数。

开发者通过编写构造函数来实现在实例被创建时利用特定的值去构造实例，将实例初始化为一个特定的状态。例如，用特定的值去初始化实例的私有成员。构造函数在实例被创建时自动调用，无须开发者手动调用。

构造函数也是类的一个成员函数，它除了具备一般函数的基本特征外，还具备一些特殊的特征。关于构造函数的特征，后续章节将一一描述。

2. 构造函数的基本用法

C++规定类的构造函数与类名相同，没有返回值，其是类的公有成员。其形式如下：

```
类名();
```

例如，对于类 CMobilePhone 来说，其构造函数为：

```
CMobilePhone();
```

构造函数为公有成员。构造函数需要在类的头文件中声明，可以在头文件中实现（内联成员函数），也可以在类的实现文件中实现。编译系统在遇到实例建立的语句时，会自动调用构造函数。

【示例 9-24】编写一个手机类，定义其构造函数，对手机基本信息进行初始化。程序主文件为 MobilePhone.cpp，CMobilePhone.h 为 CMobilePhone 类定义头文件，CMobilePhone.cpp 为 CMobilePhone 类实现文件。代码如下：

```
//CMobilePhone.h
#pragma once
#include <iostream>
#include <string>
using namespace std;

class CMobilePhone
{
    public:
        CMobilePhone();                          //构造函数
        void SetPhoneName();                     //设置手机名
        void SetPhoneType();                     //设置手机型号
        void SetPhoneSize();                     //设置手机尺寸
        void ShowPhoneName() const;              //显示手机名
        void ShowPhoneType() const;              //显示手机型号
        void ShowPhoneSize() const;              //显示手机尺寸
```

```
    private:
        string m_strPhoneName;                      //手机名
        string m_strPhoneType;                      //手机型号
        float m_fLength,m_fWidth,m_fHeight;         //手机长、宽、高（尺寸）
};
//CMobilePhone.cpp
CMobilePhone::CMobilePhone()                        //构造函数，也可以在头文件中直接实现
{
    cout<<"构造函数被调用"<<endl;
    //以下设定手机属性
    m_strPhoneType = "A1200R";
    m_fLength = 30.0;
    m_fWidth = 20.0;
    m_fHeight = 10.0;
}
void CMobilePhone::ShowPhoneName() const            //输出手机名成员函数
{
    cout<<m_strPhoneName<<endl;
}
void CMobilePhone::ShowPhoneType() const            //输出手机型号成员函数
{
    cout<< m_strPhoneType<<endl;
}
void CMobilePhone::ShowPhoneSize() const            //输出手机外形尺寸成员函数
{
    cout<<"The phone size is :"<< m_fLength<<"×" << m_fWidth <<"×" << m_fHeight<<endl;
}

// MobilePhone.cpp
#include "CMobilePhone.h"
int main()
{
    CMobilePhone imp;                               //定义手机对象

    imp.ShowPhoneName();                            //输出手机名
    imp.ShowPhoneType();                            //输出手机型号
    imp.ShowPhoneSize();                            //输出手机外形尺寸
}
```

程序运行结果如下：

```
构造函数被调用
Motorola A1200
A1200R
The phone size is :30×20×10
```

从程序的输出结果可以看出，在生成实例时，系统自动调用了构造函数（程序中未曾进行手动调用构造函数），并成功进行了数据成员的初始化。

建立构造函数是类机制的一部分。在类的定义过程中，不管开发人员是否定义了构造函数，系统都会自动建立默认的构造函数，只不过这个构造函数不做任何初始化工作。

3. 带参数的构造函数

在上面小节实现的 CMobilePhone 类中有一个问题，就是生成实例的数据成员值都是相同的。这样生成的实例都是千篇一律的实例值，显然无法满足实例多样化的需求。为了能让开发人员灵活地建立不同的实例，可以让构造函数带参数。其形式为：

```
类名(初始化参数表);
```

参数说明：

- 构造函数名和类名是相同的；构造函数的参数表称为初始化参数表。
- 在声明实例时，这些参数需要用实参去赋值。
- 初始化参数表中可以带有默认的参数，如果声明实例时没有给出相应的实参，则采用默认参数去初始化。

【示例 9-25】编写一个手机类，定义其构造函数，采用带参数的构造函数对手机基本信息进行初始化。程序主文件为 MobilePhone.cpp，CMobilePhone.h 为 CMobilePhone 类定义头文件，CMobilePhone.cpp 为 CMobilePhone 类实现文件。代码如下：

```
//CMobilePhone.h
#pragma once
#include <iostream>
#include <string>
using namespace std;

class CMobilePhone
{
    public:
        CMobilePhone(string strPhoneName,              //带参数构造函数
                string strPhoneType,
                float fLength,
                float fWidth,
                float fHeight);
        void SetPhoneName();                           //设置手机名
        void SetPhoneType();                           //设置手机型号
        void SetPhoneSize();                           //设置手机尺寸
        void ShowPhoneName() const;                    //显示手机名
        void ShowPhoneType() const;                    //显示手机型号
        void ShowPhoneSize() const;                    //显示手机尺寸
    private:
         string m_strPhoneName;                        //手机名
         string m_strPhoneType;                        //手机型号
         float m_fLength,m_fWidth,m_fHeight;           //手机长、宽、高（尺寸）
};
```

```
//CMobilePhone.cpp
#include "CMobilePhone.h"
CMobilePhone::CMobilePhone(string strPhoneName,                    //带参数构造函数
              string strPhoneType,
              float fLength,
              float fWidth,
              float fHeight)
{
     m_strPhoneName = strPhoneName;                                //手机名设定
     m_strPhoneType = strPhoneType;                                //手机型号设定
     m_fLength = fLength;                                          //手机长度设定
     m_fWidth = fWidth;                                            //手机宽度设定
     m_fHeight = fHeight;                                          //手机高度设定
}
void CMobilePhone::ShowPhoneName() const                           //输出手机名成员函数
{
     cout<<m_strPhoneName<<endl;
}
void CMobilePhone::ShowPhoneType() const                           //输出手机型号成员函数
{
     cout<< m_strPhoneType<<endl;
}
void CMobilePhone::ShowPhoneSize() const                           //输出手机外形尺寸成员函数
{
     cout<<"The phone size is :"<< m_fLength<<"×" << m_fWidth <<"×" << m_fHeight<<endl;
}

//MobilePhone.cpp
#include "CMobilePhone.h"
int main()
{
     CMobilePhone imp("Motorola","A1200",30,20,10);               //定义对象并初始化

     imp.ShowPhoneName();                                          //输出手机名
     imp.ShowPhoneType();                                          //输出手机型号
     imp.ShowPhoneSize();                                          //输出手机尺寸
}
```

程序运行结果如下：

```
Motorola
A1200R
The phone size is :30×20×10
```

构造函数的参数中可以有默认值。例如，定义某一种类的手机，其手机名称一般是相同的。

【示例 9-26】定义一个描述 Motorola 手机的类，构造函数带默认的参数。代码如下：

```
//CMobilePhone.h
```

```
class CMobilePhone
{
     public:
          CMobilePhone(string strPhoneName = "Motorola",  //带默认参数构造函数
                    string strPhoneType,
                    float fLength,
                    float fWidth,
                    float fHeight);
     private:
          string m_strPhoneName;                          //手机名
          string m_strPhoneType;                          //手机型号
          float m_fLength,m_fWidth,m_fHeight;             //手机长、宽、高（尺寸）
};
```

分析：这样在生成实例时，在没有对 strPhoneName 赋实参的情况下，构造函数会用默认的参数对数据进行初始化。如果对 strPhoneName 赋予了其他实参，则用这个实参进行初始化。

```
CMobilePhone imp("A1200",30,20,10);                       //对 strPhoneName 没有赋实参
CMobilePhone imp("Nokia","N73",30,20,10);                 //对 strPhoneName 赋其他的实参
```

9.3.2 复制构造函数

扫一扫，看视频

在普通变量的赋值中，可以利用另一个同类型的或者可以转换为同类型的变量进行赋值。实例的初始化也可以通过其他实例进行，即用一个实例去构造另一个实例。在构造时，将已存在的实例中的数据成员值传递给新的实例，将其初始化为与已存在的实例具有相同数据的实例。

用一个实例构造另一个实例的方法有两种：第一种是先建立实例，然后将已存在的实例的值一一赋予新实例，但是这样做非常烦琐；第二种方式就是利用类的复制构造函数实现。

类的复制构造函数是一种特殊的构造函数，具有一般构造函数的所有特性。它的作用是用一个已经存在的实例去初始化另一个新的同类实例。复制构造函数的原型如下：

```
类名(类名& 实例名)
```

复制构造函数可以在类外实现，也可以是内联函数。

【示例 9-27】编写一个手机类，定义其复制构造函数，实现对实例的复制。程序主文件为 MobilePhone.cpp，CMobilePhone.h 为 CMobilePhone 类定义头文件，CMobilePhone.cpp 为 CMobilePhone 类实现文件。代码如下：

```
//CMobilePhone.h
#pragma once
#include <iostream>
#include <string>
using namespace std;
class CMobilePhone
{
```

```
    public:
        CMobilePhone();                                    //构造函数
        CMobilePhone(CMobilePhone& iMp);                   //复制构造函数

        void SetPhoneName();                               //设置手机名
        void SetPhoneType();                               //设置手机型号
        void SetPhoneSize();                               //设置手机尺寸

        void ShowPhoneName() const;                        //显示手机名
        void ShowPhoneType() const;                        //显示手机型号
        void ShowPhoneSize() const;                        //显示手机尺寸
    private:
        string m_strPhoneName;                             //手机名
        string m_strPhoneType;                             //手机型号
        float m_fLength,m_fWidth,m_fHeight;                //手机长、宽、高（尺寸）
};

//MobilePhone.cpp
#include "CMobilePhone.h"
CMobilePhone:: CMobilePhone(CMobilePhone& iMp)             //复制构造函数
{
    cout<<"复制构造函数被调用"<<endl;
    m_strPhoneName = iMp.m_strPhoneName;                   //对手机名的复制
    m_strPhoneType = iMp.m_strPhoneType;                   //对手机型号的复制
    m_fLength = iMp.m_fLength;                             //对手机长度的复制
    m_fWidth = iMp.m_fWidth;                               //对手机宽度的复制
    m_fHeight = iMp.m_fHeight;                             //对手机高度的复制
}
…                                                          //其他成员函数实现

//MobilePhone.cpp
#include "CMobilePhone.h"
int main()
{
    CMobilePhone iMp1;                          //定义手机对象 iMp1
    iMp1.SetPhoneName();
    iMp1.SetPhoneType();
    iMp1.SetPhoneSize();

    CMobilePhone iMp2(iMp1);                    //定义手机对象 iMp2,并用对象 iMp1 将其初始化
                                                //此过程需要调用复制构造函数

    iMp2.ShowPhoneName();
    iMp2.ShowPhoneType();
    iMp2.ShowPhoneSize();
    return 0;
};
```

程序运行结果如下：

```
输入手机名：Motorola
输入手机型号：A1200
输入尺寸(长)：30
输入尺寸(宽)：20
输入尺寸(高)：10
复制构造函数被调用
Motorola
A1200
The phone size is :30×20×10
```

分析：在上面的例子中，先建立了一个对象 iMp1，然后用 iMp1 来初始化 iMp2。当 iMp2 被建立时，系统自动调用复制构造函数对数据进行复制，建立了 iMp1 实例的副本。

复制构造函数是由系统自动调用的。普通的构造函数在实例被建立时由系统调用，复制构造函数在以下三种情况下会被系统调用。

- 当用一个类的实例去初始化该类的另一个实例时，如上面的例子就是这样的情况。
- 当函数的形参是类的实例，在调用这个函数进行形参和实参结合时。

【示例 9-28】类的复制构造函数举例。代码如下：

```
void ShowPhoneInfo(CMobilePhone iMp)
{
    iMp.ShowPhoneName();
    iMp.ShowPhoneType();
    iMp.ShowPhoneSize();
}
int main()
{
    CMobilePhone imp("Motorola","A1200",30,20,10);
    ShowPhoneInfo(imp);                        //此时，复制构造函数会被调用
}
```

分析：这种情况会调用复制构造函数是因为在参数传递过程中，函数需要对参数建立副本。建立副本相当于建立一个新的实例，并用参数中的实例对其进行初始化。

- 当函数返回值为类的实例，函数调用结束返回时。

【示例 9-29】类的复制构造函数举例。代码如下：

```
CMobilePhone CreatePhone()
{
    CMobilePhone iMp("Motorola","A1200",30,20,10);
    return iMp;                                //此时，复制构造函数被调用
}
int main()
{
    CMobilePhone iMyMp;
```

```
        iMyMp = CreatePhone();
    }
```

前面章节讲述过，当函数调用结束后，局部变量会消亡，函数的局部变量无法在主调函数中继续生存。对于实例也是如此。为了将函数中的返回值带回主调函数，编译系统会建立临时的无名实例，以便在主调函数中给其他实例赋值。在建立无名实例时，就是建立一个新的实例，并用局部函数中返回的对象对其进行初始化，所以调用复制构造函数。

扫一扫，看视频

9.3.3 默认复制构造函数

在类定义中，如果开发者未定义复制构造函数，则 C++会自动提供一个默认复制构造函数。这与构造函数类似。

默认复制构造函数的作用是复制实例中的每一个非静态数据成员给新的同类实例。如果系统调用了默认复制构造函数，默认复制构造函数会将实例中所有的非静态数据成员一一赋予新的实例，这样就完成了实例的复制。

【示例 9-30】编写一个手机类，利用默认复制构造函数实现对实例的复制。程序主文件为 MobilePhone.cpp，CMobilePhone.h 为 CMobilePhone 类定义头文件，CMobilePhone.cpp 为 CMobilePhone 类实现文件。代码如下：

```
//CMobilePhone.h
#pragma once
#include <iostream>
#include <string>
using namespace std;

class CMobilePhone
{
    public:
        CMobilePhone(string strPhoneName = "Motorola",     //带默认参数构造函数
                string strPhoneType,
                float fLength,
                float fWidth,
                float fHeight);
        void SetPhoneName();                               //设置手机名
        void SetPhoneType();                               //设置手机型号
        void SetPhoneSize();                               //设置手机尺寸
        void ShowPhoneName() const;                        //显示手机名
        void ShowPhoneType() const;                        //显示手机型号
        void ShowPhoneSize() const;                        //显示手机尺寸
    private:
        string m_strPhoneName;                             //手机名
        string m_strPhoneType;                             //手机型号
        float m_fLength,m_fWidth,m_fHeight;                //手机长、宽、高（尺寸）
};
```

```
//CMobilePhone.cpp
#include "CMobilePhone.h"
CMobilePhone::CMobilePhone(string strPhoneName,          //带参数的构造函数
              string strPhoneType,
              float fLength,
              float fWidth,
              float fHeight)
{
    m_strPhoneName = strPhoneName;                      //设置手机名
    m_strPhoneType = strPhoneType;                      //设置手机型号
    m_fLength = fLength;                                //设置手机长度
    m_fWidth = fWidth;                                  //设置手机宽度
    m_fHeight = fHeight;                                //设置手机高度
}
void CMobilePhone::ShowPhoneName() const                //输出手机名
{
    cout<<m_strPhoneName<<endl;
}
void CMobilePhone::ShowPhoneType() const                //输出手机型号
{
    cout<< m_strPhoneType<<endl;
}
void CMobilePhone::ShowPhoneSize() const                //输出手机尺寸
{
    cout<<"The phone size is :"<< m_fLength<<"×" << m_fWidth <<"×" << m_fHeight<<endl;
}

//MobilePhone.cpp
#include "CMobilePhone.h"
int main()
{
    CMobilePhone iMp1("Motorola","A1200",30,20,10);

    CMobilePhone iMp2 = iMp1;                           //调用了默认的复制构造函数
    iMp2.ShowPhoneName();                               //输出手机名
    iMp2.ShowPhoneType();                               //输出手机型号
    iMp2.ShowPhoneSize();                               //输出手机尺寸
}
```

程序运行结果如下：

```
Motorola
A1200
The phone size is :30×20×10
```

分析：在示例 9-30 中，在对类定义过程中并未定义复制构造函数，但是从程序运行的结果来

看，新的实例确实被进行了成功的复制初始化。这说明在实例的复制过程中，系统调用了默认复制构造函数。

注意：

在复制构造函数进行工作时，对静态数据成员是不进行复制的，因为静态数据成员只有一份副本，所有的实例共享这份副本。

扫一扫，看视频

9.3.4 浅拷贝和深拷贝

既然系统已经提供了默认复制构造函数，为什么还需要自己定义复制构造函数呢？这主要有以下两个原因。

一是默认复制构造函数无法满足开发者对实例复制细节控制的要求。例如，对于手机类的复制，如果复制同类型的手机，其中一些手机特性是相同的，但是大部分的特性是不同的。对于相同的特性，可以复制。对于不相同的特性，就不需要复制。而默认的复制构造函数对这些特性进行了全部复制，显然是不符合需求的。

二是默认复制构造函数无法对实例的资源进行复制（如动态内存等）。如果在实例中的数据成员拥有资源，复制构造函数只会建立该数据成员的一份副本，而不会自动为其分配资源，于是两个实例中就会拥有同一个资源。这样的局面显然是不合理的，不仅不符合对实例的要求，并且在析构函数中会被释放资源两次，会导致程序出错。

下面就是一个利用默认复制构造函数导致程序错误的例子。

【示例 9-31】编写一个手机类，利用开辟堆内存（动态内存）的方式来存储手机名。利用默认复制构造函数，实现对实例的复制。程序主文件为 MobilePhone.cpp，CMobilePhone.h 为 CMobilePhone 类定义头文件，CMobilePhone.cpp 为 CMobilePhone 类实现文件。代码如下：

```
//CMobilePhone.h
#pragma once
#include <iostream>
#include <string>
using namespace std;

class CMobilePhone
{
    public:
        CMobilePhone(string strPhoneName);                  //构造函数
        virtual ~CMobilePhone();                            //析构函数
        void ShowPhoneName() const;                         //显示手机名
    private:
        string* m_pstrPhoneName;                            //手机名
};

//CMobilePhone.cpp
#include "CMobilePhone.h"
```

```
CMobilePhone::CMobilePhone(string strPhoneName)          //构造函数
{
    m_pstrPhoneName = new string;                          //开辟动态内存
    *m_pstrPhoneName = strPhoneName;                       //设定手机名
}
CMobilePhone::~CMobilePhone()
{
    delete m_pstrPhoneName;                                //在析构函数中释放动态内存
    m_pstrPhoneName = NULL;                                //指针置为空
}
void CMobilePhone::ShowPhoneName() const                  //输出手机名
{
    cout<<*m_pstrPhoneName<<endl;
}

//MobilePhone.cpp
#include "CMobilePhone.h"

int main()
{
    CMobilePhone iMp1("Motorola");

    CMobilePhone iMp2 = iMp1;                              //调用了默认的复制构造函数
    iMp2.ShowPhoneName();                                  //输出手机名
}
```

程序运行结果如下：

```
Motorola
显示程序出错
```

分析：下面分析一下程序出错的原因。

程序开始运行时，首先创建了实例 iMp1，iMp1 的构造函数从堆中开辟了存储 string 类型的动态存储空间，并进行了值的初始化。当执行“CMobilePhone iMp2=iMp1;”语句时，因为没有定义自定义复制构造函数，系统调用了默认复制构造函数，使 iMp2 和 iMp1 所有的数据成员值相同。

这样两个实例中的 m_pstrPhoneName 都指向同一块堆内存（new string 所分配的堆内存），而不是将实例 iMp2 中的 m_pstrPhoneName 重新开辟为新的堆内存，如图 9.2 所示。当主函数执行结束后，对 iMp1 和 iMp2 逐个进行析构（析构函数将在后面小节讲述）。当析构 iMp2 时，会将堆内存释放。这时问题出现了，iMp1 中的 m_pstrPhoneName 指向了无效的内存。当析构 iMp1 时，释放 m_pstrPhoneName 指向的内存时导致了失败，系统报错。

当对实例进行复制时，未对实例的资源进行复制的过程称为浅拷贝。

解决浅拷贝所带来的弊端，可以通过自定义复制构造函数来解决。例如，将示例 9-31 增加自定义复制构造函数，完成实例进行复制时对堆内存的控制。

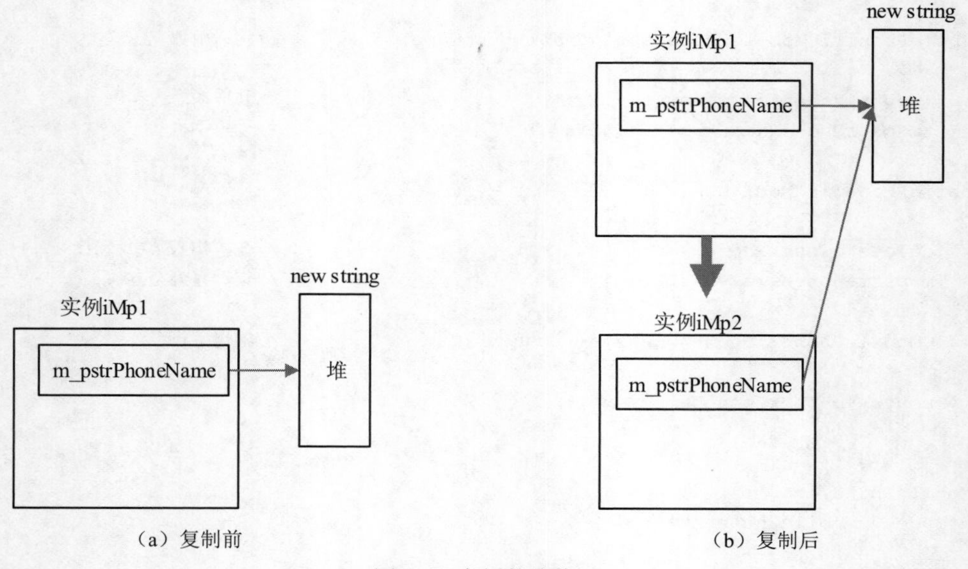

图 9.2　实例的浅拷贝

【示例 9-32】编写一个手机类，利用开辟堆内存的方式来存储手机名。利用自定义复制构造函数，实现对实例的复制。程序主文件为 MobilePhone.cpp，CMobilePhone.h 为 CMobilePhone 类定义头文件，CMobilePhone.cpp 为 CMobilePhone 类实现文件。代码如下：

```
//CMobilePhone.h
#pragma once
#include <iostream>
#include <string>
using namespace std;

class CMobilePhone
{
    public:
          CMobilePhone(string strPhoneName);                    //构造函数
          CMobilePhone(CMobilePhone &iMp);                      //复制构造函数
          virtual ~CMobilePhone();                              //析构函数
          void ShowPhoneName() const;                           //显示手机名
    private:
          string* m_pstrPhoneName;                              //手机名
};

//CMobilePhone.cpp
#include "CMobilePhone.h"

CMobilePhone::CMobilePhone(string strPhoneName)
```

```
{
    m_pstrPhoneName = new string;                    //开辟动态内存
    *m_pstrPhoneName = strPhoneName;                 //设定手机名

}
CMobilePhone::CMobilePhone(CMobilePhone &iMp)        //复制构造函数（深拷贝）
{
    m_pstrPhoneName = new string;
    *m_pstrPhoneName = *iMp.m_pstrPhoneName;         //复制函数名
}
CMobilePhone::~CMobilePhone()                        //析构函数
{
    delete m_pstrPhoneName;                          //在析构函数中释放动态内存
    m_pstrPhoneName = NULL;                          //指针置为空
}
void CMobilePhone::ShowPhoneName() const
{
    cout<<*m_pstrPhoneName<<endl;                    //输出手机名
}

//MobilePhone.cpp
#include "CMobilePhone.h"

int main()
{
    CMobilePhone iMp1("Motorola");
    iMp1.ShowPhoneName();
    CMobilePhone iMp2(iMp1);
    iMp2.ShowPhoneName();
    return 0;
};
```

程序运行结果如下：

```
Motorola
Motorola
```

分析：在示例 9-32 中，实例在复制过程中调用了自定义复制构造函数，在复制构造函数中对堆内存进行控制。在建立 iMp2 时，构造函数为其开辟了新的堆内存，不再与 iMp1 共享同一内存，如图 9.3 所示。在调用析构函数时，对两实例中的堆内存分别进行了释放，互不影响。

当对实例进行复制时，对实例的资源也进行复制的过程称为深拷贝。

对于需要复制构造函数进行深拷贝的并不止是堆内存，对文件的操作、系统设备的占有（如计算机端口、打印等）都需要进行深拷贝。它们都是需要在析构函数中返回给系统的资源。一般来讲，需要在析构函数中析构的资源，都需要自定义一个能进行深拷贝的复制构造函数。

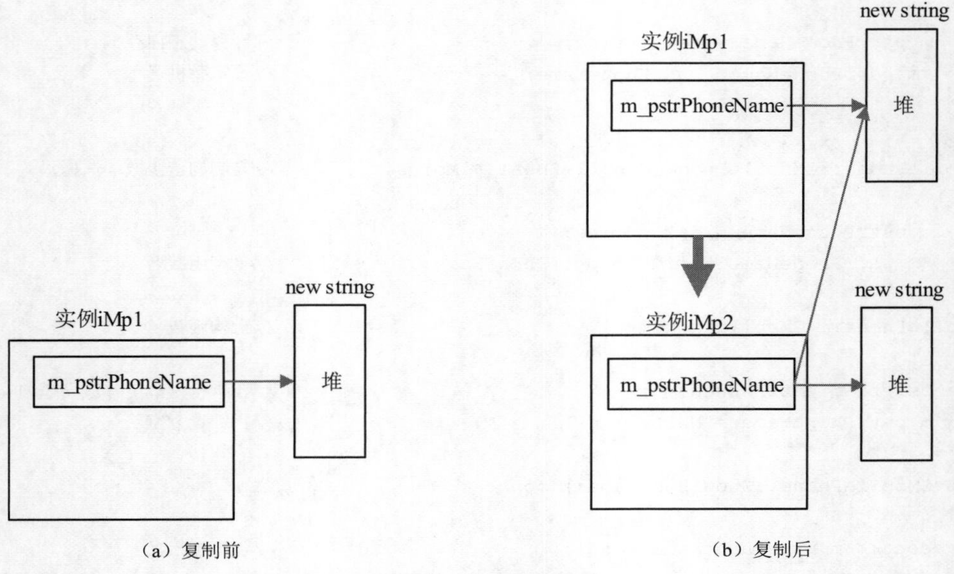

图 9.3　实例的深拷贝

扫一扫，看视频

9.3.5　析构函数

任何事物都有消亡的过程，对象在完成使命后就会消亡。在对象消亡时，需要对对象之前所分配的资源做必要的清理。例如，在实例中，打开了文件或者分配了资源后，这些都需要归还给系统。这个过程在 C++中称为析构，C++利用析构函数来完成对象消亡时的清理工作。

析构函数和构造函数的功能基本上是相反的。构造函数在实例生成时分配资源，析构函数在对象消亡时清理这些资源。析构函数也是系统自动调用的，在对象的生存期即将结束时被调用。析构函数的形式如下：

```
~类名()
```

- 析构函数名是在类名前加符号“~”。
- 析构函数是公有的成员函数。
- 析构函数不接受任何参数，这点与构造函数不同。
- 析构函数可以是虚函数（虚函数在后面章节将介绍到）。

在示例 9-31 中其实已经用到了析构函数。这个例子中，在构造函数中用 m_pstrPhoneName 开辟了动态资源（new string）。对于这个资源，在实例消亡时，系统无法自动将其释放，所以需要在析构函数中由开发者手动进行释放。

【示例 9-33】编写一个手机类，利用开辟堆内存的方式来存储手机名。利用析构函数对实例科学析构。程序主文件为 MobilePhone.cpp，CMobilePhone.h 为 CMobilePhone 类定义头文件，CMobilePhone.cpp 为 CMobilePhone 类实现文件。代码如下：

```
//CMobilePhone.h
#pragma once
#include <iostream>
#include <string>
using namespace std;

class CMobilePhone
{
    public:
        CMobilePhone(string strPhoneName);          //构造函数
        virtual ~CMobilePhone();                     //析构函数
        void ShowPhoneName() const;                  //显示手机名
    private:
        string* m_pstrPhoneName;                     //手机名
};

//CMobilePhone.cpp
#include "CMobilePhone.h"

CMobilePhone::CMobilePhone(string strPhoneName);     //构造函数
{
    cout<<"构造函数被调用"<<end;
    m_pstrPhoneName = new string;                    //开辟内存
    *m_pstrPhoneName = strPhoneName;                 //设定手机名
}
CMobilePhone::~CMobilePhone()                        //析构函数
{
    cout<<"析构函数被调用"<<end;
    delete m_pstrPhoneName;                          //释放内存
    m_pstrPhoneName = NULL;
}
void CMobilePhone::ShowPhoneName() const
{
    cout<<*m_pstrPhoneName<<endl;                    //输出函数名
}

//MobilePhone.cpp
#include "CMobilePhone.h"
int main()
{
    CMobilePhone iMp1("Motorola");

    iMp1.ShowPhoneName();
}
```

程序运行结果如下：

```
构造函数被调用
```

```
Motorola
析构函数被调用
```

分析：在示例 9-33 中，没有手动调用析构函数。当程序执行完语句“iMp1.ShowPhoneName();”后，实例的生命周期结束，系统自动调用析构函数对实例进行析构。

即使开发者不定义析构函数，系统也会生成默认的析构函数，只不过这个默认的析构函数没有做任何工作。一般来讲，只要在构造函数中分配了资源，就需要定义析构函数对实例中的资源进行析构。

9.4 类的组合

类是对一类事物抽象的描述，其本身就是一个整体。许多复杂的事物都是由更小的事物组成的。如果用一个类来描述复杂的事物，类将变得非常庞大，实现非常困难。在面向对象程序设计中，开发者可以将复杂的对象进行分解、抽象，把复杂的对象分解为一个个较为简单的对象，然后通过这些对象的组合形成一个完整的整体。

扫一扫，看视频

9.4.1 类的组合的概念

类的组合是描述一个类内嵌其他类的对象作为成员的情况，它们之间的关系是一种包含与被包含的关系。类的组合也称为类的聚合，经过组合的类称为组合类。例如，用一个类来描述一种手机。首先将其分为软件部分和硬件部分，硬件部分又分为核心处理器、输入/输出模块、通信模块等；软件部分可分为操作系统和应用软件部分。这些模块还可以进一步分解。如果将分解后模块的描述都定义为类，则这种手机就是各种类的组合。

【示例 9-34】手机类定义。代码如下：

```
class CMobilePhone
{
    string m_strPhoneName;                                          //手机名
    string m _strPhoneType;                                         //手机型号
    float m_fLength,m_fWidth,m_fHeight;                             //手机长、宽、高
};
```

分析：类 CMobilePhone 中包含了 string 类型、float 类型数据。而 float 类型是基本数据类型，string 类型实际上一种字符串类。所以这其实是一种类的组合，只不过这是一种简单的类的组合。类的成员数据不仅可以是基本类型和自定义类型，还可以是类类型的对象。

【示例 9-35】学生类的定义。代码如下：

```
class CStudent                                                      //学生类
{
public:
    CStudent();
```

```
    virtual ~CStudent();
private:
    int nGrade;                                    //年级
    int nNo;                                       //学号
    string strName;                                //姓名
    unsigned short snAge;                          //年龄
    double score1;                                 //成绩 1
    double score2;                                 //成绩 2
    double score3;                                 //成绩 3
    …                                              //其他成员
};
class CClass                                       //班级类
{
public:
    CClass();
    virtual ~CClass();
private:
    CStudent std[100];
};
```

分析：示例 9-35 就是一个典型的类的组合。班级是由学生组成的，在定义了学生类后，通过学生类来定义班级类，班级类中嵌入了学生类。

9.4.2 组合类的构造函数和析构函数

扫一扫，看视频

在组合类生成对象时，会涉及类和嵌套类的构造函数与析构函数问题。在组合类实例化时，组合类会先调用嵌套类的构造函数，然后调用组合类的构造函数；在组合类进行析构时，则调用顺序相反，会先调用组合类的析构函数再调用嵌套类的析构函数。

【示例 9-36】组合类的构造函数和析构函数调用顺序举例。程序主文件为 School.cpp，CStudent.h 为 CStudent 类定义头文件，CStudent.cpp 为 CStudent 类实现文件，CClass.h 为 CClass 类定义头文件，CClass.cpp 为 CClass 类实现文件。代码如下：

```
//CStudent.h
#pragma once
#include <iostream>
#include <string>
using namespace std;

class CStudent                                     //学生类
{
public:
    CStudent();
    virtual ~CStudent();
private:
    int nGrade;                                    //年级
```

```
    int nNo;                                        //学号
    string strName;                                 //姓名
    unsigned short snAge;                           //年龄
    double score1;                                  //成绩1
    double score2;                                  //成绩2
    double score3;                                  //成绩3
};

//CStudent.cpp
#include "CStudent.h"

CStudent::CStudent()                                //构造函数
{
    cout<<"CStudent构造函数被调用"<<endl;
}
CStudent::~CStudent()                               //析构函数
{
    cout<<"CStudent析构函数被调用"<<endl;
}

// CClass.h
#pragma once
#include <iostream>
#include <string>
#include "CStudent.h"
using namespace std;

class CClass                                        //班级类
{
public:
    CClass();
    virtual ~CClass();
private:
    string strClassName;                            //班级名
    CStudent std[100];                              //班级学生集合
};

//CClass.cpp
#include "CClass.h"

CClass::CClass()
{
    cout<<"CClass构造函数被调用"<<endl;
}
CClass::~CClass()
{
    cout<<"CClass析构函数被调用"<<endl;
```

```
}

//School.cpp
#include "CClass.h"
int main()
{
    CClass cls;                                        //定义一个班级类
}
```

程序运行结果如下：

```
CStudent 构造函数被调用[共输出 100 次]
…
CClass 构造函数被调用
CClass 析构函数被调用
CStudent 析构函数被调用[共输出 100 次]
…
```

分析：在示例 9-36 中，在生成 CClass 实例时，先调用了嵌套类 CStudent 类的构造函数，因为要构造 100 个实例，所以构造函数被调用了 100 次，然后调用 CClass 的构造函数；当进行析构时，先调用 CClass 的析构函数，再调用 CStudent 的析构函数，因为有 100 个实例需要析构，所以 CStudent 析构函数被调用了 100 次。

9.4.3 组合类的初始化

扫一扫，看视频

组合类在创建对象时，既要对本类的基本数据成员进行初始化，又要对内嵌对象成员进行初始化。组合类的初始化是通过初始化列表来进行的。组合类初始化的一般形式为：

```
类名::类名(形参表):内嵌对象 1(形参),内嵌对象 2(形参),…
{类的初始化}
```

面上的线段是由平面上的两个点组成的，知道了两个点的坐标就可以计算出此线段的长度。在程序中先定义一个表示点的类，然后通过点的组合来定义线段类。程序主文件为 Test.cpp，Point.h 为 CPoint 类定义头文件，Point.cpp 为 CPoint 类实现文件，Linesegment.h 为 CLinesegment 类定义头文件，Linesegment.cpp 为 CLinesegment 类实现文件。

【示例 9-37】组合类的初始化：定义一个面上的线段类，能够计算线段的长度。代码如下：

```
//Point.h
class CPoint
{
public:
    CPoint();                                          //默认构造函数
    CPoint(double x,double y){X=x;Y=y;};               //带参数构造函数
    CPoint(CPoint &p);                                 //复制构造函数
    virtual ~CPoint();                                 //析构函数
    double GetX(){return X;};                          //返回 X 坐标值
```

```
    double GetY(){return Y;};                                           //返回 Y 坐标值
private:
    double X,Y;                                                         //X、Y 坐标值
};

//Point.cpp
#include"Point.h"

CPoint::CPoint()
{
}
CPoint::CPoint(CPoint &p)                                               //复制构造函数实现
{
    this->X = p.X;
    this->Y = p.Y;
}
CPoint::~CPoint()                                                       //析构函数
{
}

// Linesegment.h
#include "Point.h"

class CLinesegment                                                      //线段类
{
public:
    CLinesegment(CPoint p1,CPoint p2);                                  //构造函数
    virtual ~CLinesegment();
    double GetLenght();                                                 //返回线段长度
private:
    CPoint pStart,pEnd;                                                 //线段的起点和终点
    double length;                                                      //线段长度
};

// Linesegment.cpp
#include "Linesegment.h"
#include <math.h>

CLinesegment::CLinesegment(CPoint p1,CPoint p2):pStart(p1),pEnd(p2)     //构造函数
{
    double xx=fabs(p1.GetX() - p2.GetX());                              //计算两点 X 坐标差值
    double yy=fabs(p1.GetY() - p2.GetY());                              //计算两点 Y 坐标差值
    length = sqrt(xx*xx+yy*yy);                                         //计算线段长度
}
CLinesegment::~CLinesegment()
{
}
```

```
double CLinesegment::GetLenght()                    //返回线段长度
{
    return this->length;
}

//Test.cpp
#include "Linesegment.h"
#include <iostream>
using namespace std;

int main()
{
    CPoint myp1(2,2),myp2(5,6);                     //定义两个点
    CLinesegment myline(myp1,myp2);                 //用这两个点组成一个线段

    cout<<"The length is:"<<myline.GetLenght();     //输出线段长度
}
```

程序运行结果如下：

```
The length is:5
```

分析：在线段类 CLinesegment 中，包含了内嵌类 CPoint。当对线段类进行初始化时，对 CPoint 类也进行了初始化。

9.5 友元函数和友元类

友元是类之间或者类与函数之间共享数据的一种方式。通过它可以让类外的一些成员访问到类的私有数据成员。在一些情况下，通过友元可以提高程序的效率。

9.5.1 友元的需求性和定义

扫一扫，看视频

有时在一个类中定义的成员函数也适用于其他类。像这样的成员函数在普通的函数中会被定义成函数模板。在函数模板中，也可以对类进行操作。函数的通用类型参数不仅可以代表基本的数据类型，也可以代表类。

【示例 9-38】小学生类和中学生类的定义。代码如下：

```
class EleSchStu                                    //小学生类
{   private:
        string strName;                            //姓名
        double score1;                             //成绩 1
        double score2;                             //成绩 2
        double score3;                             //成绩 3
        …                                          //其他成员
```

```
};
class JuniorSchStu                                   //中学生类
{   private:
        string strNo;                                //学号
        string strName;                              //姓名
        double score1;                               //成绩 1
        double score2;                               //成绩 2
        double score3;                               //成绩 3
        …                                            //其他成员
};
```

上面这两个类非常相似，只有细微的差别。当需要计算学生的平均分时，需要在两个类中都设计一个求平均分的成员函数。这两个成员函数的功能相同，且处理的数据形式也相同，只不过数据存在不同的类中。所以这两个函数几乎是完全相同的。通过前面的学习，这种情况下，可以设计一个函数模板来完成求平均分的功能，这样就不用在两个类中分别写类的成员函数了。但是函数模板在访问类时，需要用类的外部接口来进行。当要访问的成员非常多时，这样写起来将非常烦琐，可读性差且效率也不高。在这种情况下，如果能让模板函数访问类的私有变量，这些问题就将迎刃而解。

【示例 9-39】职员类和公司类的定义。代码如下：

```
class Employee
{
    public:
        string GetName(){return strName;}
    private:
        string strName;
    …                                                //其他成员
};
class Company
{
    public:
        void SetName(string str);
    private:
    Employee emp;
    …                                                //其他成员
};
```

在上面的两个类中，类 Company 中嵌入了类 Employee。按照类的访问规则，此时类 Company 中的成员函数无法访问类 Employee 中的私有数据，这是符合类的安全机制的，但是使用起来却不方便。若在成员函数 SetName(string str)中直接引用 Employee 的私有变量，则会引起编译错误。

```
void SetName(string str)
{
    emp.strName =str;                                //编译错误：error C2248
};
```

那么有没有机制能让类 Company 访问 Employee 的私有变量呢？

以上这两种情况就可以利用 C++的友元机制来实现。

友元提供了不同类或者对象的成员函数之间、类的成员函数与一般函数之间进行数据共享的机制。通过友元机制，一个类的成员函数或一般函数可以访问某一个类内部的数据，相当于将封装的类开了一个小小的口，能将隐藏在类中的数据提供给外面的函数。从友元的机制可以看出，它是对数据的封装和隐藏性的破坏。但是它却能提供数据的共享，提高程序的效率。所以只要能把握住使用友元的度，在数据的封装和共享之间达到一个平衡，就可以极大提高程序的效率。

友元可以利用关键字 friend 来声明。在类中，如果将其他函数声明为它的友元，则这个类中的隐藏信息（私有成员、保护成员）就可以被友元访问。

如果友元是一般函数或者类的成员函数，则称为友元函数。如果友元是一个类，则称为友元类，友元类中的所有函数都是友元函数。

9.5.2 友元函数

扫一扫，看视频

友元函数是在类声明中由关键字 friend 修饰的非本类的成员函数，即友元函数可以是一个普通的函数，也可以是其他类的成员函数，而不是本类的成员函数。友元函数可以通过对象名访问类的私有成员和保护成员。

【示例 9-40】编写一个友元函数，对短信息内容的长度进行检查。程序主文件为 Sms.cpp，CSms.h 为 CSms 类定义头文件，CSms.cpp 为 CSms 类实现文件。代码如下：

```
//CSms.h
#pragma once;
#include <iostream>
#include <string>
using namespace std;

class CSms
{
public:
        void SetSmsBody(string str);
        friend void CheckSmssBody(CSms &sms);         //友元函数
private:
        string m_strSmsFrom;                          //信息来源（电话号码）
        string m_strSmsTo;                            //信息发送对象（电话号码）
        string m_strSmsTitle;                         //信息头部
        string m_strSmsBody;                          //信息内容
        static int sm_nSmsTotal;                      //信息总数（静态成员函数）
        static const int cMAX_MSG_LEN;                //信息的最大长度
};

//CSms.cpp
#include "Csms.h"
```

```
void CheckSmssBody(CSms &sms)                                       //在类外实现友元函数
{
      if (sms.m_strSmsBody.length() > CSms::cMAX_MSG_LEN)           //信息字数是否超过限制
           cout<<"信息超过最大长度"<<endl;
      else
           cout << "信息未超过最大长度" << endl;
}

//Sms.cpp
#include <iostream>
#include "CSms.h"
using namespace std;

const int CSms::cMAX_MSG_LEN = 140;
int main()
{
     CSms sms;                                                      //声明一个 CSms 对象
     string str;                                                    //接收信息内容

     cout << "请输入信息的内容" << endl;
     cin >> str;

     sms.SetSmsBody(str);                                           //设置信息内容
     CheckSmssBody(sms);                                            //检查信息内容
}
```

程序运行结果如下：

```
请输入信息的内容：[输入字符超过 140 个时]
信息内容超过了最大长度
```

分析：在示例 9-40 中，类中声明了友元函数 CheckSmssBody，在类中只声明了原型，可以在类外进行实现。从上例中可以看出，友元函数可以通过对象名对类的私有成员 m_strSmsBody 进行访问。这就是友元机制的核心。本例中的友元函数是一个普通函数。如果在类中声明的友元是另一个类的成员函数，那么用法与一般友元函数的用法基本相同，只不过在调用此友元函数时需要加上相应的类名或者对象名。

下面的例子是利用友元来解决在本小节开始提出的类的组合问题。

【示例 9-41】通过友元实现公司类对员工类的私有成员的访问。程序主文件为 Test.cpp，Company.h 为 CCompany 类定义头文件，Company.cpp 为 CCompany 类实现文件，Employee.h 为 CEmployee 类定义头文件，Employee.cpp 为 CEmployee 类实现文件。代码如下：

```
//Company.h
class CEmployee;                                                    //员工类前置声明
class CCompany                                                      //公司类
{
     public:
```

```
        CCompany();                                     //默认构造函数
        virtual ~CCompany();                            //析构函数
        void SetName(CEmployee &emp);                   //设定某个员工的姓名
        CEmployee& GetEmployee(int n);                  //返回某个员工对象的引用
    private:
        CEmployee* emp[100];                            //公司员工集合
};
//Company.cpp
CCompany::CCompany()
{
    for (int nCnt=0;nCnt <100;nCnt++)
        emp[nCnt] = new CEmployee();                    //循环开辟存储员工信息的内存空间
}
CCompany::~CCompany()
{
    for (int nCnt=0;nCnt <100;nCnt++){
        delete emp[nCnt];                               //循环删除开辟的动态内存
        emp[nCnt]=NULL;
    }
}
CEmployee& CCompany::GetEmployee(int n){                //返回某个员工对象的引用
   if (n>=0 && n<100)
         return *emp[n];
   else
       return *emp[0];
};
void CCompany::SetName(CEmployee &emp) {                //设定某个员工的姓名
            string strName;
            cout<<"输入姓名：";
            cin>>strName;
            emp.strName = strName;
};
//Employee.h
class CCompany;
class CEmployee
{
    public:
        CEmployee();
        virtual ~CEmployee();
        friend void CCompany::SetName(CEmployee &emp);   //友元成员函数，通过友元来访问
                                                          CCompany 对象
        string GetName(){return strName;}                //返回员工姓名
    private:
        string strName;                                  //员工姓名
};
//Employee.cpp
CEmployee::CEmployee()
```

```
{
}
CEmployee::~CEmployee()
{
}
//Test.cpp
#include "stdafx.h"
int main()
{

     CCompany comy;
     CEmployee& emp = comy.GetEmployee(0);                //获得第一个员工对象
     comy.SetName(emp);                                   //调用友元函数
     cout<<emp.GetName()<<endl;
};
```

分析：在示例 9-41 中，公司类中有 100 个员工。公司应该有权限设定这些员工的属性，利用友元函数可以实现公司类对员工类内部私有成员的访问。

扫一扫，看视频

9.5.3 友元类

类也可以声明为另一个类的友元，这样的类称为友元类。若类 A 为类 B 的友元类，则类 A 中的所有成员函数都是类 B 的友元函数。类 A 中的所有成员函数都可以访问类 B 的私有成员和保护成员。声明友元类的一般形式为：

```
class B
{
     …
     friend class A;                                      //说明 A 为 B 的友元类
     …
};
```

友元类的使用需要注意以下两点。

- 友元关系不能传递。若类 A 是类 B 的友元类，而类 B 是类 C 的友元类，此时如果没有声明类 A 和类 C 是友元类，则它们之间是没有友元关系的。
- 友元关系是单向的。如果声明类 A 是类 B 的友元类，则类 A 的成员函数可以访问类 B 中隐藏的数据，但是类 B 的成员函数无法访问类 A 中隐藏的数据。

【示例 9-42】通过友元类实现公司类对员工类私有成员的访问。程序主文件为 Test.cpp，Company.h 为 CCompany 类定义头文件，Company.cpp 为 CCompany 类实现文件，Employee.h 为 CEmployee 类定义头文件，Employee.cpp 为 CEmployee 类实现文件。代码如下：

```
//Company.h
class CEmployee;                                          //员工类前置声明
class CCompany                                            //公司类
{
```

```
    public:
            CCompany();
            virtual ~CCompany();
            void SetName(CEmployee &emp);                    //设定某个员工的姓名
            CEmployee& GetEmployee(int n);                   //返回某个员工的引用
     private:
            CEmployee* emp[100];                             //公司员工的集合
};
//Company.cpp
CCompany::CCompany()
{
    for (int nCnt=0;nCnt <100;nCnt++)
         emp[nCnt] = new CEmployee();                        //循环开辟存储员工信息的内存空间
}
CCompany::~CCompany()
{
    for (int nCnt=0;nCnt <100;nCnt++){
         delete emp[nCnt];                                   //循环删除开辟的动态内存
         emp[nCnt]=NULL;
    }
}
CEmployee& CCompany::GetEmployee(int n){                     //返回某个员工对象的引用
    if (n>=0 && n<100)
         return *emp[n];
    else
         return *emp[0];
};
void CCompany::SetName(CEmployee &emp){                      //设定某个员工的姓名
              string strName;
              cout<<"输入姓名: ";
              cin>>strName;
              emp.strName = strName;
};
//Employee.h
class CCompany;
class CEmployee
{
    public:
          CEmployee();
          virtual ~CEmployee();
          friend void CCompany::SetName(CEmployee &emp); //友元成员函数
          string GetName(){return strName;}
    private:
          string strName;
};
//Employee.cpp
CEmployee::CEmployee()
```

```
{
}
CEmployee::~CEmployee()
{
}
//Test.cpp
#include "stdafx.h"
int main(int argc, char* argv[])
{

    CCompany comy;
    CEmployee& emp = comy.GetEmployee(0);
    comy.SetName(emp);                              //调用友元函数
    cout<<emp.GetName()<<endl;
};
```

分析：本例的代码是对示例 9-41 的改造，通过友元类同样实现了公司类对员工类内部数据的访问。

9.6　本章实例

定义学生类，实现员工信息的存储和输出。要求从键盘输入三个员工的信息并输出。

分析：本例要求利用类来定义学生信息，前面讲过利用结构体来实现类似的功能。与结构体相比，用类来实现此功能的最大优点是可以隐藏学生信息，即把学生信息封装到一个类中，通过公开的成员函数接口来操作数据。

操作步骤如下：

（1）建立工程。建立一个“Win32 Console Application”程序，工程名为“Test”。程序主文件为 Test.cpp，Emp.h 为 CEmp 类定义头文件，Emp.cpp 为 CEmp 类实现文件。

（2）建立标准 C++程序，增加以下代码：

```
using namespace std;
```

（3）建立 CEmp 类：右击 Test 工程目录下的“源文件”选项，在弹出的快捷菜单中选择“添加”→“类(C)...”选项，弹出“添加类”对话框，在“类名”编辑框中输入要创建的类名 CEmp，在对应的“.h 文件”编辑框中修改类 CEmp 的头文件为 Emp.h，在对应的“.cpp 文件”编辑框中修改类 CEmp 的源文件为 Emp.cpp，单击“确定”按钮，编译系统会自动生成 Emp.h 和 Emp.cpp。

（4）编写代码。

在 Emp.h 中输入以下代码：

```
//Emp.h
#pragma warning(disable:4996)
#include <iostream>
```

```
#include <string>
using namespace std;

class CEmp
{
     public:
          CEmp();
          virtual ~CEmp(){delete[] name;}                    //析构函数
          void set_name(char *);                             //设置员工姓名
          void set_age(short a){age = a;}                    //设置员工年龄
          void set_salary(float s){salary=s;}                //设置员工工资
          void print();

     private:
          char *name;                                        //员工姓名
          short age;                                         //年龄
          float salary;                                      //工资
};
```

在 Emp.cpp 中输入以下代码：

```
//Emp.cpp
#include "Emp.h"

CEmp::CEmp()
{
   name=0;
   age=0;
   salary=0.0;
}
void CEmp::set_name(char *n)                                 //设置员工姓名
{
     name=new char[strlen(n)+1];                             //开辟存储姓名的空间
     strcpy(name,n);                                         //设定姓名
}
void CEmp::print()                                           //输出员工信息
{
     cout<<"Name: "<<name;                                   //输出姓名
     cout<<" Age: "<<age;                                    //输出年龄
     cout<<" Salary: "<<salary<<endl;                        //输出工资
}
```

在 Test.cpp 中输入以下代码：

```
//Test.cpp
#include "Emp.h"

int main()
```

```
{
    char *name=NULL;                                    //开辟存储姓名的空间
    name=new char[30];
    short age=0;                                        //接受用户输入的临时年龄
    float salary=0;                                     //接受用户输入的临时工资

    CEmp emp[3];                                        //定义三个员工对象

    for(int i=0;i<3;i++)                                //循环输入三个员工的信息并输出
    {
        cout<<"输入第"<<i+1<<"员工的信息"<<endl;
        cout<<"姓名：";
        cin>>name;
        cout<<"年龄：";
        cin>>age;
        cout<<"工资：";
        cin>>salary;
        emp[i].set_name(name);
        emp[i].set_age(age);
        emp[i].set_salary(salary);
        emp[i].print();
    }

}
```

（5）运行程序。程序运行结果如下：

```
输入第 1 员工的信息
姓名：Name1
年龄：23
工资：2500
Name: Name1 Age: 23 Salary: 2500
输入第 2 员工的信息
姓名：Name2
年龄：32
工资：4000
Name: Name2 Age: 32 Salary: 4000
输入第 3 员工的信息
姓名：Name3
年龄：43
工资：5000
Name: Name3 Age: 43 Salary: 5000
```

分析：在本程序中定义了 Emp 类，其中 set_name()、set_age()和 set_salary()三个成员函数可用来为员工档案填入姓名、年龄和工资。其中，填入姓名时要创建一个长度为该姓名字符串长度+1 的字符数组，以便以字符串形式存放该员工的姓名。print()函数的功能是输出该员工的档案内容。

9.7 小结

本章主要讲述了面向对象设计思想、类及类的组合问题。类是面向对象程序设计的基础和核心，是本章的重点内容。类是C++封装的基本单位，它把数据和函数封装在一起。面向对象程序设计方法的基本特点是抽象、封装、继承和多态。下一章将讲述重载技术。

9.8 习题

一、单项选择题

1．面向对象软件开发中使用的OOA表示（　　）。

A．面向对象分析　　B．面向对象设计

C．面向对象语言　　D．面向对象方法

2．面向对象软件开发中使用的OOD表示（　　）。

A．面向对象分析　　B．面向对象设计

C．面向对象语言　　D．面向对象方法

3．关于面向对象系统分析，下列说法中不正确的是（　　）。

A．术语“面向对象分析”可以用缩写OOA表示

B．面向对象分析阶段对问题域的描述比实现阶段更详细

C．面向对象分析包括问题域分析和应用分析两个步骤

D．面向对象分析需要识别对象的内部和外部特征

4．在一个类的定义中包含（　　）成员的定义。

A．数据　　B．函数　　C．数据和函数　　D．数据或函数

5．在类作用域中能够通过直接使用该类的（　　）成员名进行访问。

A．私有　　B．公用　　C．保护　　D．任何

二、程序设计题

定义一个图书类（Book），在该类定义中包括以下数据成员和成员函数。

（1）数据成员：bookname（书名）、author（作者）、price（价格）和number（存书数量）。

（2）成员函数：display()显示图书的情况；borrow()将存书数量减1，并显示当前存书数量；restore()将存书数量加1，并显示当前存书数量。

（3）在main函数中，创建某一种图书对象（如《C++程序设计》），并对该图书进行简单的显示、借阅和归还管理。

第 10 章

重载技术

重载技术是C++面向对象的一个特性，它是多态性的一种表现。C++重载主要分为函数重载和运算符重载。函数重载不仅提高了程序的适应性，还提高了程序代码的复用性。运算符重载就是赋予已有的运算符多重含义。运算符重载通过重新定义运算符，使它能够针对特定对象执行特定的功能，从而增强C++语言的扩充能力。重载能使程序更加简洁、易读。本章的内容包括：

- 函数的重载。
- 运算符的重载。

通过对本章的学习，读者可以掌握函数重载的运用及运算符重载的方法。

通过对本章的学习，读者可以掌握函数重载的运用及运算符重载的方法。

10.1　重载函数

函数重载允许用同一个函数名定义多个函数。这样可以简化程序的设计，开发者只需要记住一个函数名就可以完成一系列相关的任务。

10.1.1　重载函数的概念和定义

扫一扫，看视频

在C语言中，一个函数只有唯一的名称。这其实在实际开发中会变得比较烦琐，例如，设计求绝对值的函数，因为数值的数据类型有整型、长整型、浮点型等，所以需要对不同类型的数据分别设计函数。函数声明如下：

【示例 10-1】定义求不同数据类型数据的绝对值的函数。代码如下：

```
int iabs(int);
long labs(long);
double fabs(double);
```

示例 10-1 中的三个函数的功能都是相同的，但是所处理的数据类型不同。当开发者调用它们时，需要根据数据类型调用不同的函数。这样显得笨拙且对函数管理也不方便。

C++利用函数重载来解决这个问题，对于不同数据类型上的数据做相同或者相似的运算而函数名相同的情况，称为重载。被重载的函数称为重载函数。

例如，上面三个取数值绝对值的函数可以用一个函数名来声明。

【示例 10-2】利用一个函数名来表示所有求绝对值函数。代码如下：

```
int abs(int);
long abs(long);
double abs(double);
```

C++可以利用函数命名技术来准确判断应该调用哪个函数。

【示例 10-3】利用重载定义求绝对值函数。代码如下：

```
#include <iostream>
using namespace std;

int abss(int nPar)                              //对 int 类型的数据进行取绝对值操作
{     cout<<"整型";
      return nPar>=0?nPar:0-nPar;
}
long abss(long lPar)                            //对 long 类型的数据进行取绝对值操作
{     cout<<"长整型";
      return lPar>=0?lPar:0-lPar;
}
double abss(double dPar)                        //对 double 类型的数据进行取绝对值操作
```

```
{     cout<<"浮点型";
      return dPar>=0?dPar:0-dPar;
}
int main()
{
     int a=10,b=-10;
     long c=10000000,d=-10000000;
     double e=2934.02,f=-12313.323;

     cout<<abss(a)<<endl;                              //输出变量值的绝对值
     cout<<abss(b)<<endl;                              //输出变量值的绝对值
     cout<<abss(c)<<endl;                              //输出变量值的绝对值
     cout<<abss(d)<<endl;                              //输出变量值的绝对值
     cout<<abss(e)<<endl;                              //输出变量值的绝对值
     cout<<abss(f)<<endl;                              //输出变量值的绝对值
}
```

程序运行结果如下：

```
整型 10
整型 10
长整型 10000000
长整型 10000000
浮点型 2934.02
浮点型 12313.3
```

分析：在示例 10-2 中，程序根据所操作数据的类型自动调用了相应的函数。

注意：

自定义函数的函数名一定不要与系统函数名相同。

扫一扫，看视频

10.1.2 重载函数的使用

在调用重载函数时，编译器需要决定调用哪个函数。这是通过一一比较重载函数的形参和实参决定的，编译器的匹配步骤如下。

（1）寻找一个严格的匹配，如果找到了，那么就调用此函数。

（2）通过特定的转换寻求一个匹配，如果找到了，那么就调用此函数。

（3）通过用户定义的转换寻求一个匹配，如果能寻找到唯一的一组转换，那么就调用此函数。这种情况后面将会涉及。

在上面步骤中，特定的数据转换在前面的章节中已有讲述，即数据类型的隐性转换。例如，对于 int 型形参，char 型、short int 型都是可以与之严格匹配的。对于 double 型形参，float 型是可以与之严格匹配的。这些都是属于特定的数据转换范围内的。

如果系统遇到了无法完成的转换，则需要开发者自己进行显式转换来进行匹配。例如，形参只有 long 型时或者 double 型时，int 型的数据就需要通过强制转换来匹配。

【示例 10-4】重载函数的类型匹配举例。代码如下：

```
long abss(long);
double abss(double);
```

分析：对于 int 数据类型的匹配，需要进行强制转换。代码如下：

```
int a=-100;b;
b=abss((long)a);
```

C++函数在返回值类型、参数类型、参数个数、参数顺序上有所不同时，才被认为是函数重载。如果只是返回值不同，则不能被认为是函数重载。

【示例 10-5】无效的重载函数举例。代码如下：

```
int print(int);
void print(int);
```

分析：编译器是无法区分这两个函数的，所以是无效的重载函数。

10.2 运算符重载

C++中预定义的运算符只能针对基本的数据类型，而对运算符重载可以使运算符能够参与用户自定义数据类型的操作。运算符重载是对已有的运算符赋予多重含义，使同一个运算符作用于不同类型的数据的行为。使用运算符重载可以使 C++代码更直观，更易读。

10.2.1 运算符重载的需求

扫一扫，看视频

在类的定义中，经常需要涉及一些数据的运算操作。

【示例 10-6】定义一个数学上的复数类。代码如下：

```
class CComplex                                                          //复数类
{
public:
     CComplex(double pr = 0.0,double pi= 0.0){real = pr;imag = pi;};   //构造函数
     virtual ~CComplex();                                              //析构函数
private:
     double real;                                                      //复数的实部
     double imag;                                                      //复数的虚部
};
```

分析：复数包括实数和虚数部分。定义两个复数对象：

```
CComplex a(1,2),b(3,4);
```

如果要对这两个复数进行相加，则用 a+b 是无法完成的，程序会返回编译错误。因为“+”无法作

用于用户自定义类型。根据前面所学知识，只能编写下例函数来实现。

【示例 10-7】复数类的加法函数。代码如下：

```
CComplex CComplex::Add(CComplex c1,CComplex c2)
{
    CComplex result;
    result.real = c1.real + c2.real;                    //复数的实部相加
    result.imag = c1.imag + c2.imag;                    //复数的虚部相加
    return result;
}
```

但是程序的可读性不好，所以最好的办法是将“+”也能运用于复数类中。

扫一扫，看视频

10.2.2 运算符重载的基本方法和规则

运算符重载是针对新类型数据的实际需要而对原有的运算符进行适当改造的行为。C++中的运算符除了几个特殊的之外，都是可以重载的。重载的运算符必须是 C++已有的运算符，不能重载的运算符包括以下 5 个。

- 类属关系运算符“.”。
- 指针运算符“*”。
- 作用域运算符“::”。
- sizeof 运算符。
- 三目运算符“?:”。

前两个运算符不允许重载的原因是保证 C++中访问成员功能的含义不被改变。作用域运算符和 sizeof 运算符是针对数据类型操作的，无法对运算式操作，所以无法重载。

重载运算符的形式有两种：一类是重载为类的成员函数；另一类是重载为类的友元函数。运算符重载为类的成员函数的语法形式为：

```
函数类型 operator 运算符(形参表)
{
    函数体;
}
```

运算符重载为类的友元函数的语法形式为：

```
friend 函数类型 operator 运算符(形参表)
{
    函数体;
}
```

- 函数类型指定了重载运算符的返回值类型，即运算后的结果类型。
- operator 是定义运算符重载的关键字。
- 运算符是需要重载的运算符的名称，如“+”“-”等，必须是 C++中已有的可重载运算符号。

- 形参表是重载运算符所需要的参数和类型。
- 当运算符重载为类的友元函数时，需要用 friend 关键字来修饰。

1. 运算符作为成员函数

运算符重载的实质是函数重载，将其重载为类的成员函数，它就可以自由地访问本类的数据成员。当运算符重载为类的函数成员时，除了“++”和“--”运算符，函数的参数个数比原来的操作数个数要少一个，因为某个对象使用了运算符重载的成员函数后，自身的数据可以直接访问，不需要将自身的数据放在参数表中。

对于单目运算符 X，如“+”（正号）、“-”（负号）等，当将其重载为类 C 的成员函数时，用来实现 X operand，其中 operand 为类 C 的对象，则 X 就需要重载为 C 的成员函数，函数不需要形参。当使用 X operand 的运算式时，相当于调用 operand.operator X()。

对于双目运算符 Y，如“+”（加号）、“-”（减号）等，当将其重载为类 C 的成员函数时，用来实现 operand1 Y operand2，其中 operand1 为类 C 的对象，operand2 为其他与 operand1 相同或者可以转换为相同类型的操作数。当使用 operand1 Y operand2 的运算式时，相当于调用 operand1.operator Y(operand2)。

【示例 10-8】利用运算符重载来实现复数的加、减运算。程序主文件为 Overload.cpp，Complex.h 为 CComplex 类定义头文件，Complex.cpp 为 CComplex 类实现文件。代码如下：

```
//Complex.h (CComplex 类头文件)
#pragma once
#include <iostream>
#include <string>
using namespace std;

class CComplex
{
public:
     CComplex(double pr = 0.0,double pi= 0.0){real = pr;imag = pi;};
     virtual ~CComplex();
     static CComplex Add(CComplex c1,CComplex c2);  //成员函数，将两个复数相加
     CComplex operator +(CComplex c);               //重载运算符“+”，使其支持复数相加
     CComplex operator -(CComplex c);               //重载运算符“-”，使其支持复数相减
     static void ShowComplex(CComplex c);
private:
     double real;                                   //复数的实部
     double imag;                                   //复数的虚部
};
//Complex.cpp (CComplex 类实现文件)
#include "Complex.h"

CComplex CComplex::Add(CComplex c1,CComplex c2)
{
     CComplex result;
```

```
    result.real = c1.real + c2.real;                    //复数的实部相加
    result.imag = c1.imag + c2.imag;                    //复数的虚部相加
    return result;
}
CComplex::~CComplex()
{
}
CComplex CComplex::operator +(CComplex c)               //重载运算符“+”的实现
{
    return CComplex(this->real + c.real ,this->imag + c.imag );
}
CComplex CComplex::operator -(CComplex c)               //重载运算符“-”的实现
{
    return CComplex(this->real - c.real ,this->imag - c.imag );
}
void CComplex::ShowComplex(CComplex c)
{
    cout<<"("<<c.real<<","<<c.imag<<"i"<<")"<<endl;
}
//Overload.cpp（主程序文件）
#include "Complex.h"

int main()
{
    CComplex a(1,2),b(3,4);
    CComplex::ShowComplex(a+b);                         //利用运算符“+”完成复数加法运算
    CComplex::ShowComplex(a-b);                         //利用运算符“-”完成复数加法运算
}
```

程序运行结果如下：

```
(4,6i)
(-2,-2i)
```

分析：在示例 10-8 中，通过重载运算符使复数类可以利用加法和减法运算符进行加法和减法运算，不仅简化了程序设计，更使程序的可读性变好。通过例子可以看出，运算符重载成员函数与普通成员函数的区别只是在于，声明和实现时加上了关键字 operator。在对运算符重载之后，其原有的功能是不变的，如在上面的例子中“+”和“-”依然对基本类型数据的加法和减法有效，在原有基础又具有了针对复数运算的能力（这种运算符作用于不同对象上而导致的不同操作行为称为多态，后面将学习到）。

2. 运算符作为友元函数

运算符可以重载为类的友元函数，此时，它可以自由地访问该类的任何数据成员。而其操作数需要通过函数的形参表来传递，操作数的顺序是按照形参中的参数从左到右来决定的。

对于单目运算符 X，如“+”（正号）、“-”（负号）等，用来实现 X operand，其中 operand 为类

C 的对象，则 X 就需要重载为 C 的友元函数，函数的形参为 operand。当使用 X operand 的运算式时，相当于调用 operator X(operand)。

对于双目运算符 Y，如“+”（加号），“-”（减号）等，用来实现 operand1 Y operand2，其中 operand1 和 operand2 为类 C 的对象，则 Y 就需要重载为 C 的友元函数，函数有两个参数。当使用 operand1 Y operand2 的运算式时，相当于调用 operator Y(operand1, operand2)。

【示例 10-9】利用运算符重载来实现复数的加、减运算。程序主文件为 Overload.cpp，Complex.h 为 CComplex 类定义头文件，Complex.cpp 为 CComplex 类实现文件。代码如下：

```
//Complex.h
#pragma once
#include <iostream>
#include <string>
using namespace std;

class CComplex
{
public:
    CComplex(double pr = 0.0,double pi= 0.0){real = pr;imag = pi;};
    virtual ~CComplex();
    friend CComplex operator +(CComplex c1,CComplex c2);
    friend CComplex operator -(CComplex c1,CComplex c2);
    static void ShowComplex(CComplex c);
private:
    double real;
    double imag;
};
//Complex.cpp
#include "Complex.h"

CComplex::~CComplex()
{
}
CComplex operator +(CComplex c1,CComplex c2)
{
    return CComplex(c1.real + c2.real ,c1.imag + c2.imag );
}
CComplex operator -(CComplex c1,CComplex c2)
{
    return CComplex(c1.real - c2.real ,c1.imag - c2.imag );
}
void CComplex::ShowComplex(CComplex c)
{
    cout<<"("<<c.real<<","<<c.imag<<"i"<<")"<<endl;
}
//Overload.cpp
#include "Complex.h"
```

```
int main()
{
    CComplex a(1,2),b(3,4);
    CComplex::ShowComplex(a+b);
    CComplex::ShowComplex(a-b);                    //利用运算符“-”完成复数加法运算

}
```

程序运行结果如下：

```
(4,6i)
(-2,-2i)
```

分析：从示例 10-9 可以看出，将运算符重载为类的成员函数和友元函数实现的效果是相同的。只是在实现时需要将所有参数通过参数表传入。

扫一扫，看视频

10.2.3 增量和减量运算符的重载

增量和减量运算符的重载是类似的，下面以增量运算符为例来说明它们的重载方法和规则。

增量运算符分为前增量和后增量，前增量的返回是引用返回，而后增量则是值返回。使用前增量时，先对对象进行修改，然后返回该对象。所以对于前增量运算，参数和返回的是同一个对象。使用后增量时，先返回对象原有的值，然后对对象进行修改。为此，需要创建一个临时对象存放原有的对象，保存对象的原有值以便返回。后增量返回的是原有对象的一个临时副本。了解了这些，在进行前增量运算符重载时就需要用引用返回，在对后增量运算符重载时需要用值返回。

这里规定复数类也可以进行增量和减量运算。当进行增量运算时，将实部和虚部都进行加 1 运算；当进行减量运算时，则将实部和虚部都进行减 1 运算。

【示例 10-10】利用运算符重载实现复数类的增量运算。程序主文件为 Overload.cpp，Complex.h 为 CComplex 类定义头文件，Complex.cpp 为 CComplex 类实现文件。代码如下：

```
//Complex.h
#pragma once
#include <iostream>
#include <string>
using namespace std;

class CComplex
{
public:
    CComplex(double pr = 0.0,double pi= 0.0){real = pr;imag = pi;};
    virtual ~CComplex();

    friend CComplex operator +(CComplex c1, CComplex c2);
    friend CComplex operator -(CComplex c1, CComplex c2);
```

```
    CComplex& operator ++();                    //前增量
    CComplex operator ++(int);                  //后增量
    static void ShowComplex(CComplex c);
private:
    double real;
    double imag;
};
//Complex.cpp
CComplex::~CComplex()
{
}
CComplex operator +(CComplex c1,CComplex c2)
{
    return CComplex(c1.real + c2.real ,c1.imag + c2.imag );
}
CComplex operator -(CComplex c1,CComplex c2)
{
    return CComplex(c1.real - c2.real ,c1.imag - c2.imag );
}
CComplex& CComplex::operator ++()
{
    real = (long)(real)+1;                      //先进行增量运算
    imag = (long)(imag)+1;                      //此处运算是有风险的，请读者自行分析

    return *this;                               //再返回原来的对象(已经完成了增量运算的对象)
}
CComplex CComplex::operator ++(int)
{
    CComplex temp(*this);                       //先保存原有对象（临时对象）

    real = (long)(real)+1;                      //再进行增量运算
    imag = (long)(imag)+1;

    return temp;                                //返回未进行增量运算的对象
}
void CComplex::ShowComplex(CComplex c)
{
    cout<<"("<<c.real<<")+("<<c.imag<<"i"<<")"<<endl;
}
//Overload.cpp
#include "Complex.h"

int main()
{
    CComplex a(1,2),b(3,4);
    CComplex::ShowComplex(a++);
```

```
    CComplex::ShowComplex(a);
    CComplex::ShowComplex(++b);
}
```

程序运行结果如下：

```
(1)+(2i)
(2)+(3i)
(4)+(5i)
```

分析：在示例 10-10 中，通过类的成员函数形式对增量运算符进行了重载。如果改为非成员函数即友元形式的实现，则需要注意参数的传递。

【示例 10-11】用友元函数实现增量运算符重载。Complex.h 为 CComplex 类定义头文件，Complex.cpp 为 CComplex 类实现文件。代码如下：

```
//Complex.h
class CComplex
{
public:
     CComplex(double pr = 0.0,double pi= 0.0){real = pr;imag = pi;};
     virtual ~CComplex();
     //static CComplex Add(CComplex c1,CComplex c2);
     CComplex operator +(CComplex c);
     CComplex operator -(CComplex c);
     friend CComplex& operator ++(CComplex&);              //前增量
     friend CComplex operator ++(CComplex&,int);           //后增量
     static void ShowComplex(CComplex c);
private:
     double real;
     double imag;
};
//Complex.cpp
CComplex& operator ++(CComplex& c)                         //通过友元来实现前增量重载
{   c.real = (long)(c.real)+1;
    c.imag = (long)(c.imag)+1;

return c;
}
CComplex operator ++(CComplex& c,int)                      //通过友元来实现后增量重载
{   CComplex temp(c);
    c.real = (long)(c.real)+1;
    c.imag = (long)(c.imag)+1;

    return temp;
}
```

在对后增量进行重载的函数参数表中有一个 int 型参数，在运算中并未使用到，它表明这是一

个后增量的运算标识。

对于后置的“++”“--”运算符，当把它们重载为类的成员函数时，需要带一个整数的形式参数（int 型），重载之后，当使用运算式 operand++和 operand--时，相当于调用函数 operand.operator ++(0) 和 operand.operator --(0)。当重载为类的友元函数时，则需要原对象引用和一个整型参数，重载之后，当使用运算式 operand++和 operand--时，相当于调用函数 operator++(operand,0) 和 operator --(operand,0)。

注意：

对于前置的“++”“--”运算符，进行重载时，其参数比后置的运算符重载少了一个整型参数。

10.2.4 转换运算符的重载

大多数程序都能处理各种数据类型的信息。我们常常需要将一种类型的数据转换为另外一种类型的数据，如赋值、计算、给函数传值及从函数返回值都可能会发生这种情况。对于内部的类型，编译器知道如何转换类型。开发者也可以用强制类型转换运算符来实现内部类型之间的强制转换。

但对于用户自定义类型，编译器不知道怎样实现用户自定义类型和内部类型之间的转换，开发者必须明确地指明如何转换。这种转换可以用转换构造函数来实现，也就是使用单个参数的构造函数，这种函数仅仅把其他类型（包括内部类型）的对象转换为某个特定类的对象。

为了能够使自定义的数据类型也支持数据的转换，就需要重载转换运算符。转换运算符，即强制类型转换运算符，它可以把一种类的对象转换为其他类的对象或内部类型的对象。这种运算符必须是一个非 static 成员函数，而不能是友元函数。

转换运算符声明的一般形式为：

```
operator 类型名();
```

在声明中虽然没有指定返回类型，但是类型名已经表明了其返回类型。

下面通过复数类来对转换运算符进行说明。

【示例 10-12】重载强制转换运算符实现将复数转换为实数。程序主文件为 Overload.cpp，Complex.h 为 CComplex 类定义头文件，Complex.cpp 为 CComplex 类实现文件。代码如下：

现定义从复数向实数转换的规则为：实数 $=\sqrt{复数实部^2+复数虚部^2}$。

```
//Ccomplex.h
#pragma once
#include <iostream>
#include <string>
using namespace std;

class CComplex
{
public:
```

```
    CComplex(double pr = 0.0,double pi= 0.0){real = pr;imag = pi;};
    virtual ~CComplex();
    static void ShowComplex(CComplex c);                //显示复数内容
    operator double();                                  //强制转换运算符重载

private:
    double real;                                        //复数的实部
    double imag;                                        //复数的虚部
};
//Ccomplex.cpp
#include "Complex.h"

CComplex::~CComplex()
{
}
void CComplex::ShowComplex(CComplex c)
{
    cout<<"("<<c.real<<","<<c.imag<<"i"<<")"<<endl;
}
CComplex::operator double()                             //强制转换运算符重载实现
{   return sqrt(real*real+imag*imag);                   //实数=√(复数实部²+复数虚部²)
}
//Overload.cpp
#include "Complex.h"

int main()
{
    CComplex a(1,2),b(3,4);;

    double c=(double)a;                                 //显式转换
    cout<<c<<endl;

    c=a+b;                                              //隐式转换
    cout<<c<<endl;
}
```

程序运行结果如下：

```
2.23607
7.23607
```

分析：在示例 10-12 中，CComplex 类中重载了复数到实数（double 型）的强制转换运算符。对强制转换运算符的重载只能针对本类型向其他类型的转换，如本例中的复数到 double 型的转换。如果需要将其他类型转换为本类型，则需要在其他类型中重载强制转换运算符，如本例中如果需要实现将 double 类型转换为复数，则需要在 double 类中实现（内置型是无法实现的，只能是本类通过构造函数来实现。如果是自定义类，则可以利用强制转换运算符重载）。

利用转换运算符的优点是不必提供对象参数的重载运算符，从转换路径直接达到目标类型。其缺点是无法定义类对象运算符操作的真正含义，因为转换之后，只能进行转换后类型的运算符操作（本例中的 double 进行加、减运算）。

注意：

对于强制转换运算符的重载，需要注意转换二义性的问题，即同一类型提供了多个转换路径，会导致编译出错。

【示例 10-13】运算符重载的二义性问题举例。代码如下：

```
class A
{
    …
    public:
        A(B& b);                          //构造函数，用 B 对象构造 A 对象
        …
};
class B
{
    …
    public:
        operator A();                     //强制转换运算符重载，将 B 类对象转换为 A 类对象
    …
};

int main()
{
    B b;
    A a=A(b);                             //错误，编译系统无法判断是构造函数转换
}
```

分析：在这个例子中，因为存在多个转换，导致编译系统无法判断语句的真实含义，从而导致编译器报错。我们应该避免这种情况的产生。

转换运算符可以将本类型转换为其他类型，转换运算符也可以将其他类型转换为本类型。

10.2.5 赋值运算符的重载

扫一扫，看视频

在自定义的类中可以重载赋值运算符。赋值运算符重载的作用与内置赋值运算符的作用类似，但是要注意的是，它与拷贝构造函数一样，要注意深拷贝和浅拷贝的问题。在没有深拷贝和浅拷贝的情况下，如果没有指定默认的赋值运算符重载函数，那么系统将会自动提供一个赋值运算符重载函数。

【示例 10-14】定义一个描述手机的短消息类，重载赋值运算符。代码如下：

```
class CMsg
{
    private:
```

```
        char *buffer;
    public:
        CMsg()
        {
            buffer=new char('\0');
        }
        ~ CMsg()
        {
            delete[]buffer;
        }
        void display()
        {
            cout<<buffer<<'\n';
        }
        void set(char *string)
        {
            delete[]buffer;
            buffer=new char[strlen(string)+1];
            strcpy(buffer,string);
        }
        operator=(const CMsg& msg)                          //赋值运算符重载
        {
            delete[]buffer;
            buffer=new char[strlen(msg.buffer)+1];
            strcpy(buffer,msg.buffer);
        }
    };
```

分析：在示例 10-14 中的赋值运算符重载中，不仅仅是将存储块的地址（buffer 所指）从源对象复制到目的对象，重载的赋值运算符函数为目的对象创建了一个新存储块，再把消息串复制到其中，于是每个对象都有自己的串拷贝。

10.3 本章实例

自定义一个字符类，进行下标运算符重载。

分析：在数组学习中，常用下标运算符 operator[]来访问数组中的某个元素。它是一个双目运算符，第一个操作数是数组名，第二个操作数是数组下标。在类对象中可以重载下标运算符，用它来定义相应对象的下标运算。注意，C++不允许把下标运算符函数作为外部函数来定义，它只能是非静态的成员函数。下标运算符定义的一般形式如下：

```
T1 T::operator[](T2);
```

其中，T 是定义下标运算符的类；T2 表示下标，它可以是任意类型，如整型、字符型或某个类；

T1 是数组运算的结果，它也可以是任意类型，但为了能对数组赋值，一般将其声明为引用形式。在有了上面的定义之后，可以采用下面两种形式来调用它。

```
x[y] 或 x.operator[](y)
```

操作步骤如下：

（1）建立工程。建立一个“Win32 Console Application”程序，工程名为“CharArray”。程序主文件为 CharArray.cpp，iostream 为预编译头文件。CharArray.h 为 CCharArray 类定义头文件，CharArray.cpp 为 CCharArray 类实现文件。

（2）建立标准 C++程序，增加以下代码：

```
using namespace std;
```

（3）在文件 CharArray.cpp 中输入以下代码：

```
//CharArray.h
#pragma once
#include <iostream>
using namespace std;

class CCharArray
{
public:
     CCharArray(int l)                              //构造函数
     {
          Length=l;
          Buff=new char[Length];                    //分配字符存储空间
     };
     ~CCharArray(){delete Buff;};                   //析构函数，删除动态分配的存储空间
     int GetLength(){return Length;};               //取得字符串长度
     char& operator[](int i);                       //重载数组下标运算符
private:
          int Length;                               //字符串长度
          char *Buff;                               //字符串指针
};

//CharArray.cpp
#include "CharArray.h"

char& CCharArray::operator[](int i)                 //重载数组下标运算符实现
{
     static char ch=0;
     if(i<Length&&i>=0)                             //溢出控制
          return Buff[i];                           //返回相应位置的字符
     else
     {
          cout<<"访问溢出.";
```

```
        return ch;
    }
}

//Test.cpp
#include "CharArray.h"

int main()
{
    int cnt;
    CCharArray string1(6);
    char *string2=(char*)"string";
    for(cnt=0;cnt<6;cnt++)
        string1[cnt]=string2[cnt];          //将 string2 中的字符逐个复制到 string1 中
    for(cnt=0;cnt<8;cnt++)
        cout<<string1[cnt];                 //当 cnt 为 7 时，访问出现溢出
    cout<<endl;
    cout<<string1.GetLength()<<endl;

    return 0;
}
```

程序运行结果如下：

```
string 访问溢出.
6
```

10.4 小结

本章主要讲述函数和运算符的重载，难点是运算符的重载，需要读者不断地深入理解才能掌握。函数重载允许用同一个函数名定义多个函数，这样可以简化程序设计，开发者只需要记住一个函数名就可以完成一系列相关任务。运算符重载是通过编写函数定义来实现的，函数名是由关键字 operator 及其后要重载的运算符组成的。第 11 章将讲述类的继承与派生机制。

10.5 习题

一、单项选择题

1. 在重载一个运算符时，其参数表中没有任何参数，这表明该运算符是（　　）。

   A. 作为友元函数重载的一元运算符

   B. 作为成员函数重载的一元运算符

C．作为友元函数重载的二元运算符

D．作为成员函数重载的二元运算符

2．在成员函数中进行双目运算符重载时，其参数表中应带有（　　）个参数。

A．0　　B．1　　C．2　　D．3

3．双目运算符重载为普通函数时，其参数表中应带有（　　）个参数。

A．0　　B．1　　C．2　　D．3

4．如果表达式 a+b 中的“+”是作为成员函数重载的运算符，那么采用运算符函数调用格式可表示为（　　）。

A．a.operator+(b)　　B．b.operator+(a)

C．operator+(a,b)　　D．operator(a+b)

5．如果表达式 a==b 中的“==”是作为普通函数重载的运算符，那么采用运算符函数调用格式可表示为（　　）。

A．a.operator==(b)　　B．b.operator==(a)

C．operator==(a,b)　　D．operator==(b,a)

二、填空题

1．利用成员函数对二元运算符重载，其左操作数为________，右操作数为________。

2．运算符函数中的关键字是________，它和运算符一起组成该运算符函数的函数名。

三、程序设计题

定义一个 RMB 类 Money，其包含元、角、分三个数据成员，利用友元函数重载运算符“+”（加）和“-”（减），实现货币的加、减运算。例如：

```
请输入元、角、分：
2 3 4
请输入元、角、分：
3 7 3
和：6 元 0 角 7 分
差：-1 元 3 角 9 分
```

第 11 章

继承与派生技术

继承特性是面向对象技术中的基本特点之一。如果已经存在某些可以重复利用的类，类的继承可以使开发者在保持原有类特性的基础上进行更具体的抽象性说明。以原有类为基础产生新类的过程称为派生。派生类是在继承了原有类的成员后对其进行继续利用，并通过调整而适合新的应用类。本章将讨论类的继承机制。本章的内容包括：

- 继承与派生的基本概念和生成方法。
- 继承中的访问控制。
- 派生类的构造函数和析构函数。
- 多重继承。

通过对本章的学习，读者可以理解继承的机制和作用、掌握建立派生类的方法及复杂继承的应用方法。

11.1　继承与派生概述

前面学习了类的抽象性、封装性、类的数据共享等特性。面向对象技术还有代码重用和可扩展性的优点，这些优点就是通过类的继承机制来实现的。类的继承可以使开发者在保持原有类特性的基础上对类进行扩充。

11.1.1　继承与派生的概念

扫一扫，看视频

现实世界中的事物是相互联系的，人们在认识事物的过程中会根据事物的不同特征和差别来进行分类。如图 11.1 所示是交通工具的大致分层次图，它反映了交通工具之间的派生关系。交通工具是一个总的分类，是对具体的交通工具最高层次的抽象分类，具有最普遍的一般性意义。下层的分类则具有上层的特性，同时加入了自己的新特性，越往下层，这些新的特性越多。随着这些特性逐渐增多，对事物的描述也就越具体。在这个层次结构中，由上到下是一个从具体到特殊化的过程；从下到上则是一个抽象化的过程。如果将每种交通工具都定义成类，则在这个类层次结构中，上层是下层的基类，下层则是上层的派生。

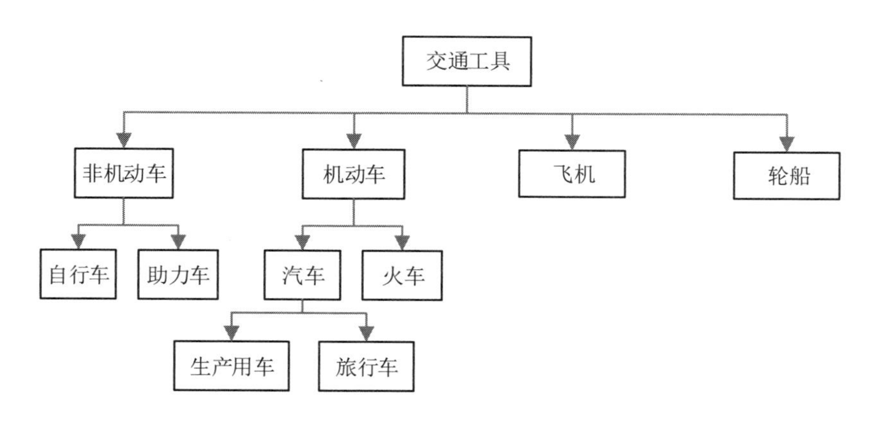

图 11.1　交通工具分层次图

在面向对象程序设计中，以一个已经存在的类为基础声明一个新类的过程称为派生。这个已存在的类称为基类或者父类，由基类派生出来的类称为派生类。这样一个通过一定规则继承基类而派生新类的过程称为继承和派生机制。

继承和派生机制可以让开发者在保持原有类的基础上对新类进行更具体的、更详细的修改和扩充。派生类会具有基类的属性，在派生过程中会根据需要增加成员，从而既能重新利用基类的功能，又能开发新的功能。派生类也可以作为基类而派生出新类，这样就形成了类的层次关系。通过继承和派生机制实现了代码的重用，这对程序的改进和发展是非常有力的。

扫一扫，看视频

11.1.2　派生类的声明

C++中对于派生类的声明，一般语法形式如下：

```
class 派生类名::继承方式 基类名 1,继承方式 基类名 2…
{
    成员声明;
};
```

- 基类名是派生类所继承类的名称。这个类必须是已经存在的类，即基类。
- 派生类名是派生的新类的名称。当派生类只继承一个类时，称为单继承，见图 11.2（a）；派生类也可以同时继承多个类，称为多继承，见图 11.2（b）。多继承的派生类具有多个类的共同特性。
- 继承方式规定了派生类访问基类成员的权限。继承方式的关键字有 public、protected 和 private，分别是公有继承、保护继承和私有继承。如果没有显式地说明继承方式，则系统会默认将访问权限设置为私有继承。

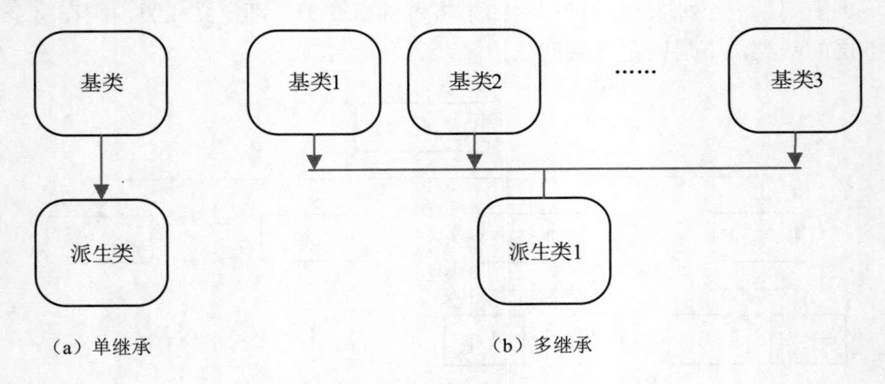

图 11.2　单继承与多继承

在派生的过程中派生出来的类同样可以作为基类再派生出新类。一个类可以派生出多个派生类，这样就形成了一系列相互关联的类，称为类族。在类族中，如果类 A 直接派生出类 B，则类 A 称为直接基类；如果类 A 派生出了类 B，类 B 又派生出了类 C，则 A 类为 C 类的间接基类。

如果已经存在一个学生类，现在需要添加研究生类。因为研究生属于学生的一种，它除了具有学生的基本特性外，还有一些自己的特有特性。因此，可以用继承学生类的方式来定义研究生类。

【示例 11-1】通过继承学生类来定义研究生类举例。代码如下：

```
class CStudent
{
public:
    CStudent();
    virtual ~CStudent();
```

```
        //其他成员
};
class CGraduateStu:CStudent
{
public:
        CGraduateStu();
        virtual ~CGraduateStu();
        //其他成员
};
```

11.1.3　生成派生类的步骤

扫一扫，看视频

派生的主要目的是实现代码的重用。在类派生过程中主要有以下三个步骤。

（1）继承基类的成员。在继承类的过程中，派生类会继承基类中除了构造函数和析构函数的所有成员。例如，在示例 11-1 中，研究生类将会具有所有的学生类特性，即研究生类将吸收学生类的所有成员。当然派生类中并不一定利用到基类中的所有特性，但是这些特性作为普遍意义的性质还是存在于派生类中。

（2）改造基类成员。在派生类中，为了描述更具体的事物，需要将基类的一些属性加以控制和更改。改造主要是针对基类成员的访问控制和对基类成员的覆盖与重载。

对基类成员的访问权限控制是通过派生类的继承方式来实现的，在后面的小节将会详细介绍不同访问权限的成员对派生类的影响。

注意：

当派生类中定义了与基类中相同的成员（当为成员函数时，参数都相同）时，派生类的成员将覆盖基类中的成员。此时通过派生类或者派生类对象只能访问派生类中的成员，这称为同名覆盖；当派生类中声明了与基类中相同的函数名而参数不同时，则为重载。

（3）为派生类增加新成员。在派生类中增加新的成员是建立派生类的关键，也是继承与派生的核心，它保证了派生类在基类的功能基础上有所发展。开发者可以根据具体所要实现的功能在派生类中增加适当的数据和函数，从而实现一些新的功能。

【示例 11-2】通过继承学生类来实现研究生类。程序主文件为 Inherit.cpp，Student.h 为 CStudent 类定义头文件，Student.cpp 为 CStudent 类实现文件，GraduateStu.h 为 CGraduateStu 类定义头文件，GraduateStu.cpp 为 CGraduateStu 类实现文件，Tutorial.h 为 CTutorial 类定义头文件，Tutorial.cpp 为 CTutorial 类实现文件。代码如下：

```
//Student.h
#pragma once
#include <iostream>
#include <string>
using namespace std;
```

```
class CStudent                                      //学生类，为研究生类的基类
{
public:
    CStudent(string strStuName = "No Name");        //带有默认参数的构造函数
    virtual ~CStudent();                            //析构函数
    void AddCourse(                                 //增加已修课程的函数
        int nCrediHour,                             //课程的学时
        float Source                                //课程取得的分数
        );
    void ShowStuInfo();                             //显示学生信息
protected:
    string m_strName;                               //学生姓名
    int nTotalCourse;                               //已修完课程总数
    float fAveSource;                               //成绩平均分
    int nTotalCrediHour;                            //总学分
};
//Student.cpp
#include "Student.h"

CStudent::CStudent(string strStuName)
{
    m_strName = strStuName;
    nTotalCrediHour=0;
    nTotalCourse = 0;
    fAveSource=0.0;
}
CStudent::~CStudent()
{
}
void CStudent::AddCourse(int nCrediHour,float Source)
{
    nTotalCrediHour+=nCrediHour;
    fAveSource=(fAveSource*nTotalCourse+Source)/(nTotalCourse+1); //计算所有课程的平均分
    nTotalCourse++;
}
void CStudent::ShowStuInfo()
{
    cout<<"学生姓名："<<m_strName<<endl;
    cout<<"学生总学分："<<nTotalCrediHour<<endl;
    cout<<"已修完课程总数："<<nTotalCourse<<endl;
    cout<<"学生平均分："<<fAveSource<<endl;
}
//GraduateStu.h
#include "Student.h"
#include "Tutorial.h"
```

```
class CGraduateStu:public CStudent                    //派生类，继承了 CStudent 类
{
public:
    CGraduateStu(){};
    virtual ~CGraduateStu(){};
    CTutorial& GetTutorial(){return m_ctTutorial;}; //取得导师实例的引用
    void ShowStuInfo();                              //显示学生信息，改造了基类的函数成员
protected:
    CTutorial m_ctTutorial;                          //增加新成员，存储导师信息
};
//GraduateStu.cpp
#include "GraduateStu.h"

void CGraduateStu::ShowStuInfo()
{
    this->CStudent::ShowStuInfo();
    this->GetTutorial().ShowTutorialName();
};
//Tutorial.h
#pragma once
#include <iostream>
#include <string>
using namespace std;

class CTutorial                                      //导师类，即定义导师的信息
{
public:
    CTutorial(){};
    virtual ~CTutorial(){};
    void SetTutorialName(string strTutorialName){m_strTutorialName = strTutorialName;};
                                                       //设定导师名
    void ShowTutorialName(){cout<<m_strTutorialName<<endl;};      //显示导师名
private:
    string m_strTutorialName;                                     //导师姓名
};
//Inherit.cpp 主实现文件
#include "Student.h"
#include "GraduateStu.h"
int main()
{
    CStudent myStu("Tom");                          //定义一个普通学生实例
    CGraduateStu myGstu;                            //定义一个研究生实例
                                                    //对普通学生信息的操作
    myStu.AddCourse(5,98);
    myStu.AddCourse(3,89);
    myStu.ShowStuInfo();
                                                    //对研究生信息的操作
```

```
    myGstu.AddCourse(5,98);                          //研究生类的 AddCourse()方法继承自学生类
    myGstu.AddCourse(3,89);
    myGstu.GetTutorial().SetTutorialName("Our Tutorial");
    myGstu.ShowStuInfo();

}
```

程序运行结果如下：

```
学生姓名：Tom
学生总学分：8
已修完课程总数：2
学生平均分：93.5
学生姓名：No Name
学生总学分：8
已修完课程总数：2
学生平均分：93.5
Our Tutorial
```

分析：在示例 11-2 中，CGraduateStu 类继承了 CStudent 类，访问权限为 public。在 CGraduateStu 中定义了与 CStudent 类相同的函数 ShowStuInfo，即对基类中的函数进行了重载。在 CGraduateStu 类中增加了新成员 m_ctTutorial，以存储研究生的导师信息。可以明显看出，派生类的生成过程是遵循上面所说的派生类生成的三个基本步骤的。按照这三个步骤进行派生类的生成不仅思路清晰，而且符合开发的一般流程。

11.2 继承中的访问控制

派生类继承了基类中除构造函数和析构造函数外的所有成员函数。根据继承方式的不同，这些成员函数在派生类中的访问权限是不同的。派生类继承基类的方式有：公有继承（public）、私有继承（private）和保护继承（protected），下面分别讨论派生类在这三种继承方式下对基类成员的访问权限。

扫一扫，看视频

11.2.1 公有继承的访问控制

当派生类继承基类的方式是公有继承时，基类成员在派生类中的访问规则如下。

- 基类的公有成员和保护成员的访问属性在派生类中不变，即基类中的公有成员在派生类中依然是公有成员；基类中的保护成员在派生类中依然为保护成员。
- 基类的私有成员不可访问。

以上规则说明，当继承方式为公有继承时，派生类或者其对象可以直接访问基类中的公有成员和保护成员，而无法访问基类中的私有成员。

【示例 11-3】已知存在一个点类（Point 类），表示几何上的“点”，通过继承点类来定义一个线

段类（Linesegment 类）。

思路分析：在几何学上，点是由一个坐标来指定的。只要有一个坐标，就能确定一个点。线段可以看作一个点加一个长度组成的，所以线段既具有点的属性，又具有自身的特征（有长度）。这样在定义线段类时可以通过继承点类来进行实现。程序主文件为 Inherit.cpp，Point.h 为 CPoint 类定义头文件，Point.cpp 为 CPoint 类实现文件，Linesegment.h 为 CLinesegment 类定义头文件，Linesegment.cpp 为 CLinesegment 类实现文件。

代码如下：

```
//Point.h
class CPoint
{
public:
    CPoint(){};
    void InitPoint(double x,double y)
    {   //初始化点
        this->X = x;
        this->Y = y;
    };
    virtual ~CPoint(){};
    double GetX(){return X;};           //取得 X 轴坐标点
    double GetY(){return Y;};           //取得 Y 轴坐标点
private:
    double X,Y;                         //点坐标 X 和 Y
};
//Linesegment.h
#include "Point.h"

class CLinesegment:public CPoint       //类 CLinesegment 继承了 CPoint 类,继承方式为公有继承
{
public:
    CLinesegment(){};
    virtual ~CLinesegment(){};
    void InitLinesegment(double x,double y,double l)         //初始化线段
    {   InitPoint(x,y);                                       //调用基类公有成员
        this->L = l;                                          //设定线段长度
    }
    double GetL(){return L;};                                 //新增的私有成员
private:
    double L;
};
//Inherit.cpp
#include "Linesegment.h"
#include <iostream>
using namespace std;

int main()
```

```
{
    CLinesegment line;              //定义线段类实例

    line.InitLinesegment(0,0,5);//初始化线段，X 轴坐标点为 0，Y 轴坐标点为 0，长度为 5（5 个单位）
    cout<<"线段参数为：("<<line.GetX()<<","<<line.GetY()<<","<<line.GetL()<<")"<<endl;
}
```

程序运行结果如下：

```
线段参数为：(0,0,5)
```

分析：在上面的例子中，首先声明了基类 CPoint 类，然后通过派生声明了 CLinesegment 类，继承方式为公有继承，因此 CLinesegment 类可以访问 CPoint 类中的所有公有成员，如 InitPoint 成员函数，但是无法访问其私有成员。CPoint 类中的公有成员也成为 CLinesegment 类中的公有成员，所以可以通过 CLinesegment 类的对象来访问 GetX 和 GetY 成员函数。

扫一扫，看视频

11.2.2 私有继承的访问控制

当派生类的继承方式为私有继承时，基类成员在派生类中的访问规则如下。

- 基类中的公有成员和保护成员在派生类中变为私有成员。
- 基类中的私有成员在派生类中不可访问。

以上规则说明，当继承方式为私有继承时，派生类可以访问基类中的公有成员和保护成员，无法访问基类中的私有成员；通过类的对象无法访问基类中的成员。

【示例 11-4】改造示例 11-3，通过私有继承进行实现。程序主文件为 Inherit.cpp，Point.h 为 CPoint 类定义头文件，Point.cpp 为 CPoint 类实现文件，Linesegment.h 为 CLinesegment 类定义头文件，Linesegment.cpp 为 CLinesegment 类实现文件。代码如下：

```
//Point.h
class CPoint
{
public:
    CPoint(){};
    void InitPoint(double x,double y)                              //初始化点坐标
    {   this->X = x;
        this->Y = y;
    }
    virtual ~CPoint(){};
    double GetX(){return X;};
    double GetY(){return Y;};
private:
    double X,Y;
};
//Linesegment.h
#include "Point.h"
```

```
class CLinesegment:private CPoint                    //私有继承
{
public:
    CLinesegment(){};
    virtual ~CLinesegment(){};
    void InitLinesegment(double x,double y,double l)
    {   InitPoint(x,y);                               //调用基类公有成员
        this->L = l;
    }
    double GetX(){return CPoint::GetX();};        //无法直接访问基类的 GetX()函数，只能通过重
                                                  载基类函数来实现外部接口
    double GetY(){return CPoint::GetY();};        //无法直接访问基类的 GetY()函数，只能通过重
                                                  载基类函数来实现外部接口
    double GetL(){return L;};                     //新增的私有成员
private:
    double L;
};
//Inherit.cpp
#include "Linesegment.h"
#include <iostream>
using namespace std;

int main()
{
    CLinesegment line;
    line.InitLinesegment(0,0,5);
    cout<<"线段参数为：("<<line.GetX()<<","<<line.GetY()<<","<<line.GetL()<<")"<<endl;

}
```

程序运行结果如下：

```
线段参数为：(0,0,5)
```

分析：示例 11-4 与示例 11-3 所不同的是，在继承方式上使用了私有继承。从基类 CPoint 继承而来的公有成员全部变成了 CLinesegment 类的私有成员。此时只有 CLinesegment 类能访问这些成员，通过类的对象和外部操作无法访问基类中的成员。为了提供对外的接口，必须在派生类中重新定义接口，如 GetX()和 GetY()成员函数。

私有继承派生出来的派生类，因为公有成员和保护成员都变成了私有成员，如果再利用派生类进行派生，则基类中的成员无法在新的派生类中被访问，丧失了基类的功能。因此，这是一种终止类继续继承的继承形式，在实际开发过程中使用的频率非常低。

11.2.3 保护继承的访问控制

扫一扫，看视频

当派生类的继承方式为保护继承时，基类成员在派生类中的访问规则如下。

- 基类中的公有成员和保护成员在派生类中都变为保护成员。
- 基类中的私有成员不可访问。

以上规则说明，当继承方式为保护继承时，在派生类中可以访问基类中的公有成员和保护成员，通过类的对象无法访问。而无论是派生类还是其对象，都无法访问基类中的私有成员。

保护继承与私有继承有些类似，它们在直接派生类中的所有成员的访问属性都相同（都为私有或者保护类型）。但在进行间接派生时，两者则产生了区别。

如果 B 类以私有继承方式继承了 A 类，而 B 类又派生出 C 类，则 C 类的成员及其对象无法访问 A 类中的成员。如果 B 类以保护继承方式继承了 A 类，而 B 类又派生出 C 类，则 A 类中的公有成员和保护成员在 B 类中为保护成员，根据 B 和 C 继承方式的不同，B 的保护成员在 C 中可能是保护成员或者私有成员，即 C 可以访问 A 中的成员，但是其他外部对象无法访问。这样既可实现复杂层次类关系中的数据共享，也可实现对成员一定程度上的隐藏。

如果合理地找一个平衡点，则可实现对代码的高效重用和扩充。

【示例 11-5】改造示例 11-3，通过保护继承进行实现。程序主文件为 Inherit.cpp，Point.h 为 CPoint 类定义头文件，Point.cpp 为 CPoint 类实现文件，Linesegment.h 为 CLinesegment 类定义头文件，Linesegment.cpp 为 CLinesegment 类实现文件。代码如下：

```
//Point.h
class CPoint
{
public:
     CPoint(){};
     void InitPoint(double x,double y)
     {    this->X = x;
          this->Y = y;
     }
     virtual ~CPoint(){};
     double GetX(){return X;};
     double GetY(){return Y;};
protected:
     double X,Y;
};
//Linesegment.h
#include "Point.h"

class CLinesegment:protected CPoint                              //保护继承基类
{
public:
     CLinesegment(){};
     virtual ~CLinesegment(){};
     void InitLinesegment(double x,double y,double l)
     {     InitPoint(x,y);                                        //调用基类公有成员
           this->L = l;
     }
```

```
        double GetX(){return X;};                  //可以直接访问基类的保护成员
        double GetY(){return Y;};                  //可以直接访问基类的保护成员
        double GetL(){return L;};                  //新增的私有成员
private:
        double L;
};
//Inherit.cpp
#include "Linesegment.h"
#include <iostream>
using namespace std;

int main()
{
        CLinesegment line;

        line.InitLinesegment(0,0,5);
        cout<<"线段参数为：("<<line.GetX()<<","<<line.GetY()<<","<<line.GetL()<<")"<<endl;
}
```

程序运行结果如下：

```
线段参数为：(0,0,5)
```

分析：在示例 11-5 中，将 CPoint 类中的成员 X 和 Y 改为保护类型。CLinesegment 类的继承方式为保护继承，则在类中可直接访问基类中的保护成员，而类外的对象则无法对其进行访问。如果以 CLinesegment 为基类再进行派生，当继承方式为公有继承或者保护继承时，派生类依然可以访问成员 X 和 Y，外部则无法访问。这样既实现了数据在关系类中的共享，又实现了数据对外隐藏。

11.3 派生类的构造函数和析构函数

在派生类中，构造函数和析构函数是不会被继承的。因此，在派生类中必须进行构造函数和析构函数的定义。因为派生类是由继承而来的，所以在构造或析构本身时需要对基类的对象进行相应的构造或析构。

11.3.1 派生类的构造函数

扫一扫，看视频

派生类的数据成员由所有基类的数据成员与派生类新增的数据成员共同组成。如果派生类新增成员中包括其他类的对象（称为内嵌对象或者子对象），派生类的数据成员中实际上还间接包括了这些对象的数据成员。因此，构造派生类的对象时，必须对基类数据成员、新增数据成员和内嵌对象的数据成员进行初始化。

派生类的构造函数必须要以合适的初值作为参数，隐含调用基类和新增对象成员的构造函数来初始化它们各自的数据成员，然后加入新的语句对新增普通数据成员进行初始化。派生类构造函数的一般格式如下：

```
派生类名::派生类名(参数表) : 基类名1(参数表1),…,基类名n(参数表n),
                           内嵌对象名1(内嵌对象参数表1),…,内嵌对象名n(内嵌对象参数表n)
{
        派生类构造函数体      //派生类新增成员的初始化
};
```

参数说明：

- 对基类成员和内嵌对象成员的初始化必须在成员初始化列表中进行，新增成员的初始化既可以在成员初始化列表中进行，也可以在构造函数体中进行。
- 如果派生类的基类也是一个派生类，则每个派生类只需负责其直接基类的构造，依次上溯。
- 如果基类中定义了默认构造函数或根本没有定义任何一个构造函数（此时由编译器自动生成默认构造函数），在派生类构造函数的定义中可以省略对基类构造函数的调用，即省略“基类名(参数表)”。
- 内嵌对象的情况与基类相同。
- 当所有的基类和子对象的构造函数都可以省略时，可以省略派生类构造函数的成员初始化列表。
- 如果所有的基类和子对象构造函数都不需要参数，派生类也不需要参数，那么可以不定义派生类构造函数。

派生类构造函数和类名相同，在构造函数参数表中需要给基类初始化数据、新增内嵌成员数据、新增一般成员数据所需要的所有参数。参数表之后需要列出使用参数对类成员进行初始化的数据，如基类名、内嵌成员名及各自的全部参数。

注意：

派生类构造函数提供了将参数传递给基类构造函数的途径，以保证在基类进行初始化时能够获得必要的数据。因此，如果基类的构造函数定义了一个或多个参数，那么派生类必须定义构造函数。

【示例 11-6】通过继承学生类来实现研究生类，定义研究生类的构造函数对基类成员和派生类成员进行初始化。程序主文件为 Inherit.cpp，Student.h 为 CStudent 类定义头文件，Student.cpp 为 CStudent 类实现文件，GraduateStu.h 为 CGraduateStu 类定义头文件，GraduateStu.cpp 为 CGraduateStu 类实现文件，Tutorial.h 为 CTutorial 类定义头文件，Tutorial.cpp 为 CTutorial 类实现文件。代码如下：

```
//Student.h
#pragma once
#include <iostream>
#include <string>
using namespace std;

class CStudent
{
public:
```

```
    CStudent(string strStuName = "No Name");          //构造函数
    virtual ~CStudent();
    void AddCourse(                                   //增加已修课程
        int nCrediHour,                               //学时
        float Source                                  //分数
        );
    void ShowStuInfo();                               //显示学生信息
protected:
    string m_strName;
    int nTotalCourse;                                 //已修完课程总数
    float fAveSource;                                 //成绩平均分
    int nTotalCrediHour;                              //总学分
};

//Student.cpp
#include "Student.h"

CStudent::CStudent(string strStuName)                 //构造函数
{
    m_strName = strStuName;                           //设定学生姓名
    nTotalCrediHour=0;                                //学时在初始化时为 0
    nTotalCourse = 0;                                 //已修完课程总数在初始化时为 0
    fAveSource=0.0;                                   //平均分在初始化时为 0
}
CStudent::~CStudent()
{
}
void CStudent::AddCourse(int nCrediHour,float Source)          //增加一门课程
{
    nTotalCrediHour+=nCrediHour;                               //学时的累加
    fAveSource=(fAveSource*nTotalCourse+Source)/(nTotalCourse+1);  //平均分的计算
    nTotalCourse++;                                            //已修完课程总数加 1
}
void CStudent::ShowStuInfo()
{
    cout<<"学生姓名："<<m_strName<<endl;
    cout<<"学生总学分："<<nTotalCrediHour<<endl;
    cout<<"已修完课程总数："<<nTotalCourse<<endl;
    cout<<"学生平均分："<<fAveSource<<endl;
}

//GraduateStu.h
#include "Student.h"
#include "Tutorial.h"

class CGraduateStu:public CStudent
{
```

```
public:
    CGraduateStu(string strName,CTutorial &tu):CStudent(strName),m_ctTutorial(tu){};
                                                                    //派生类的构造函数
    virtual ~CGraduateStu(){};
    CTutorial& GetTutorial(){return m_ctTutorial;};                 //返回导师的对象
    void ShowStuInfo();                                             //输出学生信息
protected:
    CTutorial m_ctTutorial;                                         //内嵌对象，导师类
};

// GraduateStu.cpp
#include"GraduateStu.h"

void CGraduateStu::ShowStuInfo()                   //输出研究生信息
{   this->CStudent::ShowStuInfo();                 //调用基类成员函数输出研究生基本信息
    this->GetTutorial().ShowTutorialName();        //输出研究生特有信息
}

// Tutorial.h
#pragma once
#include<iostream>
#include<string>
using namespace std;

class CTutorial                                    //导师类
{
public:
    CTutorial(){};
    virtual ~CTutorial(){};
    void SetTutorialName(string strTutorialName){m_strTutorialName = strTutorialName;};
                                                                    //设定导师姓名
    void ShowTutorialName(){cout<<m_strTutorialName<<endl;};        //输出导师姓名
private:
    string m_strTutorialName;                                       //导师姓名
};
//Inherit.cpp
#include "GraduateStu.h"
#include "Tutorial.h"

int main()
{
    CTutorial tu;                                  //定义一个导师对象
    CGraduateStu gStu("Tom",tu);                   //用导师对象和姓名去初始化一个研究生对象

    gStu.AddCourse(5,98);                                           //增加课程
    gStu.AddCourse(3,89);                                           //增加课程
    gStu.GetTutorial().SetTutorialName("Our Tutorial");             //设定导师名
```

```
        gStu.ShowStuInfo();                                    //输出研究生信息
  }
```

程序运行结果如下：

```
学生姓名：Tom
学生总学分：8
已修完课程总数：2
学生平均分：93.5
Our Tutorial
```

分析：在示例 11-6 中，在 CGraduateStu 类的构造函数中对基类中的数据成员和派生类中的数据成员进行了初始化。

对于派生类和基类构造函数的执行是按照以下顺序进行的。

（1）调用基类构造函数。当派生类有多个基类时，处于同一层次的各个基类构造函数的调用顺序取决于定义派生类时声明的顺序（自左向右），而与在派生类构造函数的成员初始化列表中给出的顺序无关。

（2）调用子对象的构造函数。当派生类中有多个子对象时，各个子对象构造函数的调用顺序也取决于在派生类中定义的顺序（自前至后），而与在派生类构造函数的成员初始化列表中给出的顺序无关。

（3）派生类的构造函数体。

按照这个规则，在示例 11-6 中程序会首先执行基类 CStudent 的构造函数，再执行派生类 CGraduateStu 的构造函数。

11.3.2　派生类的析构函数

扫一扫，看视频

与构造函数相同，析构函数在执行过程中也要对基类和成员对象进行操作，但它的执行过程与构造函数正好相反。

（1）对派生类新增普通成员进行清理。

（2）调用成员对象析构函数，对派生类新增的成员对象进行清理。

（3）调用基类析构函数，对基类进行清理。

派生类析构函数的定义与基类无关，与没有继承关系的类中析构函数的定义完全相同。它只负责对新增成员的清理工作，系统会自己调用基类及成员对象的析构函数进行相应的清理工作。

下面通过一个例子来说明在多继承并含有内嵌对象情况下类析构函数的工作情况。

【示例 11-7】多继承并含有内嵌对象的类的析构函数举例（一）。程序主文件为 Inherit.cpp，Test.h 为 CTest1 类定义头文件，Test2.h 为 CTest2 类定义头文件，Test3.h 为 CTest3 类定义头文件。代码如下：

```
//Test1.h
class CTest1
{
```

```
public:
    CTest1(int n1){cout<<"CTest1 构造函数."<<endl;};
    virtual ~CTest1(){cout<<"CTest1 析构函数."<<endl;};
};
//Test2.h
class CTest2
{
public:
    CTest2(int n2){cout<<"CTest2 构造函数."<<endl;};
    virtual ~CTest2(){cout<<"CTest2 析构函数."<<endl;};
};
//Test3.h
class CTest3
{
public:
    CTest3(int n3){cout<<"CTest3 构造函数."<<endl;};
    virtual ~CTest3(){cout<<"CTest3 析构函数."<<endl;};
};
class CTest: public CTest1, public CTest2, public CTest3
{
public:
    CTest(int n1,int n2,int n3,int n4,int n5,int n6)
        :CTest1(n1),CTest2(n2),CTest3(n3),t1(n4),t2(n5),t3(n6)
    {}
private:
    CTest1 t1;
    CTest2 t2;
    CTest3 t3;
};
//Inherit.cpp
#include<iostream>
using namespace std;

int main()
{
    CTest c(1,2,3,4,5,6);
}
```

程序运行结果如下：

```
CTest1 构造函数.
CTest2 构造函数.
CTest3 构造函数.
CTest1 构造函数.
CTest2 构造函数.
CTest3 构造函数.
CTest3 析构函数.
CTest2 析构函数.
```

```
CTest1 析构函数.
CTest3 析构函数.
CTest2 析构函数.
CTest1 析构函数.
```

分析：在程序中，CTest 的三个基类中都加入了构造函数和析构函数。程序在执行时，首先执行基类的构造函数，接着执行成员对象的构造函数，再执行派生类的构造函数，然后执行派生类的析构函数。在执行派生类的析构函数时，会分别调用内嵌成员对象和基类的析构函数。析构函数的执行顺序与构造函数相反，所以在程序中是先执行对象的派生类的析构函数，然后执行成员对象的析构函数，最后执行基类的构造函数。

11.4 基类与派生类的相互作用

通过派生机制，可以形成一个具有层次结构的类族。在类族中对各个类的访问需要一定的标识才能准确地访问到正确的成员。同时派生类可以和基类相互赋值，在类层次结构中根据赋值兼容规则进行必要的赋值和转换。

11.4.1 派生类成员的标识和访问

扫一扫，看视频

在类中，有 4 种不同的访问权限成员：不可访问成员、私有成员、保护成员和公有成员。这 4 种成员的访问在前面已经介绍过。在对派生类成员的访问中，还涉及以下两个问题。

- 唯一标识成员问题，因为基类和派生类的成员可能同名。
- 成员本身的可见性问题，会导致成员能否被正确地访问的问题。

这两个问题是通过作用域限定符和虚函数来解决的。本小节介绍作用域限定符，关于虚函数在后面的章节将详细介绍。

作用域限定符“::”可以用于限定要访问的成员所在类的名称，其形式如下：

```
基类名::成员名;                              //访问数据成员
基类名::成员函数名(参数表);                   //访问函数成员
```

如果存在两个或多个具有包含关系的作用域，且外层声明的标识符在内层没有声明同名标识符，那么它在内层可见；如果内层声明了同名标识符，那么外层标识符在内层不可见，这就是同名覆盖现象。在派生层次结构中，基类的成员和派生类非继承成员都是具有类作用域的，两者相互包含，派生类在内层，基类在外层。如果在派生类中声明了一个与基类成员一样的成员（如果是成员函数，则函数名和参数都相同），那么派生类的成员函数覆盖了外层的同名函数。如果直接用成员名访问，则只能访问到派生类的成员。只有加入作用域限定符，使用基类名来限定，才能访问到基类中的同名函数。

对于基类之间没有继承关系的多继承中更是存在成员标识问题（基类有继承关系的情况在后面虚函数中讲解）。如果派生类的多个基类都拥有同名的成员，同时派生类中也新增了同名成员，那么派生类的成员覆盖了所有基类中的同名成员。此时，如果需要访问不同基类中的同名成员，也需要利用作用域限定符来进行限定访问。

【示例 11-8】多继承并含有内嵌对象的类的析构函数举例（二）。程序主文件为 Inherit.cpp，Test.h 为 CTest1 类定义头文件，Test2.h 为 CTest2 类定义头文件，Test3.h 为 CTest3 类定义头文件，Test.h 为 CTest 类定义头文件。代码如下：

```
//Test1.h
#include <iostream>
using namespace std;

class CTest1
{
public:
      int nC;
      void fun(){cout<<"CTest1 的 fun()成员函数."<<endl;};
};
//Test2.h
#include <iostream>
using namespace std;

class CTest2
{
public:
      int nC;
      void fun(){cout<<"CTest2 的 fun()成员函数."<<endl;};
};
//Test3.h
#include <iostream>
using namespace std;

class CTest3
{
public:
      int nC;
      void fun(){cout<<"CTest3 的 fun()成员函数."<<endl;};
};
//Test.h
#include "Test1.h"
#include "Test2.h"
#include "Test3.h"

class CTest:public CTest1,public CTest2,public CTest3
{
public:
      int nC;                                                    //同名数据成员
      void fun(){cout<<"CTest 的 fun()成员函数."<<endl;};        //同名成员函数
};
```

```
//Inherit.cpp
#include "Test.h"

int main()
{
    CTest c;
    c.nC = 1;                //对象名.数据成员名，只能访问到派生类的成员，同名覆盖原则
    c.fun();                 //对象名.成员函数名，只能访问到派生类的成员，同名覆盖原则

    c.CTest1::nC = 1;        //通过作用域限定符来访问基类中的成员
    c.CTest1::fun();

    c.CTest2::nC = 2;        //通过作用域限定符来访问基类中的成员
    c.CTest2::fun();

    c.CTest3::nC = 3;        //通过作用域限定符来访问基类中的成员
    c.CTest3::fun();
}
```

程序运行结果如下：

```
CTest 的 fun()成员函数.
CTest1 的 fun()成员函数.
CTest2 的 fun()成员函数.
CTest3 的 fun()成员函数.
```

分析：在示例 11-8 中，类 CTest 是一个多继承的派生类。它的三个基类中都含有公有的同名成员，在派生类中也定义了同名成员。所以根据同名覆盖原则，通过派生类的“对象名.成员名”方式只能访问到派生类的成员。如果需要访问不同基类的同名成员，则需要利用作用域限定符进行限定访问。

如果在上面的例子中将 CTest 类改为如下形式：

```
class CTest:public CTest1,public CTest2,public CTest3
{
};
```

则通过“对象名.成员名”方式来访问 nC 和 fun()会产生二义性，分析如下。

```
int main()
{
    CTest c;
    c.nC = 1;                //错误，产生二义性
    c.fun();                 //错误，产生二义性

    c.CTest1::nC = 1;        //通过作用域限定符来访问基类中的成员
    c.CTest1::fun();
```

```
    c.CTest2::nC = 2;                          //通过作用域限定符来访问基类中的成员
    c.CTest2::fun();

    c.CTest3::nC = 3;                          //通过作用域限定符来访问基类中的成员
    c.CTest3::fun();
}
```

因为通过 c.fun()来访问成员函数，系统无法确定是访问哪个基类中的函数，无法唯一地标识，导致出错。

扫一扫，看视频

11.4.2 基类和派生类赋值规则

在开发过程中，有的地方可能需要基类的对象，此时可以使用公有派生类的对象来替代，这就是派生类的赋值兼容规则。

通过公有继承得到的派生类，得到了基类除构造函数和析构函数之外的所有成员，它们的访问权限与基类相同。所以公有派生类实际上具备了基类的所有功能。通过基类能解决的问题，利用派生类也可以解决。

技巧：

基类和派生类的赋值规则如下。

1）派生类的对象可以赋予基类对象。

2）派生类的对象可以初始化基类的引用。

3）派生类对象的地址可以赋予指向基类的指针。

当用派生类来替代基类后，只能使用从基类继承的成员，不能使用派生类的成员。

【示例 11-9】基类和派生类对象的赋值规则演示。代码如下：

```
class A
{
…
};
class B:public A
{
…
};
A a,*pa;
B b;
```

分析：对于类 A 和类 B 的实例与指针，可以进行如下操作。

```
a=b;                                       //派生类的对象可以赋予基类对象
A &ra = b;                                 //派生类的对象可以初始化基类的引用
pa = &b;                                   //派生类对象的地址可以赋予指向基类的指针
```

这样替代赋值的作用会在后面类的多态中体现出来。

11.5 多重继承特性

一个派生类可以有多个基类，这样的继承方式称为多重继承或多继承（multiple inheritance）。多继承带来的好处是可以继承多个类的特性和功能，它提高了软件的复用性。当然，多继承也提高了程序的复杂性，可能会引起大量的歧义性问题。

11.5.1 多重继承引起的二义性问题

扫一扫，看视频

在 11.4.1 小节中曾经讲到，在多重继承中，如果两个基类有同名成员或者两个基类和派生类三者都有同名成员，可能造成对基类中某个成员的访问出现不唯一的情况，这时对基类成员的访问产生了二义性。解决二义性问题主要有以下三种方法。

- 通过作用域运算符“::”明确指出访问的是哪一个基类中的成员。使用作用域运算符进行限定的一般格式为：

```
对象名.基类名::成员名                                //数据成员
对象名.基类名::成员名(参数表)                        //成员函数
```

- 在派生类中定义同名成员。此时，根据同名覆盖原则，访问的是派生类的同名函数。
- 引入虚基类（virtual base class）。

11.5.2 虚拟继承和虚基类

扫一扫，看视频

引入虚基类的主要目的是解决二义性问题。

【示例 11-10】类继承中的二义性问题演示。代码如下：

```
class N
{
public:
     int a;
     void fun();
};
class A:public N{};
class B:public N{};
class C:public A,public B{};
```

分析：类 A 和类 B 中的数据成员 a 代表不同的两个存储单元，可以分别存放不同的数据。在程序中可以通过类 A 和类 B 的构造函数去调用基类 N 的构造函数，分别对类 A 和类 B 的数据成员 a 初始化。

而对于 C 来说，它会同时保留类 A 和类 B 两个类的同名数据成员 a（两份）和成员函数 fun（两份），如图 11.3 所示。如果一个派生类有多个直接基类，而这些直接基类又有一个公共的基类，则在最终的派生类中会保留该间接基类数据成员的多份同名成员。

这样会使得对象存储空间占用过多造成内存浪费。此时，可以使用虚基类来解决这个问题。

虚基类的声明格式一般如下：

```
class 类名 : virtual 继承方式 基类名
```

采用虚函数的继承方式为虚拟继承（virtual inheritance）。

【示例 11-11】利用虚拟继承解决类继承中的二义性问题演示。代码如下：

```
class N
{
  public:
    int a;
    void fun();
};
class A:virtual public N{};                              //虚拟继承
class B:virtual public N{};                              //虚拟继承
class C:public A,public B{};
```

分析：采用虚拟继承后的类结构如图 11.4 所示。这样不仅能够消除基类成员的副本，还能消除对基类成员访问的二义性。

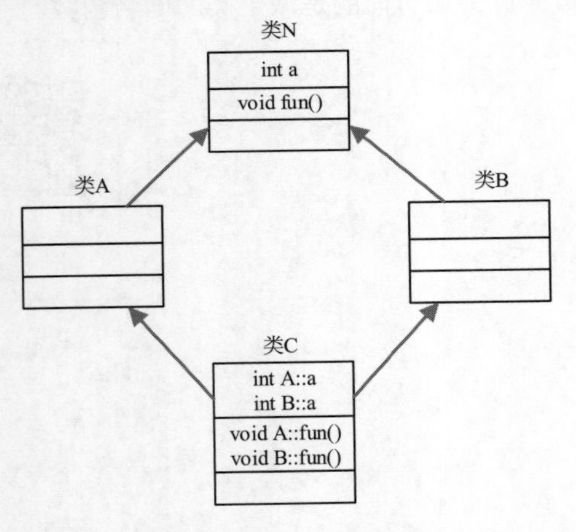

图 11.3　多继承类结构

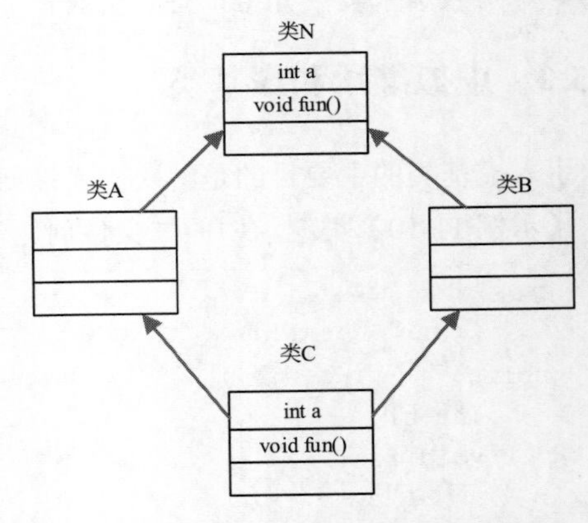

图 11.4　采用虚拟继承后的类结构

如果在虚基类中定义了带参数的构造函数，且没有定义默认构造函数，则在其所有派生类（包括直接派生类和间接派生类）中，必须通过派生类的构造函数对虚基类进行初始化。

【示例 11-12】虚基类的初始化演示。代码如下：

```
class N
{
public:
```

```
    N(int i);
};
class A:virtual public N
{
public:
    A(int i):N(i){}
};
class B:virtual public N
{
public:
    B(int i):N(i){}
};
class C:public A,public B
{
public:
    C(int i):A(i),B(i),N(i){}
};
```

分析：在类 C 的构造函数中，对所有的基类都进行了初始化，即在最后的派生类中不仅要负责对其直接基类进行初始化，还要负责对虚基类进行初始化。

这样做是由于虚基类在派生类中只有一份数据成员，这份数据成员的初始化必须由最后的派生类直接给出。如果不由最后的派生类（C）直接对虚基类初始化，而由虚基类的直接派生类(A 和 B)对虚基类初始化，就有可能由于在类 A 和类 B 的构造函数中对虚基类给出不同的初始化参数而产生矛盾。

注意：

在示例 11-12 中，类 C 的构造函数通过初始化表调用了虚基类的构造函数 N，而类 A 和类 B 的构造函数也通过初始化表调用了虚基类的构造函数 N，这样虚基类的构造函数会不会被调用了三次呢？事实上 C++编译器只执行最后的派生类对虚基类构造函数的调用，这就保证了虚基类的数据成员不会被多次初始化。

使用虚基类时需要注意以下几点。

- 一个类可以在一个类族中既被用作虚基类，也被用作非虚基类。
- 在派生类的对象中，同名的虚基类只产生一个虚基类子对象，而非虚基类产生各自的子对象。
- 虚基类子对象是由最后派生类的构造函数通过调用虚基类的构造函数进行初始化的。
- 派生类构造函数的成员初始化列表中必须列出对虚基类构造函数的调用；若未列出，则表示使用该虚基类的默认构造函数。
- 在一个成员初始化列表中同时出现对虚基类和非虚基类构造函数的调用时，虚基类的构造函数先于非虚基类的构造函数执行。

11.6　本章实例

【实例 11-1】编写一个操作日期（年、月、日）和时间（时、分、秒）的程序。要求该程序建立三个类：日期类 Date、时间类 Time、日期和时间类 DateTime。利用继承与派生机制生成 DateTime 类。

分析：DateTime 类以 Date 类和 Time 类为基础，利用多继承机制来实现 DateTime 类。

操作步骤如下：

（1）建立工程。建立一个“Win32 Console Application”程序，工程名为“DataTime”。程序主文件为 DataTime.cpp，iostream 为预编译头文件。

（2）建立标准 C++程序。增加以下代码：

```
using namespace std;
```

（3）在 DataTime.cpp 中输入以下核心代码：

```
#pragma warning(disable:4996)
#include <iostream>
using namespace std;
typedef char charArray[80];

class Date                                              //日期类
{
public:
    Date() {}                                           //默认构造函数
    Date(int y, int m, int d) { SetDate(y, m, d); }     //带参数构造函数
    void SetDate(int y, int m, int d)                   //设定日期年、月、日
    {
        Year = y;
        Month = m;
        Day = d;
    }
    charArray& GetStringDate(charArray &Date)           //取得格式化输出的日期，格式化后的
                                                          字符串存储到 Date 中
    {
        sprintf(Date, "%d/%d/%d", Year, Month, Day);    //格式化输出日期
        return Date;                                    //返回格式化后的日期字符串
    }
protected:
    int Year, Month, Day;                               //年、月、日
};
class Time                                              //时间类
{
public:
```

```
	Time() {}                                                //默认构造函数
	Time(int h, int m, int s) {SetTime(h, m, s); }           //带参数构造函数
	void SetTime(int h, int m, int s)                        //设定时间
	{
		Hourss = h;
		Minutess = m;
		Secondss = s;
	}
	charArray& GetStringTime(charArray &Time)               //格式化输出时间
	{
		sprintf(Time, "%d:%d:%d", Hourss, Minutess, Secondss);
		                                    //格式化时间，格式化后的字符串存储到 Time 中
		return Time;
	}
protected:
	int Hourss, Minutess, Secondss;
};
class TimeDate:public Date, public Time     //通过继承 Date 类和 Time 类来实现 TimeDate 类
{
public:
	TimeDate():Date() {}                                      //构造函数
	TimeDate(int y, int mo, int d, int h, int mi, int s):Date(y, mo, d), Time(h, mi,
s) {}                                                        //构造函数
	charArray& GetStringDT(charArray &DTstr)                  //返回日期和时间格式化字符串
	{
		sprintf(DTstr, "%d/%d/%d %d:%d:%d", Year, Month, Day, Hours, Minutes, Seconds);
		return DTstr;
	}
};

int main()
{
	TimeDate date1, date2(1998, 8, 12, 12, 45, 10);      //定义两个日期和时间对象
	charArray Str;                                        //定义一个字符串

	date1.SetDate(1998, 8, 7);                            //设定对象 date1 的日期
	date1.SetTime(10, 30, 45);                            //设定对象 date1 的时间
	date1.GetStringDT(Str);                               //取得对象 date1 格式化后的字符

	cout<<"date1 日期为："<<date1.GetStringDate(Str)<<endl;    //输出对象 date1 日期
	cout<<"date1 日期为："<<date1.GetStringTime(Str)<<endl;    //输出对象 date1 时间
	cout<<"date2 日期和时间为："<<date2.GetStringDT(Str)<<endl; //输出对象 date2 日期和时间
}
```

程序运行结果为：

```
date1 日期为：1998/8/7
date1 日期为：10:30:45
```

```
date2 日期和时间为：1998/8/12 12:45:10
```

【实例 11-2】定义在职研究生类，通过虚基类来描述。

操作步骤如下：

（1）建立工程。建立一个“Win32 Console Application”程序，工程名为“EGStudent”。程序主文件为 EGStudent.cpp，iostream 为预编译头文件。

（2）建立标准 C++程序，增加以下代码：

```
using namespace std;
```

（3）在 EGStudent.cpp 中输入以下核心代码：

```
enum Tsex{mid,man,woman};
class Person
{
     string IdPerson;                             //身份证号
     string Name;                                 //姓名
     Tsex Sex;                                    //性别
     int Birthday;                                //生日，格式 1981 年 11 月 07 日写作 19811107
     string HomeAddress;                          //家庭地址
public:
     Person(string, string,Tsex,int, string);    //带参数构造函数
     Person();                                    //默认构造函数
     ~Person();
     void PrintPersonInfo();                      //输出人的信息
     …//其他接口函数
};
Person::Person(string id, string name,Tsex sex,int birthday, string homeadd){
     cout<<"构造 Person"<<endl;
     IdPerson=id;
     Name=name;
     Sex=sex;
     Birthday=birthday;
     HomeAddress=homeadd;
}
Person::Person()
{
     cout<<"构造 Person"<<endl;
     Sex=mid;
     Birthday=0;
}
Person::~Person(){//IdPerson、Name、HomeAddress 析构时自动调用它们自己的析构函数来释放内存空间
     cout<<"析构 Person"<<endl;
}
void Person::PrintPersonInfo()                   //输出人的信息
{    int i;
     cout<<"身份证号："<<IdPerson<<'\n'<<"姓名："<<Name<<'\n'<<"性别：";
```

```
        if(Sex==man)cout<<"男"<<'\n';
        else if(Sex==woman)cout<<"女"<<'\n';
                else cout<<" "<<'\n';
        cout<<"出生年月日：";
        i=Birthday;
        cout<<i/10000<<"年";
        i=i%10000;
        cout<<i/100<<"月"<<i%100<<"日"<<'\n'<<"家庭住址："<<HomeAddress<<'\n';
}
class Student:public virtual Person              //以虚基类定义公有派生的学生类
{       string NoStudent;                          //学号
            …                                      //课程与成绩
public:
        Student(string id, string name,Tsex sex,int birthday, string homeadd, string nostud);
        //注意派生类构造函数声明方式
        Student();
        ~Student(){cout<<"析构 Student"<<endl;}
        void PrintStudentInfo();
};
Student::Student(string id, string name,Tsex sex,int birthday, string homeadd, string
nostud)
:Person(id,name,sex,birthday,homeadd)              //注意 Person 参数表不用类型
{       cout<<"构造 Student"<<endl;
        NoStudent=nostud;
}
Student::Student()                                 //基类默认的无参数构造函数不必显式给出
{     cout<<"构造 Student"<<endl;
}
void Student::PrintStudentInfo()                   //输出学生信息
{       cout<<"学号："<<NoStudent<<'\n';
        PrintPersonInfo();                         //调用基类 PrintPersonInfo()成员函数
}
class GStudent:public Student                      //以虚基类定义公有派生的研究生类
{       string NoGStudent;                         //研究生号
        …//其他略
public:
        GStudent(string id, string name,Tsex sex,int birthday, string homeadd, string nostud,
                string nogstudent);                //注意派生类构造函数声明方式
        GStudent();
        ~GStudent(){cout<<"析构 GStudent"<<endl;};
        void PrintGStudentInfo();
};
GStudent::GStudent(string id, string name,Tsex sex, int birthday, string homeadd,
string nostud, string nogstud)
:Student(id,name,sex,birthday,homeadd,nostud),Person(id,name,sex,birthday,homeadd)
{
        //Person 是虚基类，尽管不是直接基类，但若要定义 GStudent 对象，则 Person 必须出现
```

```
    //若定义对象，则可不出现，但是一般为了保持通用应出现。注意，若不是虚基类，则出现是错误的
    cout<<"构造 GStudent"<<endl;
    NoGStudent=nogstud;
}
GStudent::GStudent()                              //基类默认的无参数构造函数不必显式给出
{   cout<<"构造 GStudent"<<endl;
}
void GStudent::PrintGStudentInfo()
{
    cout<<"研究生号: "<<NoGStudent<<'\n';
    PrintStudentInfo();
}
class Employee:public virtual Person              //以虚基类定义公有派生的教职工类
{   string NoEmployee;                            //教职工号
    …//其他略
public:
    Employee(string id, string name,Tsex sex,int birthday, string homeadd, string noempl);
    //注意派生类构造函数声明方式
    Employee();
    ~Employee(){cout<<"析构 Employee"<<endl;}
    void PrintEmployeeInfo();
    void PrintEmployeeInfo1();                    //多重继承时避免重复输出虚基类 Person 的信息
};
Employee::Employee(string id, string name,Tsex sex,int birthday, string homeadd, string
noempl)
:Person(id,name,sex,birthday,homeadd)             //注意 Person 参数表可不用类型
{   cout<<"构造 Employee"<<endl;
    NoEmployee=noempl;
}
Employee::Employee()                              //基类默认的无参数构造函数不必显式给出
{   cout<<"构造 Employee"<<endl;
}
void Employee::PrintEmployeeInfo()
{
    cout<<"教职工号: "<<NoEmployee<<'\n';
    PrintPersonInfo();
}
void Employee::PrintEmployeeInfo1(){cout<<"教职工号: "<<NoEmployee<<'\n';}
class EGStudent:public Employee,public GStudent   //以虚基类定义公有派生的在职研究生类
{   string NoEGStudent;                           //在职学习号
    …//其他略
public:
    EGStudent(string id, string name,Tsex sex,int birthday, string homeadd, string nostud,
            string nogstud, string noempl, string noegstud);
    //注意派生类构造函数声明方式
    EGStudent();
    ~EGStudent(){cout<<"析构 EGStudent"<<endl;};
    void PrintEGStudentInfo();
```

```
};
EGStudent::EGStudent(string id, string name,Tsex sex,int birthday, string homeadd,
    string nostud, string nogstud, string noempl, string noegstud)
    :GStudent(id,name,sex,birthday,homeadd,nostud,nogstud),
    Employee(id,name,sex,birthday,homeadd,noempl),
    Person(id,name,sex,birthday,homeadd)  //注意，若要定义 EGStudent 对象，则 Person 必须出现
{   cout<<"构造 EGStudent"<<endl;
    NoEGStudent=noegstud;
}
EGStudent::EGStudent()                    //基类默认的无参数构造函数不必显式给出
{   cout<<"构造 EGStudent"<<endl;
}
void EGStudent::PrintEGStudentInfo()
{
     cout<<"在职学习号："<<NoEGStudent<<'\n';
     PrintEmployeeInfo1();                //多重继承时避免重复输出虚基类 Person 的信息
     PrintGStudentInfo();                 //虚基类 Person 的信息仅在 GStudent 中打印
}
int main()
{
     EGStudent egstu1("320102810504161","张三",man,19810504,"北京市长安街 1 号",
          "06000123", "034189","06283","030217");          //定义在职研究生对象并初始化
     egstu1.PrintEGStudentInfo();
     GStudent gstu1("3201028211078161","李四",man,19821107," 北京市长安街 2 号",
          "08000312","058362");
     gstu1.PrintGStudentInfo();                             //输出研究生信息
}
```

程序运行结果如下：

```
构造 Person
构造 Employee
构造 Student
构造 GStudent
构造 EGStudent
在职学习号：030217
教职工号：06283
研究生号：034189
学号：06000123
身份证号：320102810504161
姓名：张三
性别：男
出生年月日：1981 年 5 月 4 日
家庭住址：北京市长安街 1 号
构造 Person
构造 Student
构造 GStudent
研究生号：058362
```

```
学号：08000312
身份证号：3201028211078161
姓名：李四
性别：男
出生年月日：1982 年 11 月 7 日
家庭住址：北京市长安街 2 号
析构 GStudent
析构 Student
析构 Person
析构 EGStudent
析构 GStudent
析构 Student
析构 Employee
析构 Person
```

11.7　小结

本章讲述了类的继承与派生。继承与派生是 C++的重要特性，也是学习的难点，读者需要不断深入学习和理解。继承可分为公有继承、私有继承和保护继承。表 11.1 列出了三种不同继承方式的基类特性和派生类特性。

表 11.1　继承方式的基类特性和派生类特性

继承方式	基类特性	派生类特性
公有继承	public	public
	protected	protected
	private	不可访问
私有继承	public	private
	protected	private
	private	不可访问
保护继承	public	protected
	protected	protected
	private	不可访问

11.8　习题

一、单项选择题

1．下列对派生类的描述中，（　　）是错误的。

A．一个派生类可以作为另一个派生类的基类

B．派生类至少有一个基类

C．派生类的成员除了它自己的成员外，还包含了它的基类成员

D．派生类中继承的基类成员的访问权限到派生类中保持不变

2．继承具有（　　），即当基类本身也是某一个类的派生类时，底层的派生类也会自动继承间接基类的成员。

A．规律性　　B．传递性　　C．重载性　　D．多样性

3．在C++类体系中，不能被派生类继承的是（　　）。

A．构造函数　　B．虚函数　　C．析构函数　　D．友元函数

二、填空题

1．构造函数是______被创建时自动执行的，对象消失时自动执行的成员函数称为______。

2．在继承机制下，当对象消亡时，编译系统先执行______的析构函数，然后才执行派生类中子对象类的析构函数，最后执行______的析构函数。

3．如果类A继承了类B，则类A称为______，类B称为______。

三、程序设计题

编写一个面向对象程序，要求：

（1）定义一个基类Student，类内有保护数据成员num（学号）、name（姓名），公有成员包括构造函数、show()函数。构造函数带两个参数，用于定义对象时赋初值，show()函数的作用是显示学生信息，即num、name的值。

（2）定义一个派生类Student1，Student1公有继承自Student类。Student1类新增私有数据成员age（年龄）、addr（地址）以及子对象monitor（班长，Student类型），新增公有成员包括构造函数、show()函数。构造函数带6个参数，用于定义对象时赋初值，show()函数的作用是显示学生的所有信息，即本人的num、name、age、addr以及班长的num、name。

（3）在main()函数中定义Student1类的对象stud1并赋初值，调用show()函数显示该学生的所有信息。